U0498612

玉米高效管理技术

——以海南省为例

冯玉洁 张群 田海 等◎编著

西南财经大学出版社

中国·成都

图书在版编目(CIP)数据

玉米高效管理技术:以海南省为例/冯玉洁等编著.—成都:西南财经大学出版社,2023.11
ISBN 978-7-5504-6005-8

Ⅰ.①玉… Ⅱ.①冯… Ⅲ.①玉米—栽培技术 Ⅳ.①S513

中国国家版本馆 CIP 数据核字(2023)第 224904 号

玉米高效管理技术——以海南省为例
YUMI GAOXIAO GUANLI JISHU—YI HAINAN SHENG WEILI

冯玉洁 张群 田海 等 编著

策划编辑:孙 婧
责任编辑:孙 婧
助理编辑:陈婷婷
责任校对:李 琼
封面设计:墨创文化
责任印制:朱曼丽

出版发行	西南财经大学出版社(四川省成都市光华村街 55 号)
网 址	http://cbs.swufe.edu.cn
电子邮件	bookcj@ swufe.edu.cn
邮政编码	610074
电 话	028-87353785
照 排	四川胜翔数码印务设计有限公司
印 刷	四川煤田地质制图印务有限责任公司
成品尺寸	170mm×240mm
印 张	17.75
字 数	328 千字
版 次	2023 年 11 月第 1 版
印 次	2023 年 11 月第 1 次印刷
书 号	ISBN 978-7-5504-6005-8
定 价	88.00 元

1. 版权所有,翻印必究。
2. 如有印刷、装订等差错,可向本社营销部调换。

编著团队

主编著：冯玉洁　张　群　田　海
副编著：吉训聪　冯　剑　赵志祥
　　　　罗激光　翁良娜　郝晨光
参　编：梁延坡　王会芳　戎　瑜
　　　　宋　佳　张琼尹　张运选
　　　　崔梁伟　严婉荣　吴　菊
　　　　潘　飞　符茗茜

前　言

　　海南省地处热带北缘，属热带季风气候，素来有"天然大温室"的美称。海南省年平均气温为 23~29 ℃，年平均降雨量为 1 000~2 600 mm，雨量充沛，冬季温暖、雨水较少，积温条件良好，既是作物反季节种植的重要地区，又是开展育种研究的重要基地。玉米是海南南繁的主栽作物，南繁可以加速选育进程和种子繁殖，缩短育种年限，提高育种效率，已成为加快玉米种质创新、品质改良和种子繁育的重要措施。南繁的开创应用对保障国家种业安全，促进作物增产具有重要意义。

　　近年来，在海南省的玉米生产过程中，存在价格波动较大、病虫害发生较为严重、高效栽培技术推广普及率较低、机械产业化程度较低等问题，制约了海南玉米的优质高产及农民的种植积极性。本书以海南玉米高效栽培为立足点，概述了海南玉米的生产现状及育种概况，探讨了海南玉米的生物学特性、生长模式、田间管理技术、施肥与灌溉技术、主要病虫草害及其防治措施、营养成分检测技术，并从产业发展角度对海南玉米的生产进行展望，提出了切实可行的产业政策及建议，以期提高海南玉米整体栽培的精细化水平，达到优质、高产、高效的目的，对推进海南玉米产业健康可持续发展具有一定的现实意义。

　　本书得到了"海南省属科研院所技术创新专项——溴氰虫酰胺种子处理对玉米草地贪夜蛾防治效果及在土壤中吸附行为研究"（项目编号：SQKY2022-0014）项目、"全球预警害虫——草地贪夜蛾生物防治关键技术研究与应用"（项目编号：ZDYF2020220）项目、"海南省农业科学院热带果蔬重大病虫害安全防控创新团队项目"（项目编号：HAAS2023TDYD12）的资助，在编写过程中也得到了众多专家、学者的支持与帮助，在此一并表示感谢。本书可作为从事玉米相关产业人员的参考资料，书中如有不足之处，还望专家和读者批评指正。

冯玉洁

2023 年 6 月

目　录

1　海南玉米现状及育种技术 / 1

　1.1　海南玉米现状 / 1

　　1.1.1　概况 / 1

　　1.1.2　海南玉米的主栽品种 / 8

　1.2　分子育种 / 16

　1.3　转基因育种、杂种 / 17

　　1.3.1　概况 / 17

　　1.3.2　转基因技术发展情况 / 17

　　1.3.3　育种程序及技术措施 / 17

　　1.3.4　成果 / 20

　　1.3.5　转基因种子对市场的影响 / 22

　1.4　分子标记育种 / 22

　　1.4.1　概况 / 22

　　1.4.2　分子标记技术发展情况 / 23

　　1.4.3　育种程序及技术措施 / 23

　　1.4.4　成果 / 24

　1.5　南繁育种 / 26

　　1.5.1　概况 / 26

　　1.5.2　育种程序及技术措施 / 26

    1.5.3　成果 / 30

  1.6　海南玉米育种的常见问题 / 31

    1.6.1　花期不遇问题 / 31

    1.6.2　虫害问题 / 32

    1.6.3　自然灾害问题 / 32

2　玉米安全生产的产地环境要求及标准 / 35

  2.1　玉米安全生产对产地环境的要求 / 35

    2.1.1　产地环境质量要求 / 35

    2.1.2　相关国家标准 / 36

  2.2　玉米安全生产相关标准 / 37

    2.2.1　国家玉米安全生产标准 / 37

    2.2.2　海南玉米安全生产标准 / 43

3　玉米的生物学特征 / 48

  3.1　玉米的发育条件 / 48

    3.1.1　温度 / 48

    3.1.2　光照 / 49

    3.1.3　水分 / 50

    3.1.4　矿质营养 / 50

    3.1.5　土壤 / 51

    3.1.6　纬度和海拔 / 52

  3.2　玉米的生育阶段特征 / 52

    3.2.1　生育时期概述 / 52

    3.2.2　玉米器官形态特征及生长特性 / 54

4 玉米高效栽培关键技术及田间管理措施 / 67

4.1 全膜双垄沟播技术 / 67

4.1.1 技术要点 / 68

4.1.2 地膜覆盖对土壤的影响 / 71

4.2 半膜覆盖栽培技术 / 72

4.3 滴灌水肥一体化技术 / 75

4.3.1 技术要点 / 75

4.3.2 玉米滴灌水肥一体化的优势 / 77

4.4 一膜两季留膜留茬越冬保墒技术 / 78

4.5 玉米间作套种技术 / 81

4.5.1 覆膜田玉米与南瓜间作套种栽培技术 / 81

4.5.2 鲜食玉米与花生间作套种栽培技术 / 84

4.5.3 直播田玉米与南瓜间作套种栽培技术 / 88

4.5.4 春制—秋制—冬种玉米三熟制栽培技术 / 89

4.6 改良土壤耕层综合高产技术 / 91

4.6.1 技术要点 / 92

4.6.2 注意事项 / 92

4.7 大垄双行栽培技术 / 93

4.8 大小垄高密度栽培技术 / 93

4.8.1 技术概况 / 93

4.8.2 技术要点 / 94

4.9 玉米双垄等距离宽膜覆盖技术 / 96

4.9.1 技术概况 / 96

4.9.2 技术要点 / 96

4.10 免耕栽培技术 / 100

4.10.1 技术模式 / 100

4.10.2 技术路线 / 100

4.10.3 技术要点 / 100

4.11 玉米高效栽培关键技术 / 103

4.11.1 基地建设 / 103

4.11.2 田间管理措施 / 115

4.12 玉米机械化生产 / 121

4.12.1 玉米机械化生产概述 / 121

4.12.2 玉米机械化生产存在的主要问题 / 122

4.12.3 玉米机械化生产技术介绍 / 123

4.12.4 玉米机械化收获的优势 / 127

4.12.5 玉米机械化收获的注意事项 / 129

5 海南玉米高效栽培模式 / 130

5.1 选茬和整地 / 130

5.1.1 选茬 / 130

5.1.2 整地 / 130

5.2 选用良种 / 132

5.2.1 选用适宜熟期的品种 / 132

5.2.2 选用适于当地种植的品种 / 132

5.2.3 良种简介 / 132

5.3 播前准备 / 135

5.3.1 保证隔离条件 / 135

5.3.2 种子播前处理 / 135

5.3.3 起垄 / 136

5.4 播种 / 137

5.4.1 适期播种 / 137

5.4.2 合理密植 / 137

5.4.3 播种方式 / 138

5.5 田间管理 / 139

5.5.1 施肥 / 139

5.5.2 灌溉 / 139

5.5.3 防治病虫草害 / 139

5.5.4 应对灾害天气 / 141

6 海南玉米主要病虫草害及其防治措施 / 144

6.1 纹枯病 / 144

6.1.1 危害症状 / 144

6.1.2 发生条件 / 144

6.1.3 防治措施 / 145

6.2 茎腐病 / 146

6.2.1 危害症状 / 146

6.2.2 发生条件 / 147

6.2.3 防治措施 / 147

6.3 灰斑病 / 149

6.3.1 危害症状 / 149

6.3.2 发生条件 / 149

6.3.3 防治措施 / 150

6.4 大、小斑病 / 150

6.4.1 危害症状 / 150

6.4.2 发生条件 / 151

6.4.3 防治措施 / 151

6.5 穗腐病 / 151

6.5.1 危害症状 / 151

6.5.2 发生条件 / 152

6.5.3 防治措施 / 153

6.6　锈病 / **154**

　　6.6.1　危害症状 / 154

　　6.6.2　发生条件 / 155

　　6.6.3　防治措施 / 156

6.7　草地贪夜蛾 / **158**

　　6.7.1　危害症状 / 158

　　6.7.2　发生条件 / 159

　　6.7.3　防治措施 / 159

6.8　玉米螟和大螟 / **164**

　　6.8.1　危害症状 / 164

　　6.8.2　发生条件 / 164

　　6.8.3　防治措施 / 165

6.9　黏虫 / **166**

　　6.9.1　危害症状 / 166

　　6.9.2　发生条件 / 166

　　6.9.3　防治措施 / 167

6.10　棉铃虫 / **167**

　　6.10.1　危害症状 / 167

　　6.10.2　发生条件 / 168

　　6.10.3　防治措施 / 168

6.11　香附子 / **169**

　　6.11.1　危害症状 / 169

　　6.11.2　发生条件 / 169

　　6.11.3　防治措施 / 169

7　海南玉米生理性病害及其防治措施 / **171**

　7.1　玉米缺素症 / **171**

7.1.1 症状 / 171

7.1.2 发生原因 / 173

7.1.3 防治措施 / 174

7.2 死苗和弱苗 / 175

7.2.1 症状 / 175

7.2.2 发生原因 / 175

7.2.3 防治措施 / 175

7.3 玉米空秆 / 176

7.3.1 症状 / 176

7.3.2 发生原因 / 176

7.3.3 防治措施 / 176

7.4 玉米倒伏 / 177

7.4.1 症状 / 177

7.4.2 发生原因 / 177

7.4.3 防治措施 / 177

7.5 玉米秃尖和缺粒 / 178

7.5.1 症状 / 178

7.5.2 发生原因 / 179

7.5.3 防治措施 / 179

8 海南玉米施肥技术 / 180

8.1 施肥对玉米生产的作用 / 180

8.1.1 大量元素 / 180

8.1.2 常量元素 / 181

8.1.3 微量元素 / 183

8.1.4 玉米对营养元素的吸收动态和数量 / 185

8.2 玉米施肥技术 / 186

8.2.1 玉米的施肥原则 / 186

8.2.2 玉米营养诊断 / 188

8.2.3 玉米施肥现状 / 188

8.3 玉米科学施肥技术规程 / 190

8.3.1 山东省地方标准《夏玉米施肥技术规程》

（DB37/T 1636—2022）/ 190

8.3.2 黑龙江省地方标准《玉米大豆轮作下施肥技术规范》

（DB23/T 2651—2020）/ 195

9 海南玉米灌溉技术 / 197

9.1 灌溉对玉米生产的作用 / 197

9.1.1 水分对生育进程的影响 / 197

9.1.2 水分对营养器官生长的影响 / 197

9.1.3 水分对生殖器官发育的影响 / 198

9.1.4 水分对干物质积累量的影响 / 198

9.1.5 水分对产量及产量构成因素的影响 / 199

9.2 玉米灌溉技术 / 199

9.2.1 灌溉方法 / 199

9.2.2 灌溉量 / 201

9.2.3 灌溉时期 / 201

9.3 玉米需水规律 / 203

9.3.1 玉米不同生育阶段对水分的反应 / 203

9.3.2 影响玉米需水量的因素 / 205

9.3.3 土壤适宜水分指标 / 205

9.3.4 排涝 / 205

10 玉米的营养价值及其检测方法与影响因素 / 207

10.1 玉米的主要营养成分及营养价值 / 207

10.1.1 玉米的主要营养成分 / 207

10.1.2 玉米的主要营养价值 / 209

10.1.3 营养价值评价 / 214

10.2 玉米主要营养成分的检测 / 216

10.2.1 玉米的抽样 / 216

10.2.2 玉米的氨基酸分析 / 219

10.2.3 玉米浆中的氨基酸分析 / 226

10.2.4 鲜食甜玉米粒的多糖分析 / 227

10.2.5 玉米中的蛋白质分析 / 231

10.2.6 玉米浆干粉中的维生素 B6 分析 / 237

10.2.7 紫玉米中的花青素分析 / 240

10.2.8 玉米脂肪酸值分析 / 243

10.2.9 玉米须中微量元素不同处理方法检测 / 246

10.3 玉米营养品质的影响因素 / 248

10.3.1 影响玉米品质的遗传因素 / 248

10.3.2 影响玉米品质的生态因素 / 249

10.3.3 影响玉米品质的土壤环境与营养因素 / 253

10.3.4 影响玉米品质的其他因素 / 254

11 玉米的加工以及副产品 / 257

11.1 玉米深加工后副产物的利用 / 258

11.1.1 玉米浆 / 258

11.1.2 玉米胚 / 259

11.1.3 玉米麸皮 / 259

11.1.4 玉米蛋白粉 / 260

11. 2　存在的问题及展望 / 261

参考文献 / 263

附录 / 268

1 海南玉米现状及育种技术

1.1 海南玉米现状

1.1.1 概况

玉米,也被称为玉蜀黍、苞粟、苞谷等,禾本科一年生草本植物。在海南,玉米的品种十分多样,包括普通玉米、甜玉米、黑玉米、饲料玉米、糯玉米、高油玉米等。其中,普通玉米含有丰富的膳食纤维,可以帮助人体消化;甜玉米的含糖量高;黑玉米中赖氨酸的含量丰富,可以帮助人体代谢;高油玉米的含油量高,可以作为榨油的原材料。可以说,玉米在海南既是饲料、食粮,又是蔬菜和水果,用途十分广泛。玉米原产于中美洲和南美洲,自引入我国,经过几个世纪的繁育发展,已成为我国三大主要粮食作物之一,产量仅次于水稻和小麦。玉米栽培范围广,用途多样,可食用、饲用和用作工业原料。经近代农民和作物育种学家的共同努力,玉米已成为世界上十分重要的一类粮食作物和饲料作物,同时也是医疗卫生、食品药品等行业不可或缺的原料之一。近年来,我国玉米种业市场规模总体稳定,供需关系渐趋均衡,玉米种子价格随着供需关系的变化呈现稳中有升态势。总体来看,玉米种业具有较高的研发壁垒;同时,转基因技术的实施加快了转基因玉米种子商业化进程,进一步提升了玉米种业的行业壁垒,并给玉米种业带来深远的影响。

(1)海南地理条件

海南省位于我国的最南端,北以琼州海峡与广东省划界,西临北部湾与越南社会主义共和国相对,东南和南部在南海与菲律宾、文莱、马来西亚为邻,地处东南亚经济圈。海南省的行政区域包括海南岛、西沙群岛、中沙群岛、南沙群岛的岛礁及其海域。海南省陆地总面积为 3.54 万平方千米,海域面积约 200 万平方千米。海南岛面积为 3.39 万平方千米,岛屿轮廓形似一个椭圆形的大雪梨，长轴呈东北至西南向，长约 290 千米，西北至东南宽约 180 千米。

①地形特征

海南岛四周低平，中间高耸，以五指山、鹦哥岭为隆起核心，向外围逐级下降，由山地、丘陵、台地、平原构成环形层状地貌，梯级结构明显。

②气候特征

海南岛位于北回归线以南，终年太阳高度角大。海南岛位于东亚季风区，受季风影响较为明显，具有全年暖热、雨量充沛、干湿季节明显、常风较大、热带风暴和台风频繁等特点，属于热带季风气候。

③土地资源

海南省拥有全国最多的热带土地资源，耕地多分布在北部和沿海平原、台地和阶地地带上，水田分在沿海沿江平原上，旱地多分布在台地和阶地上。

（2）玉米生产条件

①优势条件

a. 自然条件

海南省地处我国的最南端，气候及土壤特性适合玉米种植，且病虫害种类较少，产生的危害较轻，一年四季都可以种植玉米。海南的冬季具有得天独厚的温光条件且闲田面积较大，能满足鲜食玉米生长需求，也能为外省来琼南繁提供便利。海南省已成为我国 1—3 月市场供应的反季节鲜食玉米的重要来源地。

b. 市场需求

我国一直是一个粮食种植大国，近两年玉米种植收益较好，农民种植玉米意愿较强。同时，受地缘冲突、美联储加息等因素的影响，当前国际玉米价格冲高回落，国内玉米期货价格与国际市场价格联动明显增强，而国内玉米供需维持平衡态势，预期新粮上市价格或将高位震荡运行。

虽然新型冠状病毒感染疫情（以下简称"疫情"）影响下的玉米市场扑朔迷离，玉米价格外部环境的影响因素明显增多，疫情、加息、地缘冲突、自然灾害等接踵而至，防不胜防，但是在 2022 年，国内玉米市场走势呈现明显的阶段性、区域性特征，市场多空因素相互交织、购销双方博弈激烈，玉米市场的供需在多元供应格局保持不变、下游需求偏软的形势下继续维持动态平衡，价格总体在较高水平上小幅波动。同时，在新季玉米的集中上市期，市场主体购销心态或将表现稳定，收购价格预计将以平稳状态为主运行。

c. 成熟的技术

玉米是海南南繁的主栽作物，南繁可以加速选育进程和种子繁殖，缩短育种年限，提高育种效率，已成为加快玉米种质创新、品质改良和种子繁育的重要措施。经过 60 多年的不断选择和积累，人们确认了旱地和水地都可作为玉米南繁用地，海南的南繁基地和玉米南繁地主要集中在三亚、乐东、陵水等市（县）。其中，崖城是玉米南繁公认的首选之地，这里气温较高，土地资源丰富，地势相对平坦，土质肥沃，有利于玉米的生长发育，且交通非常便利，有利于同行之间相互交流与学习。同时，海南当地农业科技人员和农民种植户在与省外南繁人员共同育种、繁殖和制种的过程中，增长了知识和才干，形成了一支能够满足南繁需要的技术队伍。

d. 科研院所带动，产品销售畅通

当前，海南省有玉米育种机构 6 家，科研院所 13 家，科研人员 300 余人。全省建立了 2 个国家级、9 个省级农业科研推广示范基地，构建了从育种到生产的农业技术体系；在三亚、万宁等市（县）还建立了一批科研单位，如海南省农科院、北京中农联合种业公司等，每年向市场提供优良玉米杂交种。因此，玉米种植面积迅速扩大，已成为海南省农业发展的主导产业，是海南省重要的经济支柱产业之一。海南玉米已形成种子、饲料、饲料添加剂三大产业，种子产业占全国种子市场的 30%；饲料产业占全国饲料市场的 50%；饲料添加剂产业占全国饲料添加剂市场的 30%。

近年来，我国已成为世界第一大玉米生产国和消费国，也是世界最大的玉米出口国和第三大玉米消费国。海南以其独特的自然条件、气候、资源等优势，成为我国乃至全球最大的优质、高产、抗逆玉米生产基地，种植面积和产量均占全国的 60% 以上。

② 劣势条件

a. 机械化问题

随着农业劳动力的大量转移与流失，农业生产人工成本逐年攀升，导致农业生产中投入成本较大，因此，玉米全程机械化程度直接决定了玉米生产效率及影响了市场价格波动。而在海南乃至全国的玉米播种过程中存在一些共性问题：玉米的播种环节机械化水平较高，但收获环节机械化水平较低；播种机械技术发展较为成熟，但玉米播种机具中小型机具数量较多，大型玉米精量播种机具数量较少，现代农机装备技术应用少；玉米收获、免耕播种等机械适应性、可靠性有待进一步提高；青贮收获机、茎穗兼收机的选型配套工作有待进一步加强。由于玉米的种植环境能够同全国大部分地区相互融合，因此，不同地区有不同品种和不同类型的玉米。因此，我们要深入研究各个主要产区的玉米种植制度，有针对性选型、推广适应特定行距的玉米联合收获机械，以突破玉米种植技术复杂、各地品种行距不一的障碍。而玉米机械化收获是提高玉米生产效率的重要途径，在玉米收获过程中可以一次性完成摘穗、秸秆收获、粉碎、脱粒及清选等环节，对于提高我国农业机械化水平、增加农民收入以及促进农业可持续发展具有重要意义。近年来，相关专家提出了玉米移栽技术，当前的试验结果表明，该技术可以有效地提高玉米的生产产量。虽然我国针对玉米收获机的研制起步较晚，与发达国家相比在技术方面还存在较大差距，但是，随着我国社会经济的发展、农业技术的进步，以及国家对农业生产的重视程度及研发力度逐渐加强，我国农业机械水平正在逐步提升，各个地区农业发展水平正在逐步缩小差距。未来针对玉米收获机械的研发，应该结合智能控制系统、智能操控台等技术实现人机互联。当前，全球定位系统（GPS）、物联网、虚拟现实（VR）等技术已经进入人们的日常生活，所以期待将这些技术应用到农业机械发展中，以逐渐实现玉米收获机械的智能化发展。

b. 植保问题

海南鲜食玉米产业化发展潜力巨大，但当地种植品种参差不齐，制约了玉米产业高质量发展。每年玉米种子企业和科研单位都会在三亚、乐东、陵水等市（县）开展南繁工作，而南繁季玉米容易出现病虫害、草害、鼠害、气象灾害等各种植保问题。为能更好地预防和解决玉米生产中的问题，以及响应国家化肥农药使用量零增长行动号召，有学者根据多年的实践经验，将南繁玉米常见的植保问题进行了汇总归类，主要包括以下几种类型：常见病害有玉米小斑病、南方锈病、苗期根腐病、细菌性茎腐病、茎腐病、穗腐病、线虫病；常见虫害有蚜虫、甜菜夜蛾、苜蓿夜蛾和玉米螟；还有鼠害、各种药害、杂草危害，以及由南繁特殊的地理位置及季节性气候变化引起的非侵染性病害，如遗传性斑点；10月份玉米苗期易发生台风、涝灾，1月份易出现低温冷害。

c. 科研资源分散、利用率较低

当前在海南开展南繁育种工作的科研单位众多，但是大部分科研单位与企业之间缺乏沟通交流的平台，难以形成科技聚合，造成了资源分散、利用率较低、育种技术相对滞后等问题。大多数基地管理相对独立、缺乏共享机制、开放程度不高，只承担本单位的科研任务，整个南繁基地开放共享的网络体系尚未形成，不利于基地资源整合、统一管理和长远发展。

d. 科研租地困难、费用较高

随着南繁单位不断涌入、用地增多等因素的影响，南繁租地难、租地贵已成为制约南繁综合试验基地稳定开展工作的突出问题。同时，租用土地因受到土地收益变化的影响，各单位和农民之间很难形成长期稳定的租用关系，影响了其长期投入的积极性，阻碍了作物育种和种子生产的进程，影响了基地中长期建设计划的制订。

e. 基础设施落后、经费缺乏

南繁基地现有基础设施相对落后，缺乏必要的灌溉设施、道路设施、科研设备、辅助设施；生产和生活设施不配套，制约了南繁育种的效率和质量；还有个别单位没有稳定的基地或交通不便。同时，随着南繁科研试验任务量逐年加大，基地的资金负担日益加重，租地成本连年增加，部分基地缺乏长期稳定的管理运行经费支持。

f. 土壤微量元素不足、资源缺乏

从耕地总量和质量来看，海南省第二次土地调查结果显示，全省耕地总面积为72.976 1万公顷，比1996年第一次土地调查全省耕地总面积76.206 8万公顷减少了3.230 7万公顷。其中，沿海市（县）还有相当数量的海边沙质耕地难以稳定利用。全省人均耕地为1.27亩①，较1996年人均耕地1.60亩有所下降，低于全国平均水平1.52亩。从耕地后备资源来看，全省耕地后备资源缺乏，耕地占补平衡难度日益加大。从土壤含有的微量元素来看，海南省的土壤中铁、铜、锰含量丰富，而硼、钼、锌严重不足。土壤有效硼的临界值为0.5 mg/kg，海南省土壤有效硼的平均含量为0.55 mg/kg，其中小于临界值的样本占74.3%；土壤有效钼的临界值为0.15 mg/kg，海南省土壤有效钼的平均含量为0.117 mg/kg，其中小于临界值的样本占69.5%，全省约2/3的土壤缺钼元素；土壤有效锌的临界值为0.5 mg/kg，海南省土壤有效锌的平均含量为0.57 mg/kg，其中小于临界值的样本占57.1%，缺锌土壤面积约占3/5。

g. 人员问题

相关技术人员稀缺，现有人员专业能力较弱。当前海南种植玉米的农业技术人才数量不足，年龄结构偏向老龄化，老同志缺乏精力，无法高效地培养新人；现有的农业技术人才培养方式相对落后，教育培训不够全面和深入，学习渠道有限，技术人员无法及时获取新知识和技能，导致新人受训不足，工作问题层出不穷。管理模式陈旧，考核制度和奖惩机制不完善，缺乏有效激励机制和责任连带机制，导致部分农业技术人员缺乏责任感和工作积极性。人才断层，缺乏新人补充，导致海南玉米种植领域缺乏新鲜血液的注入。年轻人对从事农业技术工作的积极性较低，现有的人才引进和激励机制不完善，岗位吸引力差，进一步加剧了这一问题。现有技术人员的素质和能力较低，部分人员的

---

① 1亩≈666.7平方米，下同。

专业与农业技术工作不对口，知识储备不足，缺乏真才实学。现有的技术服务推广偏重理论，缺乏实用性，实际操作指导与农业技术推广的配套服务不完善，导致农户在实际操作中遇到困难时无法得到有效的帮助，同时降低了农业技术人员的工作效率和推广工作的质量。

在玉米种植过程中遇到的问题，或多或少都与一些人为因素有关，如播种时步调不一致会造成落种偏差，而落种不均匀会影响出苗率，进而影响玉米的产量和质量。现阶段的玉米栽培技术仍然存在玉米品种不好、田间管理不合理以及没有重视防治病虫害等问题，这都与人为因素有或多或少的关系。为了保障玉米栽培的品质，需要由经过培训的专业种植人员选择优质的玉米品种进行种植，并做好播种与田间管理工作，以有效地提高我国玉米种植的技术水平，促进玉米种植的良好、有序发展。

（3）玉米生产建议

①因地制宜，调整种植结构，提高玉米产量

近几年，海南省东方市和乐东县的玉米种植面积不断增加，玉米连作种植现象普遍，导致玉米病虫害加重，土壤肥力下降。针对此现象，有关人员应该增加大豆、杂粮等作物的种植面积，合理轮作，或者实行间作套种、地养地有机结合等新型种植方式，以提高玉米产量。

②积极推广纯天然无污染非转基因玉米品种

海南生产的纯天然无污染非转基因玉米，从产量和效益上与一些国家和地区生产的转基因玉米相比处于劣势，但是，从市场需求角度来看，由于食用非转基因农产品正成为经济发达国家的潮流，其国际市场需求越来越大，价格趋于上涨，因此，这一品种正在成为优势，应积极推广。

③统一产品质量标准、提高出口产品的生产数量

当前我国玉米产品的生产方式众多，对外出口无法实现一站式服务，繁多的商品使客户眼花缭乱。因此，我们现在需要做的是向我国先进地区学习，根据国际通行做法按出口标准进行贴牌生产，统一产品质量和品牌，最大限度地满足出口需要。

④进行市场调研，争取生产国际市场需要的玉米终极产品

为了解国际市场对玉米终极产品的需求，市场调研必不可少。我们通过调研可以了解到国际市场对玉米产品种类、规格和品质等方面的需求情况，从而有针对性地进行产品研发工作。同时，通过积极的产品推广和营销活动，我们可以提高这些产品在国际市场上的知名度和认可度，进而拓展销售渠道，实现产品的全球化推广。

玉米终极产品在国际市场上有着巨大的销售潜力。相比于普通玉米，经过一系列的加工和转化，玉米终极产品的附加值更高。例如，玉米转化淀粉、麦芽糖、纤维蛋白饲料等产品已经在国际市场上取得了良好的销售成绩。因此，我们应当积极开展研发工作，并主动推广这些产品及其衍生品。通过持续地研发和产品推广，我们有望将这些玉米终极产品打造成具有竞争优势和市场核心竞争力的畅销产品，并在国际市场上脱颖而出。这将帮助我们扩大市场份额、提高竞争力，并进一步拓展国际市场，实现更好的经济效益。

海南玉米一年四季都可以种植，但由于种植季节不同，产量也有明显的差异。根据调查，春种玉米（1月25日—2月10日）产量最高；其次是秋种玉米（8月25日—9月10日）；再次是冬种玉米（10月20日—1月10日）；最后是夏种玉米（4月25日—5月10日）。总之，玉米最佳播种期的选择，要根据玉米的用途和土地使用情况，以及茬口的安排来确定。海南玉米种植的时间段不同，其成熟期也不同。春秋种的玉米从播种至成熟的天数为80~85 d，夏种的玉米从播种至成熟的天数为70~80 d，冬种的玉米从播种至成熟的天数为90~100 d。具体来说，根据种植时间的不同，海南的春种玉米在四五月份成熟，夏种玉米在七八月份成熟，秋种玉米在11月底至12月中旬成熟，冬种玉米在2月到4月逐渐成熟。玉米南繁是指每年10月至次年5月，玉米种子企业和科研单位在海南省三亚、乐东、陵水等市（县）进行玉米育种、加代、制种等科研生产活动。与此同时，海南本地的育种研究所也没有停下科研的脚步，不断进行品种比较与生产试验，观察玉米在海南的冬种表现，改进种植方法，优化栽培技术，在原有的技术基础上又改进了种植方式以及收获方式，解决了若干农业问题。

（4）甜玉米化肥减量增效技术

①基本情况

甜玉米是玉米的品种之一，又称蔬菜玉米，禾本科，玉米属。因其具有丰富的营养，以及甜、鲜、脆、嫩的特色而深受消费者青睐。近年来，海南省甜玉米市场得到迅速发展，2021年全省栽培面积34.68万亩，其中东方市种植面积达21万亩，占全省的60.55%。但是在甜玉米的种植过程中，还存在过量施肥、施肥时间不准确、施肥结构不平衡、施肥方式落后等现象，导致生产成本增加、农业环境污染和耕地质量不断下降。

针对以上问题，有关科研人员提出了甜玉米化肥减量增效技术，该技术以测土配方施肥和有机肥代替化肥为核心，通过精准施肥、增施有机肥等科学施肥措施，减少不合理施肥用量，以实现生产的减肥、节本、增效目标。测土配方施肥是化肥减量增效的核心技术，通过测土、试验、配方、验证、指导施肥等方式，建设甜玉米施肥指标体系和专家系统，形成甜玉米精准施肥技术规范和推广模式，从而实现"科学、经济、高效、生态、安全"的用肥目标。该技术的核心内容"东方市甜玉米高产栽培技术"于 2012 年 5 月发表在《现代农业科技》期刊上；"海南省西南部超甜玉米高产栽培技术"于 2013 年 9 月发表在《中国农业信息》期刊上；"海南鲜食甜玉米绿色高产栽培技术探讨"于 2019 年 7 月发表在《现代农业科技》期刊上。

②技术示范推广情况

甜玉米化肥减量增效技术已在东方市板桥、感城、八所、四更、三家等镇进行示范推广，当前示范推广面积达 10 万亩，已取得良好的示范效果。该技术模式可在全省范围内推广。

③提质增效情况

2019—2021 年的试验示范结果表明，与农民常规施肥相比，甜玉米化肥减量增效技术可实现亩均减少尿素用量 3~5kg、减少复合肥料用量 4~7kg，亩均增产 7.5%~14.1%，节本增收 270~440 元/亩。同时，该技术可改善土壤理化性状，提高土壤有机质含量，提高甜玉米产量和品质。

1.1.2 海南玉米的主栽品种

海南玉米种植面积约为 130 万公顷，占全省农业总面积的 26%；其中，杂交玉米种植面积约为 80 万公顷，占全省农业总面积的 30%。因此，加快品种的更新换代和优良品种的推广应用，对于提高海南农业的综合效益，以及推动海南农业现代化建设具有十分重要的意义。海南省的玉米种植一般为小规模的鲜食甜、糯玉米品种，饲料玉米的种植基本是空白的。

2015 年以来，经海南省审（认）定通过的适宜海南的食用玉米品种有：夏王、微风甜 001、先甜 5 号、先甜 90 号、库普拉、伯洪甜 008、微风甜 777 和伯洪一号。

（1）夏王

①品种审定编号

琼认玉 2015001。

②主要特征和特性

幼苗叶鞘绿色，叶色深绿。植株株高 1.85 m 左右，穗位高 80 cm 左右，株型半紧凑，植株健壮，整齐度较好。雄穗发达，颖壳绿色，花丝青色，吐丝畅。果穗长筒形，籽粒黄色且有光泽，穗长 20 cm 左右，基本上不秃顶，行数以 14 行为主，每行粒数在 38 粒以上，穗粗 5.0 cm 左右，果穗苞叶松、紧、长均适中，白轴，单穗连苞叶重为 350~400 g。籽粒排列整齐，饱满粒大，籽粒柔嫩，果皮较薄，无秃顶，甜度高，粒色黄色、有光泽。一级果穗率为 90%。2009 年吉林省农业科学院植保所对夏王进行人工接种的抗性鉴定结果为：抗大叶斑病、小叶斑病、黑粉病、矮花叶病和粗缩病；采收后期易感茎腐病，玉米螟危害较重；抗倒性强，适应范围广。夏王的生育期从播种到收获的天数在春季为 88 d，在秋季为 79 d。

③栽培技术要点

隔离种植：由于夏王玉米受隐性基因 Sh2 控制，通常采用的隔离方法有空间隔离和时间隔离。空间隔离的距离一般要求在 400 m 以上，也就是说在种植夏王玉米的 400 m 范围内，不能种植与它同期开花的普通玉米或其他类型玉米；如果有树林、山岗、公路等天然屏障，隔离距离可适当缩短。也可采用时间隔离法，即错开 25~30 d 再播种其他类型玉米。

播种前准备：种子在贮藏过程中处于休眠状态，播种前晒种可以打破种子的休眠期，提高种子的发芽率和发芽势。晒种时间应在上午 8—10 时，下午 4—6 时，连续晒 2 d。夏王为超甜玉米，对土壤湿度和温度要求较高，应选择排灌方便、肥力较好的土壤进行种植。土壤含水量为最大持水量的 65%~70% 为宜，近地面土温稳定在 12 ℃ 以上时播种，能保证种子正常出苗，覆土不宜过厚，以 3~5 cm 为宜。每亩用种量为 1.75 kg 左右，一般采用直播方式，若为了提早上市，可用薄膜覆盖。北方可春播、夏播；南方可一年四季播种。

种植密度：种植密度以 49 500~52 500 株/公顷为宜，最好采用大小行种植，大行距为 80~100 cm、小行距为 50 cm，株距依密度而定，一般为 26~35 cm。

田间管理：加强苗期管理，力争壮苗早发；进行肥料管理，以有机肥、磷钾肥作基肥，氮肥分配比例为基肥占 50%、苗肥占 10%、穗肥占 40%，以植株保持苗壮生长、叶色正常或偏深为宜；大喇叭口期要重施穗肥；苗期要防治地老虎，大喇叭口期要防治玉米螟危害。春播时，以在吐丝后 18~20 d 采收为宜；秋播时，以在吐丝后 20~22 d 采收为宜。玉米采收过早会影响产量和品质；采收过晚，玉米新鲜度降低，果皮变厚，对品质影响较大。

（2）微风甜 001

①品种审定编号

琼认玉米 2015002。

②主要特征和特性

幼苗叶鞘绿色，叶色深绿。植株株型呈半紧凑状态，茎秆状态为粗壮均匀，平均株高 230.8 cm，穗位高 108.6 cm。雄花序的花粉量要比雌花序的花粉量稍多，雌穗花丝呈无色。果穗普遍呈圆筒形，苞叶紧密，鲜穗的保绿效果良好，果穗轴较为纤细。果穗长 20.5 cm，穗粗 4.5 cm，穗行数 14 行，行粒数 43 粒，果穗苞叶松、紧适中，苞叶较长，白轴，单穗连苞叶重为 310~360 g。籽粒柔嫩，果皮较薄，秃顶长 0.75 cm，甜度较高，有香味，粒色金黄色、有光泽。2014 年海南省第四届农作物品种审定委员会在微风甜 001 玉米种植现场测定的抗性结果中，未发现大斑病、小斑病、茎腐病和玉米螟等病虫害，锈病轻度发生，田间表现高抗纹枯病、大小斑病、锈病。微风甜 001 玉米具有成熟早的优点，春播与秋播的生育期相差较短，在海南春播的微风甜 001 玉米苗从播种到采收的时间为 75~85 d，而秋播的玉米苗从播种到采收的时间为 80~100 d。

③产量表现

2014—2015 年，微风甜 001 玉米在海南省北部和西南部市（县）进行春季和秋季示范种植，2014 年平均亩产 1 016.4 kg，比华珍（CK）增产 18.0%；2015 年平均亩产 1 032.4 kg，比华珍（CK）增产 19.8%。

④栽培技术要点

地质选择：通常疏松且肥力十足的土地是播种微风甜 001 玉米的首选。

隔离种植：由于微甜 001 玉米属热带与亚热带血缘，基因型为 Sh2Sh2，种植时要求空间隔离距离为 400 m 左右，花期时间间隔为 20 d 左右。

播种前准备：对播种的种子进行前期处理时，应将种子放在温度大于 35 ℃的清水中浸泡 2 h 左右，浸泡完成后还要清洗种子，目的是提高微风甜 001 玉米的发芽概率以及平整度。

播种时间：春播时间为 3 月，秋播时间为 7 月下旬至 8 月，采收时间根据采收期进行选择。海南由于地处热带区域，因此可以进行冬种，但需要注意的是，冬种要在 11 月中旬之前进行，因为当地阴雨天气频繁，及时播种有益于控制肥水。

种植密度：单行植，种植密度以每亩 3 000~3 500 株为宜。

田间管理：施肥时要合理把握苗肥的用量，对拔节肥的用量也要进行严格控制，而孕穗肥的量普遍较大，同时要强调应用磷钾肥来抗旱涝。此外，苗期要注意防治地下害虫，玉米螟始终是防治的重点对象。

（3）先甜 5 号

①品种审定编号

琼认玉米 2015003。

②主要特征和特性

幼苗叶鞘绿色，叶片颜色较深。植株高、长势较强且株型直立半紧凑，叶片挺直、叶色青绿。株高 253 cm，穗位高 114.2 cm，每穗行数平均为 16 行，每穗鲜重 385 g，折产量为 997.15 千克/亩；秆重 0.61 kg。雄花分枝较多，雄花序的花粉量要比雌花序的花粉量稍多，雌穗花丝较长呈绿色，花药呈黄色。果穗普遍呈圆筒形，果穗长 19~22 cm，穗粗 4.5 cm，穗行数 14~16 行，行粒数 43 粒，苞叶较短，不影响包穗，白轴，单穗连苞叶重为 450~500 g。其籽粒饱满且出籽率高达 65%以上；皮薄渣少、甜度高；籽粒柔嫩，果皮较薄，秃顶长 1.2~2.2 cm；有香味，粒色金黄色、有光泽。经 2007 年湖南省食品质量监督检测所测定，先甜 5 号的一级果穗率为 87.48%，可溶性糖含量 17.74%~19.09%，粗蛋白 3.93%，粗脂肪 7.89%，粗纤维 2.12%，赖氨酸80.1 mg/100 g。大田试验表明，该品种抗大小斑病、茎腐病和纹枯病，中抗锈病，耐虫性较好，抗倒伏，适应性较广。先甜 5 号的生育期从播种到收获的天数在春季为 85 d，在夏季约为 70 d，在秋季为 85 d 左右。

③栽培技术要点

地质选择：选择土质疏松、土层深厚、土壤肥沃，含磷钾充足和排灌方便的田块种植。

隔离种植：由于先甜 5 号玉米属热带与亚热带血缘，基因型为 Sh2Sh2，种植时要求空间隔离距离为 400 m 以上，花期时间间隔为 30 d 左右。

播种时间：先甜 5 号属于雌雄同株异花授粉作物，花期若处于高温、干旱季节（如气温超过 35 ℃，相对湿度低于 30%），花丝易枯萎，花粉活力下降快，导致授粉受精不良，结实率较低。因此，先甜 5 号春植宜于 3 月上、中旬播种，夏植宜于 6 月 30 日至 9 月 10 日播种，以保证开花散粉期尽量避开高温、干旱或雨季。春植气温较低，为确保成苗率，可采取泥球育苗移植，以保证齐苗壮苗。

种植密度：种植密度以每亩 3 000~3 200 株为宜，双行单株植，行距 70 cm，株距 30 cm。

田间管理：先甜 5 号玉米需水又怕水，苗期应注意干湿交替，保持土壤湿润而不渍水，在拔节期和灌浆期要及时灌跑马水；重视追肥，及时中耕培土，全生育期每亩施尿素 10 kg、氯化钾 7.5 kg、复合肥 55 kg。追肥的原则为深施严埋，苗期追肥应结合中耕除草和小培土，拔节期追肥应结合大培土。先甜5号从孕穗至采收的时间较短，采收前 20 d 慎用化学农药，防治地下害虫可在苗期撒施辛硫磷和混细沙。

整蘖整穗：先甜5号玉米生长期间分蘖和小穗较多，要及时去除，以免消耗养分。每株玉米只留最上部一穗，其余全部去除，以提高玉米的产量。

适时采收：先甜5号玉米主要采收鲜穗，采收期是否合适对其商品品质和营养品质影响极大，过早收获籽粒内含物较少，而收获晚了则果皮变硬、渣多，失去其特有风味，因此最佳采收期应在吐丝后 20~23 d，持续采收 3~7 d，宜在上午进行。

（4）先甜 90 号

①品种审定编号

琼认玉米 2015004。

②主要特征和特性

幼苗叶鞘绿色，叶片颜色浓绿。植株半直立，上部叶片较直立，有明显纵向皱褶，中部以下叶片轻度下披，分蘖少或无株型呈半紧凑状态，株高 220~222 cm，穗位高 68~71 cm。雌穗花丝呈无色。果穗呈筒形，苞叶紧密，鲜穗的保绿效果良好，苞叶颜色浓绿，收口长度为 2~3 cm，剑叶少或无，果穗轴短而直。果穗长 17.3~20.2 cm，穗粗 4.5 cm，穗行数 16.2 cm，行粒数 36.7粒，白轴，单苞鲜重为 349~398 g，单穗净重为 267~295 g。籽粒呈楔形，颜色为中黄色，果皮较薄、较宽，甜度高，秃顶长 0.1~1.2 cm。2012 年春季，先甜 90 号玉米平均亩产鲜苞 1 093.6 kg，比对照种粤甜 16 号增产 12.08%；2013 年秋季，平均亩产鲜苞 1 289.7 kg，比对照种粤甜 16 号增产 18.96%。2013 年秋季，参加省生产试验的先甜 90 号玉米平均亩产鲜苞 1 195.7 kg，比对照种粤甜 16 号增产 18.82%；可溶性糖含量 29.54%~32.44%，果皮厚度测定值 69.2~74.11 μm，适口性评分分别为 86.5 分和 88.2 分；一级果穗率为84%，可溶性糖含量 29.54%~32.44%。在接种鉴定中先甜 90 号抗纹枯病和小斑病；田间表现高抗茎腐病，抗大、小斑病，中抗纹枯病。先甜 90 号的生育期为春播 81 d、秋播 75 d，前、中期生长势强，后期保绿度好。

③栽培技术要点

播期：春季地温稳定通过 12 ℃后播种较好。

施肥：生育前期宜控制氮肥的施用，增施有机肥和磷钾肥。

灌水：整个生长期需保证水分供应。

种植密度：采用大小行种植，每亩不超过 2 800 株。

采收时间：授粉后 19~20 d 采收。

（5）库普拉

①品种审定编号

琼认玉 2017001。

②主要特征和特性

幼苗叶鞘绿色。植株株型较披散，上位穗上叶与茎秆角度大；平均株高 200 cm，穗位高 80 cm。雄穗花药呈黄色，颖壳呈白色；雌穗花丝呈淡绿色。果穗近筒形，苞叶色泽鲜绿美观，剑叶明显。穗长 21.1 cm，穗行数 16~18 行，行粒数 39.9 粒，穗轴中部直径较细，白轴，单穗连苞叶重为 280~290 g。籽粒呈黄白双色，籽粒长楔形，秃尖长 1.72 cm、比例秃尖较少、排列整齐，色泽亮丽，光泽度明显，粒深约 11 mm，粒形均匀度好。可溶性糖含量 10.4%，还原糖含量 0.93%。库普拉对小叶斑病和锈病有中等抗性，但对玉米螟、蚜虫等重要玉米害虫无抗性，接种试验高感大斑病、弯孢菌叶斑病。在冬季，海南西南部市（县）种植的库普拉的生育期约为 66 d。

③栽培技术要点

适应性：库普拉适于海南西南部市（县）种植，播种期为 11 月中旬至 1 月初，以避免孕穗期和开花授粉期遭遇连续阴雨、低温和极端高温天气。

播种：采用育苗移栽或直播。育苗移栽多用于冬季栽培，适宜的苗龄为 3 叶 1 心，移栽时应避免断根和根系失水，大苗要分开设置。春季采用直播方式，要注意播种深度和基质覆盖，宜一水多用，以减少土壤水分流失，保证幼苗苗壮生长。

肥水管理：库普拉喜肥水，提倡大量使用腐熟有机肥，每亩施入有机肥 1 500 kg、尿素 5 kg、过磷酸钙 30 kg、硫酸钾 30 kg、硫酸锌 2 kg 作为底肥。对中等肥力地块增施磷钾肥，增产和提高品质的效果明显。施肥以追肥形式分 2~3 次进行，建议每亩在 5 叶期施入尿素 3 kg、硫酸钾 3 kg；在拔节期施入尿素 5 kg、硫酸钾 3 kg；在大喇叭口期施入尿素 6 kg、硫酸钾 5 kg。库普拉的整个生长期要求水分充足，墒情好的地块可在拔节期前结合中耕除草进行适当控水。

病虫害防治：玉米抽雄期前后应及时监测病情，在发病前使用百菌清、多菌灵、甲基托布津等药剂预防大、小叶斑病及锈病的发生。针对虫害玉米螟，可将 Bt 颗粒剂或粉剂、核型多角体病毒等生物制剂放入喇叭口内或花丝上，或通过整株喷雾对 3 龄期以前的幼虫进行防治，也可使用功夫（高效氯氟氰菊酯）、天王星（联苯菊酯）等杀虫剂进行整株喷雾。

种植密度：每亩保苗 3 600 株，宜育苗移栽，育苗期为 11~15 d。

及时定苞：为确保玉米穗大粒饱，一般只保留植株最上部一苞雌穗。

采收时间：授粉后 20~23 d 时收获，理论上籽粒含水量 70% 左右时品质最佳。

（6）伯洪甜 008

①品种审定编号

琼认玉 2017002。

②主要特征和特性

幼苗叶鞘绿色。植株的株型平展，前中期生长势较强，后期保绿度较好，平均株高 220 cm，穗位高 90 cm。果穗呈筒形，穗轴呈白色；穗粗 4.7 cm，秃尖长约 0.4 cm；果穗籽粒 12~14 行，单穗连苞叶重为 400~500 g。籽粒呈黄色，种皮薄而脆，残渣少。伯洪甜 008 对小叶斑病、锈病和茎腐病等病害有高等抗性，对大叶斑病和锈病有中等抗性；生育期约为 83 d。

③栽培技术要点

适时播种：伯洪甜 008 适于海南西南部市（县）种植，播种期为 2 月底至 3 月。

隔离种植：空间隔离 100 m 以上，花期相隔 20 d 以上。

种植密度：以每亩种植 3 000~3 500 株为宜，且育苗移栽，播种前用 30~35 ℃的清水浸种 20 分钟。

水肥管理：施足基肥，适时轻施苗肥，适施拔节肥，重施孕穗肥，注重施用磷钾肥，有条件的可合理进行高肥水栽培管理，注意防旱防涝。

加强田间管理：玉米苗期注意防治地下害虫，中后期重点防治玉米螟，拔节期、抽雄期、开花期前结合施肥和培土 2~3 次，以防倒伏。

适时采收：最佳采收期一般以授粉后 22±2 d 为宜。

（7）微风甜 777

①品种审定编号

琼认玉 2017003。

②主要特征和特性

幼苗叶鞘绿色。植株的株型较披散，株高 225.5 cm，穗位高 65.5 cm，成株叶片数 12 片。果穗呈筒形，穗轴呈白色；穗粗 4.7 cm，秃尖长约 0.4 cm；果穗籽粒 12~14 行，单穗连苞叶重为 400~500 g，果穗籽粒以 14~16 行为主，排列整齐。籽粒呈黄色，排列整齐，色泽均匀一致，种皮薄而脆，残渣少。微风甜 777 具有较好的耐热性及耐寒性，对小叶斑病、锈病和茎腐病等病害有高等抗性，对大叶斑病和锈病有中等抗性；生育期为春播 70~83 d，秋播 75~93 d。

③栽培技术要点

适时播种：微风甜777适于海南西南部市（县）种植，播种期为2月底至3月，以避免开花授粉期遭遇高温大雨天气。

隔离种植：空间隔离100 m以上，花期相隔20 d以上。

种植密度：以每亩种植2 800~3 000株为宜，宜育苗移栽，播种前用30~35 ℃的清水浸种20分钟。

水肥管理：施足基肥，适时轻施苗肥，适施拔节肥，重施孕穗肥，注重施用磷钾肥，有条件的可合理进行高肥水栽培管理，注意防旱防涝。

加强田间管理：玉米苗期注意防治地下害虫，中后期重点防治玉米螟，拔节期、抽雄期、开花期前结合施肥和培土2~3次，以防倒伏。

适时采收：最佳采收期一般以授粉后22±2 d为宜。

（8）伯洪一号

①品种审定编号

琼认玉2017004。

②主要特征和特性

幼苗、叶鞘呈绿色。植株的株型半紧凑，平均株高195 cm，穗位高80 cm。雌穗花丝呈无色。果穗呈微锥形，苞叶苞裹紧密，鲜穗保绿好，平均穗长20.5 cm，穗轴较细呈白色，穗粗5.0 cm，果穗籽粒以14行为主。籽粒呈黄色，排列整齐，色泽较为均匀一致。单穗连苞叶重为460 g，籽粒甜度较高，果皮薄且嫩。伯洪一号对大斑病、小叶斑病和茎腐病等病害有高等抗性，对锈病有中等抗性；生育期为72~92 d。

③栽培技术要点

适时播种：伯洪一号适于海南西南部市（县）种植，播种期为1月底至3月，以避免开花授粉期遭遇高温大雨天气。

隔离种植：空间隔离100 m以上，花期相隔20 d以上。

种植密度：以每亩种植2 700~3 300株为宜，宜育苗移栽，播种前应用30~35 ℃的清水浸种20分钟。

水肥管理：施足基肥，适时轻施苗肥，适施拔节肥，重施孕穗肥，注重施用磷钾肥，有条件的可合理进行高肥水栽培管理，注意防旱防涝。

加强田间管理：玉米苗期注意防治地下害虫，中后期重点防治玉米螟。

适时采收：最佳采收期一般以授粉后22±2 d为宜。

1.2　分子育种

植物分子育种主要包括分子标记辅助育种和分子定向育种（转基因育种）。在育种过程中，首先要对植物的遗传背景进行研究，然后根据遗传背景的不同，选择不同的育种方法。分子标记辅助育种是通过植物 DNA 来观察不同基因标记之间的上位效应或其他形式的基因互作情况；分子定向育种是以基因组数据为基础，通过基因靶向、合成染色体转染或病毒插入等方法定向改变植物基因组。

2000 年至今，我国玉米的总产量增加了几倍，种植面积也在不断扩大，不过这些产量还远不能满足人们对玉米的需求。因此，相关部门需要不断进行试验，选取最优的品种进行生产。当前我国主要使用的是杂交类的玉米种子，这种方法虽然在很大程度上提高了种子的抗寒、耐旱、防病虫害等能力，也提高了玉米产量，但是种子耐旱性还不是很强，特别是近几年各地区干旱问题时有发生，导致玉米出苗率低、授粉困难、成长受限等。但是一直通过进口来弥补我国玉米的缺口是不现实的，因此，我们还需要不断进行研发，选育出优良品种。育种是目前玉米种植工作的重中之重，我们要秉持不怕失败、坚持不懈的精神做好育种工作。

分子育种技术克服了常规育种方法周期长、预见性差、效率低等问题，可以突破物种界限，实现优良基因重组聚合。我国玉米分子育种的研究进展有如下趋势：以 SNP 为代表的第三代分子标记技术迅速发展，并被广泛应用于全基因组关联分析和优良基因发掘等领域；以差异双亲衍生的群体为基础，利用玉米参考基因组和重测序技术构建高密度遗传图谱精细定位目标基因/QTL 的研究快速发展；在基因克隆和功能验证方面，由于玉米的转化效率较低，缺乏禾本科模式作物，多数基因的功能验证仍然要在拟南芥或酵母中进行。

随着现代分子生物学技术的不断发展，以 CRISPR/Cas9 为代表的基因编辑技术，被大多数研究者认为是分子育种研究的一种新的高效技术手段，并被应用于多种作物的遗传改良。根据玉米基因组的特点，研究人员对目的基因进行编辑，使其碱基发生不同程度的缺失从而造成基因变异，并通过优化该技术体系，在提高编辑效率的同时能够对多个基因同时进行编辑。随着重测序技术、基因编辑技术和全基因组关联分析等新技术的快速发展和不断突破，未来将会极大地加快我国玉米分子育种技术前进的步伐，以及进一步缩小我国玉米分子育种水平与国际高水平的差距，为我国玉米育种领域提供强有力的支撑。

1.3 转基因育种、杂种

1.3.1 概况

玉米是重要的粮食作物，也是可以用基因工程方法进行品种改良的作物。随着世界首例转基因烟草于1983年被成功培育，全球范围内也加速开展了转基因玉米的研究。当前，玉米转基因领域已经建立了一套比较完整的理论和技术体系，其技术主要包括：以农杆菌Ti质粒介导的载体转化技术，利用基因枪、PEG等的DNA直接导入的转化技术，通过花粉管通道、子房注射的转化技术。在玉米育种过程中，有些性状的基因转化取得了突破性进展，如抗虫、抗除草剂基因工程已经进入商业化应用阶段。我国在耐除草剂玉米的研发上也储备了一批有重大应用价值的品种：瑞丰125、DBN9936、DBN9501，均具有抗虫和耐除草剂的复合性状，能有效抵抗玉米螟、黏虫等靶标害虫；同时配合目标除草剂的使用，能有效防治田间野草，有利于农业机械化管理，提高生产效率。此外，将中国农业科学院研发的高表达植酸酶转基因玉米BVLA430101用作饲料，可将植酸磷分解成无机磷，有效提高动物对玉米饲料中磷的转化利用率，减轻牲畜粪便中磷排放造成的环境污染。2006年，全球转基因玉米的种植面积增长到2 500万公顷，仅次于大豆，位居第二位。转基因技术通过种属间基因的流动弥补了玉米遗传资源的不足，与常规育种方式结合必将带来玉米育种上的重大突破。

1.3.2 转基因技术发展情况

我国转基因技术的研究从20世纪80年代开始布局，转基因技术的产业化应用对于提升我国大豆和玉米等作物的产量、减少农药的使用、保障我国粮食和生态安全起到了重要作用。近年来，政府部门加快出台相关政策，以适应转基因管理的新形势，并逐步向转基因育种商业化迈进，为提高种业战略地位、鼓励实质创新、转基因技术的加快落地提供了良好的制度环境和市场环境。2022年6月8日，中华人民共和国农业农村部印发的《国家级转基因玉米品种审定标准（试行）》，标志着我国生物育种的产业化应用迈出了重要一步。

1.3.3 育种程序及技术措施

随着现代分子生物学技术以及分子育种理论的快速发展，基因工程也受到更多遗传育种者的重视。基因工程主要研究近代的遗传特征，以分子遗传学为基础，通过现代高效的计算机技术，对基因进行进一步的研究，从而达到发挥良性基因优势、改善劣质基因的目的。基因工程通过将设计好的 DNA 分子导入活细胞中，使得生物体自身的遗传特征获得改变，变成性能更优的新品种，这也是基因工程的重要意义所在。

（1）育种程序

①根据玉米的遗传背景，选择合适的转基因方法。

②在进行玉米转基因育种之前，首先要对玉米的目的基因进行定位，然后根据目的基因的功能选择合适的转基因方法。

③在对玉米进行基因编辑时，首先要对目的基因进行 DNA 提取，然后用基因编辑技术对目的基因进行改造，改造之后要对玉米进行检测，如果检测结果满足要求就可以将该目的基因导入玉米中；如果检测结果不满足要求，则需要重新选择适合的基因编辑方法。

④在对玉米进行转基因育种时，要选择合适的转化方法和转化受体，首先要将目的基因导入玉米中，然后在合适的受体上种植该转基因玉米。

（2）技术措施

在研究转基因技术的过程中，转基因方法也越来越多。相关人员需结合实际需要，合理选择转基因方法，以达到预期目的。

①农杆菌介导转化方法

农杆菌是自然界存在的，农杆菌介导的玉米遗传转化方法是最常用、最有效的玉米转化方法。农杆菌介导转化法在试验操作层面是将待转化的外源目的基因整合到经过改造的遗传转化的 T-DNA 区，借助农杆菌侵染植物的细胞，实现外源基因与植物基因组的转移与融合，再利用植物组织培养再生体系，培育出转化再生的植物植株，再进一步进行转基因的检测确定以及后代转化的稳定性分子和植物生理学鉴定，得到稳定表达的转基因植株，是研究最深入、使用最广泛的遗传转化方法。当前已经获得的转基因植物中，有60%以上都是由农杆菌介导转化法生产的，可运用到玉米转基因操作中的农杆菌主要有根癌农杆菌、发根农杆菌。其中，对 Ti 质粒的研究最多，是现在转基因技术中最常用的方法，可成功侵染到玉米中，在植物根部或茎基部伤口处形成冠瘿瘤。

王阳等科学家通过对抗虫基因 crylAb 进行改造，获得了新的基因 cryFLIa。他们利用农杆菌介导转化法，将该基因转接到玉米幼胚中，经过抗性检测和抗病鉴定试验，成功获得了抗玉米螟的玉米材料。农杆菌介导转化法主要使用玉米幼胚诱导的愈伤组织、玉米幼胚或玉米黄化苗的茎尖作为转化受体。常用的农杆菌菌株有 EHA105、C58 和 LBA4404。在农杆菌介导转化法中，Ti 质粒会侵染玉米，T-DNA 从质粒上脱离并插入到植株的基因中，而转基因后代不会发生性状分离，具有稳定的遗传性。

农杆菌介导转化法主要应用于双子叶植物和裸子植物的遗传转化。该方法通过使农杆菌载体与植株体的分生组织和生殖器官接触来完成遗传转化，接触方法可选用真空渗透法、浸泡法或注射法。接触完成后利用组织培养、抗生素筛选和分子检测等方法，培养和分离转基因的植株子代。农杆菌介导转化法具有技术成熟、操作简单快速、低成本、易于掌握等特点，能够有效避免基因沉默现象，具有较高的转化率和整合率，筛选可靠。因此，农杆菌介导转化法是当前制备转基因植物成功率最高的方法之一，在植物遗传转化领域得到广泛应用。

②基因枪介导转化法

基因枪介导转化法是除农杆菌介导转化法外使用最广泛的遗传转化技术。基因枪介导转化法也被称为生物弹道技术，借助压缩气体产生的冲击波，将粘有 DNA 的细微金粒高速射入受体细胞或组织中，穿过层层结构，直至到达细胞核。粘有 DNA 的微粒在进入细胞后，会被整合到宿主细胞的 DNA 上，产生基因突变，从而达到基因转移的目的。基因枪介导转化法最早应用于 20 世纪 90 年代，该方法的优势显著，不受物种和轰击部位限制，不需要重复培养原生受体，操作简单快捷，命中率高，转化时间短，无细胞特异性，不依赖基因型，受体材料、靶细胞来源广泛。但是该方法也存在一定弊端，如会对玉米细胞造成损害、嵌合体多、转化成本较高、遗传性不稳定、随机性较强和整合效率较低等。

③花粉管通道法

花粉管通道法在我国的应用十分广泛，其原理是通过植物天然授粉过程中花粉粒萌发形成的花粉管通道，在自花授粉阶段将外源基因导入囊胚，使植株直接产生遗传转化后的种子。花粉管通道法的技术特点是不需要组织培养诱导，转化后可直接得到种子，对设备要求较低，转化率较高，可大批量转化，且由于该方法利用植物天然授粉条件，适用作物类型广泛。同时，花粉管通道法操作简单、很容易实施、育种周期短，可以转化任何基因型材料，并直接运用到常规育种中。此外，我们还有改进的花粉管通道技术，首先，选取自交授粉后的玉米果穗，时间以授粉后 18~26 h 为宜，留下 2 cm 的花丝，其余部分剪除，然后用酒精进行消毒处理，接着沿穗轴将玉米花茎基部的叶子平均切成3 份，剥开后剪去部分花丝，最后滴加外源 DNA 溶液，使外源 DNA 直接进入幼胚，以降低遗传变异的概率。但是，玉米花丝通常较长，且长短不一，操作难度较大，加之授粉时间的限制，导致外源 DNA 随机整合的偶然性较大，从而使其应用受限。

1.3.4 成果

（1）加快育种进程

转基因技术在加快育种进程方面发挥着重要作用，通过将外源基因导入目标生物体中，农作物能够产生抗虫、抗草药或抗病毒等特性，在短时间内实现部分重要性状的改良，从而减少害虫对作物的侵害，有效地加快了玉米育种进程。同时，该技术能够帮助农民减少使用农药，提高作物产量和质量，增加农作物的适应性和营养价值，这是传统育种无法比拟的优势，特别是对于玉米自交系的改良，在攻克了自交系转化的技术难题之后，改良周期可以大大缩短至2代左右。

（2）加速育种创新

转基因技术可以利用异种生物的基因资源，培育更新的玉米品种，如环境友好型——苏云金芽孢杆菌（Bt）等；劳动与环境友好型——抗除草剂（高效无残毒）；营养高效型——高赖氨酸、高植酸、高蛋氨酸、高 β-胡萝卜素；环境开发利用型——抗旱、耐盐、固氮、耐低磷；工程型——廉价的医药成分（疫苗、抗生素、激素）、动物蛋白、工程塑料等。

（3）促进新兴产业发展

利用转基因植物作为生物反应器，使得植物器官成为新型的工业原料，从而促使许多珍稀物质能够被大量生产出来。同时，生物技术制药的主要作用在于能大幅度降低医药成本，从而催生一些新的工艺和生产线。

（4）弥补玉米遗传资源

转基因技术使得玉米的遗传转化有了突破性进展，包括打破物种界限、克服有性杂交障碍、快速有效创造遗传变异、培育新品种、创造新类型等；在玉米育种中，有些性状的基因转化取得了突破性进展，如抗虫转基因玉米、抗除草剂玉米和特种玉米等，其中抗虫、抗除草剂转基因玉米已经进入商业化应用阶段。

①抗虫转基因玉米

相关统计数据显示，严重虫害可导致年均减产30%，严重病害可导致年均减产10%。我国作为农作物病虫害多发区和重发区，受玉米螟危害显著，造成的玉米损失较大。在种子包衣中喷洒化学杀虫剂，能够预防部分侵蚀幼芽期的害虫，一般不会对种芽造成伤害。但在植株生长过程中喷洒杀虫剂，则会对生态平衡造成影响，破坏生态环境，造成农药污染等问题。传统的抗螟品种培养方法育种周期较长，并且实际的育种效果也不佳。因此，科学家们开始探索更加安全、有效和经济的生物防治技术，经过不断尝试，苏云金芽孢杆菌（Bt）表现出优异的抗虫效果，但是这种基因只对鳞翅目害虫具有毒害作用，且在光照作用下容易被分解，效果持续时间较短，田间实际操作较为困难，难以作为商品制剂批量生产。

Bt基因作为一种抗虫基因，能够在玉米包衣和植株的生长过程中代替化学杀虫剂的功效。Bt芽孢在形成过程中会分泌毒蛋白，并以原毒素的形式存在体孢晶体中，这种原毒素在微碱性环境下，会产生毒性肽链分子，一旦被虫体摄取，会在虫体肠道表面产生受体，从而破坏昆虫的肠道环境，使幼虫停止进食，直到死亡，该方法可使玉米产量平均增加9%。此外，CpTL基因对玉米螟、鞘翅目玉米根叶甲、杂拟谷盗和直翅目蝗虫等均具有抗性。

传统的除虫措施一般是使用化学杀虫剂，但化学杀虫剂对益虫也有较强的杀伤力，且长期大量使用化学杀虫剂不仅会造成环境污染，破坏生态环境，还会导致农药残留，容易引起人畜中毒。而依靠转基因玉米，则能够消除使用传统化学杀虫剂的弊端，并且防治效果较好。同时，为了避免或延缓害虫产生抗药性，我们还需采取相应的防治措施，如混种部分普通玉米种子、继续筛选高抗虫性杂交种子等。

②抗除草剂玉米

田间杂草对玉米的稳产、高产均具有不利影响，在农业生产中，除草剂的使用越来越普遍，能够节省劳动力、提高劳动效率、保护土壤结构。但是，使用除草剂也会在一定程度上对玉米植株造成伤害，污染生态环境。在玉米植株的生长过程中，将抗除草剂转基因技术运用其中，可保证玉米健康生长，减少除草剂对玉米植株的伤害，降低种植成本，实现无公害除草，提高玉米产量，且有助于节省人力、物力。其中，IMI作为一种优质的抗除草剂玉米，具有非常强的耐受性，除草剂能够直接喷洒在玉米植株上，对1年生杂草、宽叶杂草的生长均具有良好的抑制效果。

③改良玉米

类蛋白转基因玉米作为一种粮食作物与经济作物，其产量虽然较为可观，但玉米蛋白质中赖氨酸含量较少，其整体品质却不容乐观。在转基因技术的研究过程中，科学家通过将外源基因导入普通玉米中，可得到优良性状的玉米。例如，科学家利用农杆菌介导转化法，将富含赖氨酸的马铃薯蛋白质基因导入玉米中，使玉米产量显著提升。基于此，研究人员开始将更加优良的基因导入玉米植株中，以提高玉米中氨基酸的含量。

1.3.5 转基因种子对市场的影响

转基因种子通常会把抗虫、抗除草剂、抗病、高产等优良性基因转至受体品种中，它们相比常规种子有着更高的产量和价格，这对市场产生了深远的影响。

一是提升了行业壁垒。转基因育种研发门槛较高，研发投入大且研发审批周期较长。在研发审批流程方面，转基因种子需要经历安全证书获批和种子审定上市两个阶段，通过后才能正式推向市场，而整个生物安全证书从申请到获批的流程基本需要 7~13 年。在研发投入方面，转基因种子从研发早期到通过一系列试验，再到进行监管登记大约需要 1.36 亿美元，平均耗时 13.1 年，因此转基因种子的商业化会大幅加深"行业护城河"。

二是提高了市场集中度。在政策推动方面，种业是农业产业链上科技含量最高的环节，为提高我国种业的竞争力，国家频繁出台政策，以鼓励种业企业兼并重组。在转基因技术推广方面，1996 年转基因品种推广以来，美国玉米种子市场 CR5（业务规模前五名的公司所占的市场份额）不断提升，2019 年美国玉米种子市场 CR5 为 88.7%。转基因技术使得行业门槛提升，规模较小、不具备竞争优势的种业企业被逐步淘汰。

三是提升了转基因技术企业的盈利能力。一方面，转基因种子的推广有助于提高优势企业市场占有率，进而提升企业盈利能力；另一方面，转基因性状收费收入也将提升企业盈利能力。大北农调研数据显示，相较于杂交玉米品种，转基因玉米种子价格会增加 20~25 元/亩。

1.4 分子标记育种

1.4.1 概况

分子标记育种是利用分子标记与决定目标性状基因紧密连锁的特点，通过检测分子标记，即可检测到目的基因的存在，达到选择目标性状目的的一种新型育种方法。由于分子标记不受环境条件的影响，因此使用这种方法可以提高选择的准确性，缩短育种周期，加快育种进程。据估计，使用分子标记育种方法，可以使育种周期由原来的 67 年缩短到 23 年，效率提高数倍。基于传统的杂交、回交育种方法，结合标记筛选，转移有利性状的基因并进行多个基因的聚合，是分子标记育种的核心。

将生物技术应用在玉米育种中已经有很多年的研究历史，并且获得了显著的成绩。常规的玉米育种方法主要是利用形态学和生化标记的方式开展相关工作，但是此种方法受到标记数量较少，以及环境影响的限制，因而玉米育种的质量一直无法满足人们的需求。而使用 DNA 分子标记技术进行玉米育种可以拥有很好的效果，并且该技术已经发展了很多年，技术相对成熟，是当前玉米育种非常重要的技术之一，能够促进玉米种植行业更好地发展。

1.4.2 分子标记技术发展情况

分子标记技术飞速发展，并被广泛应用于动植物的遗传研究中，如在玉米、大豆、鸡、猪等动植物育种和生产中有许多应用性研究，主要集中在基因定位、辅助育种、疾病治疗等方面，并取得了一些应用成果。分子标记技术的开发是分子生物学领域研究的热点。随着分子生物学理论与技术的迅猛发展，科学家们将研发出分析速度更快、成本更低、信息量更大的分子标记技术。同时，分子标记技术与提取程序化、电泳胶片分析自动化、信息（数据）处理计算机化相结合，将加速遗传图谱的构建、基因定位、基因克隆、物种亲缘关系鉴别及与人类相关的致病基因的诊断和分析等方面的发展。

1.4.3 育种程序及技术措施

分子标记育种是在植株发育早期或早代分离群体中进行早期选择，以加快育种进程和提高选择效率。分子标记的实质就是在 DNA 水平上对基因的结构进行分析，它可以揭示出整体基因组成和排列的差异，以及基因内部的碱基变异，从而估计 DNA 的变异度和多态性。

（1）育种程序

①目标基因的精细定位，要求目标基因有一个与其紧密连锁的分子标记，同时目标基因座位与分子标记座位之间的遗传距离小于 5 cm；

②采用 RFLP、RAPD、AFLP、SSR 等分子标记进行多态性检测；

③利用计算机分析多态性；

④应用 RFLP、RAPD、AFLP、SSR 等对育种群体进行分子标记辅助选择。

（2）技术措施

分子标记技术主要分为三大类：基于分子探针的标记技术、基于蛋白质和细胞表面抗原的标记技术、基于偶联反应的标记技术。

①基于分子探针的标记技术

基于分子探针的标记技术是一种最常用的分子标记技术，它利用一些特定的化合物来检测特定的物质，如 DNA 和 RNA 等。通常，这些探针化合物是染料或荧光素等有色物质，当它们与特定的分子相结合时，会发出特定的荧光信号。

②基于蛋白质和细胞表面抗原的标记技术

基于蛋白质和细胞表面抗原的标记技术包括各种免疫技术，如免疫组化、抗原-抗体免疫印迹、免疫荧光技术等。这些技术通过抗原与抗体相结合的方式，利用特异的抗体识别特定的蛋白质和细胞表面抗原，并通过染料或荧光素的发光显示检测出的信息。

③基于偶联反应的标记技术

基于偶联反应的标记技术是一种重要的分子标记技术，它通过一种偶联的反应，将一种可以发出特定荧光或染色信号的化合物连接到另一种特定部位的分子上。这种技术可用于检测如 DNA 和 RNA 等特定类型的分子，从而对细胞内各种活动进行检测。

1.4.4 成果

当前，结合我国实际情况，科学家们将分子标记技术同常规玉米育种的丰富经验相结合，并充分利用国内外研究成果，提高了玉米品种的抗逆性，增加了玉米的产量、株行数等，为我国特有玉米种质资源分子标记，以及玉米高产、优质和高抗性等新基因的发现、鉴定和利用提供了参考，促使相关工作开展得更加顺利。

（1）分子标记技术在玉米遗传育种中的应用

分子标记技术主要用于：分子遗传图谱的构建；亲缘关系的分析，通过探究作物的起源与发展进化，为育种挖掘和提供多样且优异的亲本，从而提高育种成功率；农艺性状的定位；标记辅助选择，标记基因与目的基因的遗传距离应小于 5 cm，且目的基因两侧各有一个标记（至少一个）。

①玉米杂种优势群的划分

只有建立相应的杂种优势模式，才能有效地改良玉米自交系和选配优质高产的玉米杂交组合，提高育种效率。在中国，形态差异、地理来源、系谱追踪、配合力表现，同工酶标记以及生理生化指标等方法相继被用于玉米杂种优势群的划分，这些方法都具有各自的优点，但同时也存在比较费时、供试材料较少、系谱资料不全、同工酶位点较少等缺点，导致玉米杂种优势群划分存在偏差，甚至一些供试材料根本无法划分。DNA 分子标记技术的发展为玉米杂种优势群的划分提供了新的手段和方法。

②分子标记技术在玉米遗传多样性方面的研究进展

深入认识种质的遗传多样性，是合理发掘、开发和利用各种种质资源的前提。由于可标记数目多、多态性丰富等特点，利用分子标记技术对遗传多样性进行评价，比以往通过形态观察和同工酶标记等手段具有更多优势。

提高目标基因的选择效率是加快育种进程的关键。由于不同发育阶段、不同组织的 DNA 都可用于标记分析，因此选择早代的植株基因型进行育种成为可能。

（2）分子标记技术在玉米杂种优势及产量预测方面的应用

选育具有高配合力的自交系玉米不仅花费较大，而且效率较低。因此，为了提高育种效率，研究杂种优势及产量预测一直是玉米育种工作者努力的目标。科学家们曾尝试用同工酶来预测杂种优势及产量，但是由于同工酶标记所能检测到的差异座位较少，且易受作物种类、酶的种类和生长发育阶段的影响，难以有效地应用于作物杂种优势预测。20 世纪 80 年代以来，DNA 分子标记的迅速发展，为研究玉米杂种优势及产量预测提供了新的手段，并且全世界在这方面也做了较多的研究，但众多研究还未能得出一致的结论。

（3）分子标记技术在目标基因的染色体定位和 QTL 分析中的应用

寻找与目标基因或 QTL 紧密连锁的分子标记，可为遗传育种提供不受环境影响的遗传标记。同时，对目标基因进行精确定位，也是进一步分离、克隆、导入目标基因的前提。

（4）分子标记技术在玉米指纹图谱构建和种子鉴定上的应用

高纯度的杂交种是作物高产的基础，品种混杂或纯度降低会明显降低作物产量。快速、准确地检测玉米种子质量的方法已成为政府、种子生产者、经营者和广大农民十分关注的技术之一，它对于种子质量标准化、品种审定、假种辨别、产权纠纷解决等具有十分重要的作用。传统田间性状鉴定和籽粒形态鉴定虽然简单易行，但受栽培措施及环境因子的影响较大，会影响检测的准确性。利用同工酶和蛋白质电泳图谱的鉴定技术虽具有灵敏度高、准确、易操作等优点，但同工酶位点及蛋白质种类有限，不能完全显示品种间的多态性，也很难满足种子纯度、种质资源及育种工作发展的需要。随着分子生物学的迅速发展，分子标记技术的不断成熟与完善为玉米品种的基因型鉴定提供了一条新的途径。

1.5　南繁育种

1.5.1　概况

南繁具有加快育种进程、缩短育种年限和增加种子数量的重要作用，是农业单位的一项重要工作。南繁育种，即利用海南环境与气候优势进行育种，可缩短农作物的生长周期，从而实现周年育种，并加快优质品种选育速度。南繁育种在农作物加代繁育、鉴定筛选、基因功能研究以及保障国家粮食安全方面发挥着不可替代的作用。

我国最早进行南繁育种的作物是玉米。我国杂交玉米的主要开拓者和奠基人之一吴绍骙教授从 1956 年开始，利用四年的时间，研究了"异地培育玉米自交系"课题。通过南北穿梭（南繁）育种，我国玉米品种经历了六次更新换代，每次新品种的增产幅度都在 10% 以上，极大地提高了我国玉米产量。

南繁育种的普及和开展，大大加速了我国玉米自交系和杂交种的选育与推广。例如，到 20 世纪 70 年代，我国推广了面积较大的 44 个杂交种的亲本自交系，自选系已经占据 76.4%，外引系只占 23.6%。同时，我国创造了第一大玉米品种郑单 958，该品种在全国累计推广面积已超过 7.5 亿亩，增产玉米 440.5 亿千克，增收 423 亿元。

1.5.2　育种程序及技术措施

对于玉米育种工作而言，每年冬季，有关人员在海南进行的南繁育种是非常重要和必要的育种环节。海南三亚是我国冬季南繁育种的最佳基地，三亚市属于热带海洋性气候，年平均温度为 23.80 ℃，海拔为 8 m，9 月到次年 4 月大于 10 ℃ 的活动积温为 5 899 ℃，大于 10 ℃ 的有效积温为 3 469 ℃，全年均可种植玉米。南繁可以加快育种进程，但成本较高，风险较大，而且海南岛独特的地理环境和气候条件会影响南繁育种的成败。因此，南繁育种不能被轻视，在整地和田间管理上要特别注意以下几个方面的问题：

（1）栽培季节

海南雨水较多，经常下大雨，2005 年 10 月 30 日—11 月 1 日连续降雨量达到 198 mm，很多地块由于排水不畅，受到不同程度的影响。例如，受到涝害以后，土壤气温升高，根系窒息，导致玉米出现死苗现象。因此，确定玉米的播种期，原则上应该避开海南 10 月的台风雨天气，以保证翌年 3 月顺利收获和晒种。经过人们多年的实践经验得出，南繁最佳播种期为10月下旬至11月上旬。

（2）土地的选择

海南可供玉米南繁的土地主要集中在南部的三亚周边、崖城、乐东、黄流、冲坡等地，以崖城地区和三亚周边综合条件为优。我们在选择玉米种植地块时，首先要注意地块的排灌条件必须优越；其次土质不应漏水漏肥，旱田土至少应手握成团，稻田土在充分排水翻晒后可用，地势应较周边地块高，离海较近的地块慎用，其地下水易遭海水倒灌变成半咸水，新开荒的生地慎用，前茬为蔬菜、花生、香蕉等作物的地块较好，避开水稻田（不利于排水防涝），不宜选择沙性强的土壤，这类田地保水保肥能力较差，容易脱水、脱肥；再次，由于海南鼠灾较为严重，选择隔离区或制种田时应远离四周空旷的草场或槟榔园等地；最后还应考虑种植区与居住地之间的距离、交通状况、隐秘性等。繁殖地块的隔离条件：周边300 m不应有同花期的玉米地，有河流、树木、住宅等空间障碍物可酌情放宽要求；选择隔离区时应考虑海南独特的气候条件，避开风口；有生育期相近的品种或者熟期不同的品种，应"后让先""小让大"，也可采取转移地块、错期种植、套袋处理等方式，避免外来花粉造成遗传污染。

（3）土地的平整与播种

整地是保证作物全苗的前提，应达到"地平、土细、沟深、墒足、肥高"的要求。海南由于土地耕作层相对较浅，而且多数是沙地，因此对整地要求较高：首先应把地里的杂草及秸秆清理干净，播前灌水，在墒度适宜时进行犁地、整平，然后再旋耕。播种时一般要求起垄种植，不能平地播种，这样有利于灌溉和排水，并且有利于作物的根系在垄内生长和发育。起垄种植通常要求1 m起1垄，1垄双行种植，垄上行距为35~40 cm，垄间行距为60~65 cm，平均行距为50 cm。起垄时要把田里的杂草根清理干净，否则杂草很快又会生长出来，影响作物的生长。犁地前施足基肥，对酸性土壤应适当为施些石灰，整地要做到犁透、耙碎、整平、保墒。前茬是旱田地要求两犁两耙，前茬是水田地要求三犁三耙，并根据土壤墒情决定犁前是否需要灌水。犁、耙、播种三项作业必须衔接好。单行播种时行距一般为60~65 cm、株距为20~25 cm；也可以起大垄双行播种，行距为100 cm（65 cm+35 cm）、株距为27 cm。播种方式可用垄上指压法，即用食指和大拇指将种子一粒粒用力按下去，然后将表面拍平，播种深度为3~5 cm，最深不要超过7 cm，也可以采用传统的刨埯法，但较费人工且不利于密植；种肥、农药施入垄底与种子隔开，播后墒情不足的地块应及时灌水。另外，开沟平播法在海南也非常适用，但在墒情不好时，要及时灌水，开沟深度也不宜过深，否则会影响出苗。

（4）调节父本母本的错期播种

受海南气候特点的影响，父本单独种植，然后取粉授粉的制种方式并不适用，制种一般采用父本母本错期播种的方式。由于近年来海南地区的气候稳定性不佳，因此在父本母本错期播种的同时，还应在制种区附近单独种植小面积父本，作为采粉区备用；采粉区一般在套种区父本播种6 d后再进行播种，但应根据品种特性及当时气候进行一定的播期控制。父本母本的错期播种要合理，最好能保证父本散粉时母本植株全部吐丝。为减少制种成本，一般父本只播种一期，母本花丝的生长期相对较长，所以一般遵循母本等父本的原则进行错期调节。此外，若先播种母本，父本播种时母本最好不要超过1叶1心。

（5）规划父本母本的行比，合理密植

玉米在海南进行种植时，植株生长会根据地力条件及耕作水平有所变化，为保证父本母本之间有较高的授粉率，行比以1∶3为宜。行比过窄，父本植株会被隐蔽，导致生长发育不良；行比过宽，不利于灌溉，父本对水分的需求得不到很好的满足。

玉米的产量受光能和地力的影响，在一定范围内，叶面积系数越大，其光能利用率越高，产量也越高，因此，合理密植才能获得高产。玉米的种植密度应根据品种、播期、土壤肥力、栽培条件等因素综合考虑。平展型玉米品种宜稀播，一般为4.5万~6.0万株/公顷；紧凑型玉米品种宜密播，一般为6万~9万株/公顷。播种方式主要有等行距和宽窄行两种。等行距种植：行距70 cm左右，紧凑型玉米品种株距为15~20 cm，平展型玉米品种株距为25~30 cm；宽窄行种植：宽行130 cm，窄行35~40 cm，紧凑型玉米品种株距为15 cm左右，平展型玉米品种株距为20 cm左右。

（6）接喷带灌水

接喷带灌水首先要根据水井位置，设计好田间微喷图，先连水管再接喷带；其次要检查水管有无破损，四通开关是否顺畅，一般情况下，四通之间的距离为2 m左右，距离过大，微喷时浇不到，距离过小又造成浪费。安装喷带时要根据水泵的扬程设计好喷带长度，上坡要短，下坡可长，最好购买5~6孔的大眼喷带，可以保证出水高度和速度。制种面积较大时，建议采用蓄水池浇灌。海南冬季降水较少，灌水是南繁田间管理的重要工作，每次浇水都要保证浇好，工作人员穿上雨衣要在喷带上面逐条逐个排查，确保浇全浇透。灌水的最佳时间在傍晚或夜间，玉米拔节期、抽雄期、灌浆期对水分需求量较大，应确保水量充足。

（7）田间管理

①前期管理

海南岛多为黄沙壤土，有机质较少，保肥保水性能较差，因此用好肥水是十分重要的。种肥施三元复合肥 375 kg/hm²；追肥结合铲蹚进行，一般需追两次肥，第一次在6~7片叶时，施 150 kg/hm² 尿素，如对苗情长势不满意可同时追施 75 kg/hm² 复合肥，第二次在 10~12 片叶时，施 225 kg/hm² 尿素，如地力不佳导致后期脱肥，可在抽雄期前适量追施水肥或喷施叶面肥。海南冬季一般干旱少雨，玉米要丰产必须得到充分的灌溉，头遍水量一定要控制好，采取沟灌，水量既要充分又不可漫过垄顶，否则影响出苗；水田地和黏性土壤可隔沟灌，出苗后灌水较容易，一般灌水周期为 7~10 d，具体灌溉频率应依土壤墒情和苗情而定，如果玉米苗发蔫打绺就要及时补水。刚出苗到三叶期的玉米苗很脆弱，需防鼠、防虫、防蚁，施底肥时加呋喃丹或辛硫磷等杀虫药可有效防虫；播种后及时在地块周边撒上拌有鼠药的毒谷可有效防鼠，鼠药的使用要注意保障人畜安全，做好警示标志，若鼠药已控制不住鼠害时，在玉米田四周安放电猫可有效灭鼠，安装电猫时要注意安全，以防触电。电猫一般在傍晚安放，安装完成后，要有人值班，发现老鼠触电后，需用干燥木棍将老鼠挑离电线，以免接地费电，以夜里较长时间打不到老鼠为撤离时间；若播种后发现田间有较多蚂蚁出没，必须及时用杀蚁药杀灭或驱逐。4~5 片的小苗根系渐成时，应及时间苗、定苗、移苗，6 片叶之后的玉米苗应注意防治黏虫、青虫、卷叶虫、螟虫等害虫，可使用敌敌畏、辛硫磷、敌杀死等药物进行防治，具体用药视田间害虫种类和数量而定，在玉米大喇叭口期往心叶中撒辛硫磷或呋喃丹颗粒可有效防治后期玉米螟。田间杂草要结合铲蹚及时消灭，以保证玉米健康成长。

②花期管理

玉米花期耗水量极大，所以在其抽丝和散粉期间必须保证水分供给充足，隔垄灌溉可有效避免对授粉工作造成影响。海南早晨露水较大，白天温度最高一般在 30 ℃ 左右，风力较小，授粉工作可持续到傍晚，南繁玉米的花期又比较短促，一般只有 3 d 散粉期，所以要合理安排人手进行套袋和授粉工作。在海南繁殖新自交系和配制新杂交种时，有时由于初次开展南繁工作，数据不够准确，或受气候条件的影响，复配或制种田的父母本花期不遇或自交系雌雄开花不协调，给南繁带来损失。对此要加强田间检查，观察父母本生育进程，及早发现问题，做好早促早管。制种田亲本自交系采取促慢抑快的管理办法，对生长偏慢的自交系早定苗、留大苗、多浇水、多施肥、勤中耕、喷生长促进剂，以促进玉米生长；对生长偏快的亲本则晚定苗、去大苗、留小苗、少施肥水，甚至伤根抑制，以协调两亲本的生长进度。对苞叶过长、抽丝困难、花粉较少的自交系，要及时剪短苞叶，加强辅助授粉，以提高结实率，增加产量。

③后期管理

田间后期管理主要是防鼠、防螟、防人，玉米灌浆开始后，就要及时撒布毒谷进行防鼠，并及时补充被老鼠吃掉的毒谷，如果老鼠一开始不吃毒饵而啃食玉米棒，就要及时在其啃食部位涂抹毒药并布控电猫。如果前期防螟工作已做好，后期螟害一般不严重，可一旦让大量螟虫进入玉米穗中，后果则比较严重，农药对其已基本无效，只能及时扒开苞皮进行人工捕杀。防人分两个时期，玉米乳熟期要防止当地素质较差的人员掰青棒，玉米蜡熟期要防止不道德的育种人员偷材料，除做好篱笆等隔离物外，可在地头搭窝棚雇人日夜看守，只是经济投入较大。

④收获与晾晒

一般来讲，玉米授粉后40~45 d才可以开始收获，越晚收获种子发芽率和发芽势越强，玉米成熟后应及时收获，以降低鼠害。种植面积大、果穗结实饱满的玉米，可采用机械收获。人工收获时需要注意防止丢穗落穗，将苞叶和花丝剥离干净。收获时应收干收净、颗粒归仓，收获后应及时整地，这样可防止材料流失。种子晾晒时要注意天气变化，准备好防雨用品，并在日照和通风较好的水泥地面或房盖上进行晾晒，晾玉米棒时应尽量摊薄，经常翻晒，至脱粒不漏黑胚时即可，脱粒后晾晒应摊得稍厚并经常翻晒，以防暴晒下灼热的地面烫坏种子，一般3 d即可晾好，待种子水分降到13%时即可打包发运。总之，海南独特的地理环境和气候条件与北方差异较大，但只要在玉米育种的各个环节予以重视和投入，做好选地、整地、播种、田间管理、虫鼠害防治、花期调控和收获晾晒等一系列工作，对在南繁期间可能出现的问题提前做好思想准备和预防工作，出现问题及时向南繁前辈和当地人请教并及时解决，就能圆满地完成玉米的南繁育种工作。

1.5.3 成果

一般认为当玉米新的优良品种应用于生产时，在其诸多增产因素中，南繁发挥的效能占30%~35%。从我国全面推广玉米单交种以来，优良品种大体经历了六次更新换代，每次品种的更新都离不开南繁的贡献。

第一代玉米单交种，以新单一号、白单4号、丰收105、吉单101等为代表；选育的优良自交系且应用于优良杂交种组配的有矮金525、混517、塘四平头、吉63等；引入的优良自交系有C103、埃及205和M14等。

第二代玉米单交种，以中单2号、丹玉6号、郑单2号、豫农704、京杂6

号、龙单 11、京早 7 号、黄 417、郧单 1 号、鲁玉 3 号、嫩单 1 号等为代表；选育的优良自交系有自 330、黄早四、旅 28、获白、二南 24 等；引入的美国优良自交系 Mo17 得以充分利用。

第三代玉米单交种，以丹玉 13、掖单 2 号、四单 8 号、鲁单 8 号、鲁单 3 号和陕单 9 号等为代表；选育的优良自交系有 E28、掖 107、原武 02、武 109、系 14 等。

第四代玉米单交种，以沈单 7 号、掖单 13、掖单 4 号、农大 60、铁单 4 号、吉单 131、本育 9 号、四单 19、川单 9 号、东农 248 等为代表；选育的优良自交系有：5003、U8112、丹 340、掖 478、综 3、综 31、吉 118、吉 446、7884-7、东 46、东 48-2 等。

第五代玉米单交种，以农大 108、豫玉 22、农大 3138、鲁单 50、郑单 14、登海 1 号、雅玉 2 号、西玉 3 号、沈单 10 号、屯玉 2 号、中单 321、东单 7 号、唐杭 5 号、川单 13、四密 25、吉单 180、龙单 16、中单 306 等为代表；选育的优良自交系有 P138、P178、黄 C、齐 319、C8605、87-1、掖 5237、金黄 96、中自 01、中 451、中 74-106、吉 853、黄野四、昌 7-2、S37、18-599、郑 22 等。

第六代玉米单交种正用于当前的生产中，最为优良的代表品种是郑单 958 和浚单 20；选育的优良自交系有郑 58、9058 和浚 92-8 等。

据不完全统计，仅更新换代的玉米主要代表品种至少有 50 多个，直接用于生产上的玉米杂交种的自交系，前后交错数量难以统计。六次更新换代的玉米主要代表品种，因其应用于生产的面积较大，增产效益显著，大部分都获得了国家级或省部级奖励。一些自交系因参与组配优良杂交种的数量较多，直接成为良种增产的基本要素，还单独获得了国家或省部级奖励。

1.6　海南玉米育种的常见问题

1.6.1　花期不遇问题

海南玉米育种中花期不遇的主要原因：育种人员经验不足，惯用北方气候条件下的生长期来计算花期；病虫鼠害等造成亲本补种；特殊的热带季风气候也是造成花期不遇的主要原因。相比于北方地区，海南日照时间长、温度高，容易出现多风天气，易造成花期短、雄穗散粉过快等现象。这时，如果发现母本比父本晚，母本应尽早去雄，可带 1~2 片顶叶去雄，待雌穗分化后，剪掉其顶端苞叶 2 cm，可提早抽丝 2~4 d；如父本过晚，可以偏施水肥，中后期还可喷 5~7 d 生物肥。因此，只有勤观察、早发现，才能降低花期不遇的风险和损失。

1.6.2 虫害问题

整个玉米生育期的主要害虫有蚂蚁、地老虎、菜青虫、蚜虫、螟虫，主要病害是锈病。种子包衣可有效防止地下害虫，播种后可大面积喷施辛硫磷水溶液；苗期菜青虫危害严重时，可喷施辛硫磷1 500~2 000倍液或使用"通杀"，效果较好；成株期要注意防玉米螟的危害，可在大喇叭口期用通杀水溶液兑3%呋喃颗粒灌心。玉米锈病通常发生在灌浆期，采用"杨彩"兑"三唑酮"效果最佳，每10 d喷1次。

1.6.3 自然灾害问题

（1）台风灾害

台风是形成于热带洋面上的气旋性涡旋，是中国沿海地区主要的灾害性天气。强台风袭击时，常常带来狂风暴雨天气，台风灾害是影响海南岛农业发展最主要的气象灾害：第一，大风造成的机械损伤，使得作物折枝伤根以及倒伏；第二，台风暴雨会产生洪涝或渍涝灾害，同时土壤表面过湿和空气湿度较大，导致植物病菌害发生发展；第三，大风加剧了迁飞性、流行性植物疫病和虫害的流行与传播，比如稻飞虱、稻纵卷叶螟等飞行类昆虫还会借助台风气流大规模迁入。大风具有方向性，玉米因风害出现倒伏后，植株会重叠在一起，导致群体结构被破坏，叶片在空间的正常分布秩序被打乱，叶片的光合效率下降，同时玉米倒伏还会对机械收获造成严重障碍。如果风害引起茎秆折断，则切断了植株的主要运输系统，既影响根系向叶片输送水和营养物质，也影响叶片向果穗输送光合产物，造成减产；如果茎秆折断严重，则折断部位以上组织会干枯死亡，光合作用和籽粒灌溉停止，减产更为严重，甚至绝产。

（2）干旱灾害

干旱灾害是指久晴无雨或少雨、土壤缺水、空气干燥而造成的农作物枯死、人畜饮水困难等现象。少雨的天气，遇到高温共同作用，旱情发展更加严重。干旱灾害是海南岛出现频率较高、影响范围较广、持续时间较长的第二大灾害性天气。受季风气候影响，海南岛降雨量分布不均，旱季、雨季分明，气象干旱时有发生，而且气象干旱通常伴随高温天气，会加速农作物蒸腾，植株体内水分失调，阻碍了玉米出苗，降低了玉米中部节间的伸长速率，减少了玉米穗行数及行粒数，导致玉米灌浆不足，从而造成产量和品质降低。玉米干旱造成的减产幅度除与干旱程度、持续时间有关外，还与干旱发生时期密切相关，不同时期玉米减产幅度由大到小的顺序为：小花分化期至散粉期>灌浆期>小穗分化期>苗期。

（3）暴雨洪涝灾害

暴雨洪涝灾害是指由于降水量过大、降水时间过长，农田地表积水或地下水饱和而使得作物生长发育受阻、产量降低甚至绝收的农业气象灾害。海南岛作为著名暴雨中心之一，暴雨日较多、强度较大，一年四季都有可能出现暴雨洪涝灾害，但主要集中在4—10月。暴雨洪涝灾害造成的损失是多方面的，包括洪水对作物的机械损伤和生理机能的破坏；暴雨洪涝带来的泥沙会覆盖作物和田地，使土壤变质，无法耕种；低洼地区的作物在受涝害后常引起烂根、倒伏，甚至腐烂死亡。多雨导致的低温寡照对抽穗扬花后的玉米积累养分，以及正常完成灌浆极为不利；多雨造成的土壤水分饱和，田间湿度过大，会致使玉米的锈病出现暴发性和流行性危害。过度的多雨潮湿天气，不仅会影响玉米根系的呼吸和吸收，对壮籽不利，还会使接近成熟或已经成熟但尚未收获的玉米增加发芽和被霉菌侵染的概率。即便是已经收获的玉米棒子或者籽粒，在多雨潮湿的天气里，要是得不到晾晒，也很容易发芽，并给霉菌的侵染创造便利，从而增加玉米发芽霉变的比例，影响玉米质量和最终收益。

（4）低温寒害

低温寒害是指热带、亚热带植物在冬季受到一个或多个低温天气（一般为0~10℃；有时出现低于0℃的情况）的影响，造成植物生理的机能障碍，从而减产或死亡。在海南岛冬春季节的农业生产中，常受到强冷空气的影响，导致农作物遭受危害；而且温度越低，低温持续时间越长，作物受到的伤害越严重。主要受到低温寒害的作物有经济林果、冬季瓜菜、南繁育制种、天然橡胶树等。在遭受低温寒害后，不同作物的表现症状有所不同，轻者花果脱落、果品变差，重者枝条干枯、死亡，导致减产，甚至绝收。低温寒害会使得橡胶树出现爆皮流胶、枝梢干枯烂脚等症状，而且寒害还具有滞后性，随着温度逐渐回升，橡胶树的寒害症状才陆续出现，如树体割面树皮坏死、枝梢干枯，甚至植株死亡。

海南的低温寒害过程多数伴随着低温阴雨天气，低温阴雨天气出现的时间多为每年12月至翌年2月。根据低温阴雨天气出现影响程度分轻、中、重三级，海南岛低温阴雨平均每年出现2.8次，12月至翌年2月均有出现，1月稍多。低温阴雨天气出现的日数和次数，以海南西北部、中部山区为最多，南部沿海地区基本不会出现，其中，临高、澄迈、屯昌、儋州和琼中出现低温阴雨天气的概率在90%以上，三亚、陵水几乎没有低温阴雨天气。低温阴雨天气维持的天数平均为7.4 d，其中，持续天数为3~7 d的占65%，8~14 d的占23%，15 d以上的仅占12%；五指山以南地区年均低温阴雨天气很少，保亭、三亚和陵水不足1 d。

（5）高温热害

高温热害是指气温持续偏高（或伴随空气湿度偏低），导致农作物生长发育受阻，并最终影响农作物产量的现象或过程，一般是外界环境温度超过作物生长发育所能承受的上限温度而造成的，主要有大田作物高温热害，以及果树、经济林木高温热害与灼伤等。玉米热害指标，以中度热害为例，苗期为36 ℃，生殖期为32 ℃，成熟期为28 ℃，开花期气温高于32 ℃不利于授粉。以全生育期平均气温为准，轻度热害为29 ℃，将导致作物减产11.9%；中度热害为33 ℃，将导致作物减产52.9%；严重热害为36 ℃，将造成绝产。当最高气温为38~39 ℃时，会造成高温热害，时间越长，作物受损越严重，恢复越困难。在玉米苗期，高温会使光合蛋白酶的活性降低，叶绿体结构遭到破坏，引起气孔关闭，从而使光合作用减弱；同时，在高温条件下，玉米叶片呼吸作用增强，消耗增多，干物质积累下降。在生殖生长期，高温可以加速玉米植株内的生理生化反应，导致生育期缩短，如雌穗分化时间缩短，雌穗小花分化数量减少，果穗变小。在生育后期，高温会使玉米植株过早衰亡，或提前结束生育进程而进入成熟期，灌浆时间缩短，干物质积累量减少，导致玉米千粒重、容重、产量和品质降低。在开花授粉期，玉米植株对温度十分敏感，当气温持续高于35 ℃时，不利于花粉形成，开花散粉受阻，表现在雄穗分枝变小、数量减少，小花退化，花药瘦瘪，花粉活力降低等方面，同时植株受损的程度随温度升高和持续时间延长而加剧。当气温超过38 ℃时，雄穗不能开花，散粉受阻。高温还会影响玉米雌穗的发育，致使雌穗各部位分化异常，延缓雌穗吐丝，导致雌雄不协调、授粉结实不良、籽粒瘦瘪。另外，高温易引发病害，并使玉米的产量和品质下降。海南高温天气主要出现在春季和夏季（3—8月），以5—7月为最多；10月至翌年2月，海南岛月高温日数不足0.2 d。海南岛各区域年高温日数分布差异悬殊，由西北地区向东南地区递减，西北部地区的高温日数最多，如澄迈、定安、屯昌、儋州和西部昌江等地区，均超过30 d；而东部万宁、中部五指山、南部陵水和三亚、西部东方等地，不超过3 d。

（6）冰雹灾害

冰雹灾害在海南发生的频率也不低，破坏性较强。冰雹天气一般来势汹汹，强度较大，并伴有狂风暴雨，对农作物危害极大，轻则造成作物减产，重则颗粒无收，还可砸坏建筑物，危及人畜安全，一般春夏季在海南中部发生。

2 玉米安全生产的产地环境要求及标准

2.1 玉米安全生产对产地环境的要求

2.1.1 产地环境质量要求

有关人员应在有机农业生产健康、生态、公正、谨慎原则的指导下，结合玉米自身特点，适应玉米消费多样化和优质化的要求，因地制宜地选择生态环境良好、符合有机农业生产条件、通过有机认证及完成有机认证转换期的地块作为种植地。

有机玉米的生产需严格遵守《有机产品生产、加工、标识与管理体系要求》（GB/T 19630—2019）的相关要求，注意使其免受常规产品的污染，以保证有机玉米生产的完整性。产品采收前根据地块、品种对产品进行编号，并划分好采收范围以免造成混杂。此外，有机产品的生产需要在适宜的环境下进行，生产基地应远离城区、工矿区、交通主干线、工业污染源、生活垃圾场等，并宜持续改进产地环境。

玉米生产产地的环境质量应符合以下要求：①在风险评估的基础上选择适宜的土壤，并符合《土壤环境质量 农用地土壤污染风险管控标准（试行）》（GB 15618—2018）的要求；②农田灌溉用水水质符合《农田灌溉水质标准》（GB 5084）的规定；③环境空气质量符合《环境空气质量标准》（GB 3095）的规定。

2.1.2 相关国家标准

（1）采样方法及检测方法

采样方法及检测方法应根据《食品微生物学 检验方法通则》（GB 1353—2018）相关标准执行。

（2）检验方法

①扦样、分样：按《粮食、油料检验扦样、分样法》（GB/T 5491—1985）执行。

②色泽、气味检验：按《粮油检验 粮食、油料的色泽、气味、口味鉴定》（GB/T 5492）执行。

③类型及互混检验：按《粮油检验类型及互混检验》（GB/T 5493）执行。

④杂质、不完善粒、霉变粒含量检验：按《粮油检验 粮食、油料的杂质、不完善粒检验》（GB/T 5494）执行。不完善粒若存在以下情况，不应被判定为生霉粒：轻擦霉斑部分，霉状物可擦掉且擦掉后种皮无肉眼可见的痕迹；粒面被其他污染物污染形成斑点；破损部位黏附其他污染物；冠部有花丝脱落留下的痕迹（肉眼可见小黑点）；因病害产生斑点。

⑤水分含量检验：按《食品安全国家标准 食品中水分的测定》（GB 5009.3—2016）执行。水分含量高于15%时可按《粮油检验 粮食水分测定 水浸悬浮法》（LS/T 6103—2010）执行。

⑥容重检验：按《粮油检验 容重测定》（GB/T 5498—2013）执行。水分含量高于18%时可按《粮油检验 容重测定 水浸悬浮法》（LS/T 6117—2016）执行。

（3）检验规则

①检验的一般规则按《粮油检验 一般规则》（GB/T 5490—2010）执行。

②检验样本应为同品种、同等级、同批次、同收获年份、同储存条件的样本。

③判定规则：容重应符合相应等级的要求，其他指标按照国家有关规定执行。

（4）标签标识

①应在包装物上或随行文件中注明产品的名称、类别、等级、产地、收获年份和月份。

②转基因玉米应按照国家有关规定标识。

（5）包装、储存和运输

①包装

包装应清洁、牢固、无破损，缝口严密、结实，不得造成产品洒漏，不得给产品带来污染和异常气味，转基因玉米应单独包装。

②储存

产品应储存在清洁、干燥、防雨、防潮、防虫、防鼠、无异味的仓库内，不得与有毒有害物质或水分较高的物质混存。

③运输

产品应使用符合卫生要求的运输工具和容器运送，运输过程中应注意防水、防潮、防污染。

2.2　玉米安全生产相关标准

2.2.1　国家玉米安全生产标准

（1）《玉米全程机械化生产技术规范》（GB/T 34379—2017）

①适用范围

本标准规定了玉米机械化生产中耕整地、播种、田间管理、收获、晾晒与烘干、秸秆处理等主要作业环节的技术要求。

本标准适用于东北华北春玉米区、黄淮海夏玉米区、西南山地玉米区和西北旱地玉米区典型生产条件下的玉米机械化生产作业。其中，东北华北春玉米区包括黑龙江、吉林、辽宁、内蒙古东部、北京北部和河北北部；黄淮海夏玉米区包括河南、山东、天津、北京大部、河北南部、山西南部、陕西关中、安徽北部和江苏北部；西南山地玉米区包括四川、云南、贵州，以及广西、湖北和湖南三省西部；西北旱地玉米区包括甘肃、宁夏、新疆、山西北部、陕西北部和内蒙古西部。本标准不适用于青贮、制种和鲜食玉米的机械化生产作业。

②规范性引用文件

下列文件对于本标准的应用是必不可少的[①]：

《粮食作物种子第1部分：禾谷类》（GB 4404.1）；

《单粒（精密）播种机作业质量》（NY/T 503）；

[①]　凡是注日期的引用文件，仅注日期的版本适用于本标准；凡是未注日期的引用文件，其最新版本（包括所有的修改单）适用于本标准。下同。

《农药安全使用规范总则》（NY/T 1276）；

《玉米收获机作业质量》（NY/T 1355）；

《旱地玉米机械化保护性耕作技术规范》（NY/T 1409）。

③品种选择

玉米品种的选择应符合以下条件：

应选用通过国家或省级审定的，且由当地农业部门推广的耐密抗倒伏、适宜机械化作业的丰产稳产玉米品种。

应选用经过精选、分级处理的玉米种子。玉米种子质量应符合《粮食作物种子禾谷类》（GB 4404.1—2008）的规定，且发芽率应不小于95%。

玉米种子宜进行包衣处理。未包衣的种子，播种前应根据当地病虫害常年发生情况，有针对性地选择防治药剂进行拌种处理。

④耕整地

耕整地应根据当地的种植模式、农艺要求、土壤条件和地表秸秆覆盖状况，选择合适的作业方式与作业时间。

深松作业宜在秋季进行，深松深度应以能打破犁底层为宜。东北华北春玉米区深松深度应不小于30 cm。拖拉机功率应根据不同耕深、土壤比阻以及深松机具的规格进行选配。

底肥应进行深施，可采用先撒肥后耕翻或边耕翻边施肥的方式，肥料撒施应均匀，施肥量应符合当地农艺要求。

东北华北春玉米区，应在前茬作物收获后，适时进行秸秆粉碎、灭茬、深翻作业，宜采用多功能联合作业机具进行联合耕整地作业。东北垄作地区可在秋季采用灭茬机灭茬起垄，也可在春季土壤化冻15 cm时顶浆打垄。黄淮海夏玉米区的前茬小麦收获，宜采用带有茎秆切碎机构的联合收割机进行作业，割茬高度应不大于15 cm，小麦秸秆切碎长度应不大于15 cm，一般不进行整地作业。西南山地玉米区，宜采用中小型耕整地机具进行旋耕作业或免耕。西北旱地玉米区，应在前茬作物收获后，适时进行秸秆粉碎、深耕晒垡或深松整地作业。

保护性耕作地区的机械化作业技术规范应符合《旱地玉米机械化保护性耕作技术规范》（NY/T 1409—2007）的规定。

⑤播种

播种时应根据品种特性、土壤肥力、水利条件、光照条件和地形等因素合理确定种植密度。东北华北春玉米区的种植密度宜为55 500株/公顷~63 000株/公顷，黄淮海夏玉米区的种植密度宜为75 000株/公顷~82 500株/公顷，西南山地玉米区和西北旱地玉米区的种植密度宜为 60 000 株/公顷~67 500 株/公顷。

播种时应根据各地玉米产量目标和地力水平进行测土配方施肥，主要采用机械式、气力式精密播种机进行播种施肥作业，作业质量应符合《中耕作物单粒（精密）播种机作业质量》（NY/T 503—2002）的规定；种肥宜采用分层施肥或深厚层施肥方式。

东北华北春玉米区、西南山地玉米区和西北旱地玉米区的适宜播种期为当地 8 cm 处土层的地温连续 5 日稳定在 8 ℃以上，土壤含水量达到 15%~20%时。在地温允许的情况下，土壤墒情较好的地区可及早抢墒播种；土壤墒情不足时，宜采用坐水播种。覆膜播种可比露地播种早播 7~10 d。黄淮海夏玉米区应在前茬小麦收获后及时免耕播种，并根据下茬小麦播种时间和玉米生育期，控制玉米的最晚播种时间。土壤墒情不足时，播种后应及时浇水。

东北华北春玉米区可采用等行距、宽窄行、大垄双行的播种方式。等行距播种时，行距为 65 cm；宽窄行播种时，宽行行距为 80 cm，窄行行距为 40 cm；大垄双行播种时，垄距为 130 cm，垄上两行行距为 40 cm。黄淮海夏玉米区应采用播种行距为 60 cm 的等行距播种方式。西南山地玉米区可采用等行距和宽窄行播种方式，等行距播种时，行距为 60 cm；宽窄行播种时，宽行行距为 80 cm，窄行行距为 40 cm。西北旱地玉米区可采用等行距和宽窄行播种方式，等行距播种时，行距为 60 cm；宽窄行播种时，宽行行距为 70 cm，窄行行距为 40 cm。

播种前应按农艺要求，调整播种机各调节机构，进行试播，以检查播种作业质量，对不合格指标对应的调节机构进行再次调整，并再次检查其作业质量，直至全部合格。

⑥田间管理

灌溉。在玉米拔节孕穗期、抽穗开花期和灌浆成熟期，应根据田间持水量的情况适时进行灌溉，并根据当地条件可选择畦灌、沟灌、管灌、喷灌、滴灌和渗灌等灌溉方式。

中耕施肥。在玉米拔节期或大喇叭口期，应采用高地隙中耕施肥机进行中耕追肥作业，施肥量应根据土壤肥力、产量水平和肥料养分含量等情况来确定。中耕施肥机应具有良好的行间通过性能，无明显伤根行为，伤苗率小于3%，追肥深度为 5~10 cm，追肥部位在植株行侧 8~12 cm，肥带宽度大于 3 cm，无明显断条，施肥后应覆土严密。

植保。根据当地玉米病虫草害的发生规律，可在苗期、穗期和花粒期合理选用农药品种及用量，采取综合防治措施开展防治作业。

在玉米播种后出苗前或播种的同时，可喷洒除草剂进行封闭除草作业。未封闭除草或封闭失败时，应开展苗后化学除草作业，苗后化学除草作业应在玉米3叶至5叶期进行。在玉米生育中后期，宜采用自走式高架喷杆喷雾机或农用航空施药机械进行机械施药，以防治病虫害。在风大、水肥条件好、种植密度大、品种易倒伏的田块，应根据需要开展化学调控作业。

植保作业应按照《农药安全使用规范总则》（NY/T 1276—2007）的规定，提高药液喷施的均匀性和对靶性，提高农药利用率和病虫害防治效果，以减少对环境的污染。

⑦收获

玉米进入完熟期，宜适时采用机械收获方式。采用籽粒收获方式时，玉米籽粒含水量应不大于25%。当玉米籽粒含水量大于25%时，应采用摘穗收获方式。

玉米收获时应选用割台行距与玉米种植行距相适应的收获机械，并根据当地的农艺要求和玉米长势，合理选择玉米收获机的工作挡位和割台高度。在大地块开展作业时，宜采用离心收获法、向心收获法或分区收获法。玉米收获机的作业质量应符合《玉米收获机 作业质量》（NY/T 1355—2007）的规定。采用地膜覆盖种植的玉米，应在收获后适时回收残膜，残膜回收机具的表层拾净率应不小于75%，深层拾净率应不小于65%。

⑧晾晒与烘干

收获后的玉米应及时进行降水处理：采用摘穗收获方式的，宜进行通风晾晒；采用籽粒收获方式的，应使用玉米烘干机进行降水处理，以水分降至13%～15%为宜。

⑨秸秆处理

玉米收获后的秸秆应进行粉碎还田或回收处理。

采用秸秆粉碎还田机直接进行粉碎还田时，其秸秆粉碎长度应不大于10 cm，残茬高度应不大于8 cm，粉碎长度合格率不小于80%。秸秆还田后，可按秸秆量的0.5%～1%增施氮肥。必要时，应选用适量秸秆腐熟剂与泥土或肥料拌匀后，及时撒施到田内，以加快秸秆腐熟进程。采用回收处理方式时，回收的玉米秸秆宜打捆后运出。

玉米收获后，应采用根茬粉碎还田机将玉米根茬进行粉碎还田，碎茬深度应不小于8 cm，粉碎后根茬的长度应不大于5 cm，根茬粉碎率应不小于90%，根茬覆盖率（被土壤覆盖的程度）应不小于80%。

（2）《玉米》（GB 1353—2018）

①适用范围

本标准规定了玉米的术语和定义、分类、质量要求和食品安全要求、检验方法、检验规则、标签标识以及包装、储存和运输的要求。

本标准适用于收购、储存、运输、加工和销售的商品玉米，不适用于糯玉米、甜玉米及第4章分类规定以外的特殊品种玉米。

②规范性引用文件

下列文件对于本标准的应用是必不可少的：

《食品安全国家标准食品中水分的测定》（GB 5009.3）；

《粮油检验一般规则》（GB/T 5490）；

《粮食、油料检验扦样、分样法》（GB/T 5491）；

《粮油检验粮食、油料的色泽、气味、口味鉴定》（GB/T 5492）；

《粮油检验类型及互混检验》（GB/T 5493）；

《粮油检验粮食、油料的杂质、不完善粒检验》（GB/T 5494）；

《粮油检验容重测定》（GB/T 5498）；

《粮油检验粮食水分测定水浸悬浮法》（LS/T 6103）；

《粮油检验容重测定水浸悬浮法》（LS/T 6117）。

③术语和定义

下列术语和定义适用于本标准：

a. 容重（test weight）

容重是指按规定方法测得的单位容积内玉米籽粒的质量。

b. 不完善粒（defective kernels）

不完善粒是指有缺陷或受到损伤但尚有使用价值的玉米颗粒，包括虫蚀粒、病斑粒、破损粒、生芽粒、生霉粒和热损伤粒。其中，虫蚀粒（insect-damaged kernels）是指被虫蛀蚀，并形成蛀孔或隧道的颗粒。病斑粒（spotted kernels）是指粒面带有病斑，伤及胚或胚乳的颗粒。破损粒（broken kernels）是指籽粒破碎达本颗粒体积五分之一（含）以上的颗粒。生芽粒（sprouted kernels）是指幼芽或幼根突破表皮，或者是指幼芽或幼根虽未突破表皮但胚部表皮已破裂或明显隆起，有生芽痕迹的颗粒。生霉粒（moldy kernels）是指粒面生霉的颗粒。热损伤粒（heat-damaged kernels）是指发热或干燥受热后籽粒显著变色或受到损伤的颗粒，包括自然热损伤粒和烘干热损伤粒：自然热损伤粒（natureheat-damaged kernels）是指储存期间因过度呼吸，胚或胚乳显著变色的颗粒；烘干热损伤粒（dryingheat-damaged kernels）是指加热烘干时引起的表皮或胚或胚乳显著变色，籽粒变形或膨胀隆起的颗粒。

c. 杂质（foreign matter）

杂质是指除玉米粒以外的其他物质及无使用价值的玉米粒，包括筛下物、无机杂质和有机杂质。其中，筛下物（throughs）是指通过直径为 3.0 mm 的圆孔筛下的物质。无机杂质（inorganic impurities）是指泥土、砂石、砖瓦块及其他无机类物质。有机杂质（organic impurities）是指无使用价值的玉米粒、异种类粮粒、杂草种子及其他有机类物质。

d. 色泽（colour）

色泽是指在规定条件下，一批玉米呈现的综合颜色和光泽。

e. 气味（odour）

气味是指在规定条件下，一批玉米呈现的正常气味，无异味。

f. 水分含量（moisture content）

水分含量是指玉米样品中所含水分的质量占玉米总质量的百分比。

g. 霉变粒（severely moldy kernels）

霉变粒是指粒面明显生霉并伤及胚和胚乳、无食用价值的颗粒。

④分类

玉米按颜色分为黄玉米、白玉米和混合玉米，如下所示：

a. 黄玉米

黄玉米是指种皮为黄色或略带红色，籽粒含量不低于95%的玉米。

b. 白玉米

白玉米是指种皮为白色或略带淡黄色、粉红色，籽粒含量不低于95%的玉米。

c. 混合玉米

混合玉米是指不符合以上两种要求的，黄、白玉米互混的玉米。

⑤要求

a. 质量要求

各类玉米的质量要求如表2-1所示，其中容重为定等指标，3等为中等。

表 2-1 玉米质量指标

等级	容重 /g·L⁻¹	不完善粒含量/%	霉变粒含量/%	杂质含量/%	水分含量/%	色泽气味
1	≥720	≤4.0				
2	≥690	≤5.3				
3	≥660	≤8.0	≤2.0	≤1.0	≤14.0	正常
4	≥630	≤10.0				
5	≥600	≤15.0				
等外	<600	—				

注："—"表示不要求。

b. 食品安全要求

食品安全按食品安全标准和法律法规要求执行。

c. 动植物检疫要求

动植物检疫按国家标准和有关规定执行。

2.2.2 海南玉米安全生产标准

海南省的玉米安全生产主要根据《鲜食玉米生产技术规程》（DB 46/T81—2007）执行，该标准主要内容如下：

（1）范围

本标准规定了鲜食玉米的术语定义、产地环境要求及生产技术管理措施。本标准适用于海南省鲜食玉米的生产。

（2）规范性引用文件

下列文件对于本标准的应用是必不可少的：

《粮食作物种子禾谷类》（GB 4404.1）；

《农药安全使用标准》（GB 4285）；

《农药合理使用准则（七）》（GB/T 8321.7）；

《玉米产地环境技术条件》（NY/T 849）；

《无公害食品鲜食玉米》（NY 5200）；

《无公害食品大田作物产地环境条件》（NY 5332）。

（3）术语与定义

下列术语与定义适用于本标准：

①鲜食玉米

鲜食玉米是指在乳熟期采收食用的玉米,主要有甜、糯玉米。

②乳熟期

乳熟期是指玉米灌浆刚刚结束的时期,一般在开花授粉后 15～25 d。

③大喇叭口期

大喇叭口期是指当玉米植株长到抽出雄穗前 10 d 左右,棒三叶已伸出,形似喇叭口状,称之为大喇叭口期。

(4) 产地环境

生产基地应选择远离工业"三废"、禽畜集约化养殖场、医院等污染源的地方。同时,选择排灌方便,土壤肥力中等以上的沙壤土。产地环境质量应符合《无公害食品大田作物产地环境条件》(NY 5332) 及《玉米产地环境技术条件》(NY/T 849) 的规定。

(5) 生产技术管理措施

①栽培季节

海南周年均可栽培玉米,10 月至翌年 3 月为最佳播种期。

②品种选择

选择优质、丰产、抗性强、适应性广、商品性好的品种。种子质量应符合《粮食作物种子禾谷类》(GB 4404.1—2008) 的要求。具体指标为:种子纯度≥95%,净度≥98%,发芽率≥85%,水分≤13%。

③整地

a. 土地准备

提前 15 d 以上深翻晒土,耙地前每亩撒石灰 50～100 kg,地要耙平、耙细。

b. 施基肥

每亩土地施拌有 50 kg 钙镁磷肥或过磷酸钙且已经堆沤发酵的农家肥 500～1 000 kg,硼砂 0.5～0.75 kg,NPK 三元复合肥 15～20 kg。基肥于播种前在预定的种植行上开沟施放并覆土掩埋。禁止使用未经无害化处理和重金属含量超标的有机肥、城市垃圾、污泥和工业废渣。

c. 作畦

易涝地要起畦做宽窄行种植,宽行 130 cm (包沟),窄行 40 cm,畦高 30 cm,畦面要整平,土块要耙细。

旱坡地可不作畦,地平整耙细后每隔 70 cm 左右开一条种植沟进行等行距种植。

④播种

a. 种子处理

播种前先晒种 1 d，再把种子按大小分级。

b. 播种时间

一般先计划好上市时间，再根据不同品种在不同季节从播种到采收所需的时间来安排播种。夏季栽培从播种到采收需 60~70 d，春、秋季栽培需 70~80 d，冬季栽培需 85~95 d。

如果在半径 300~500 m 的范围内要种植普通玉米，那么在没有隔离带或隔离带较差的情况下，其播种时间要与普通玉米错开 20 d 左右。

c. 播种量

每亩用种量为 1~1.5 kg。

d. 播种密度

株距 25~30 cm，每亩种植 3 500~4 000 株。

e. 播种方法

挖穴点播，每穴播 2 粒，亦可一穴单粒接着一穴双粒这样交替点播，播后覆土 4 cm 左右并压实。大小不同的种子应分开播种，以使出苗整齐一致。

⑤田间管理

a. 保湿促发芽

播种后至出苗前土壤湿度要求在 70% 左右，如果土壤水分不够，应及时灌水。

b. 防草

播种后 1~2 d 内（种子发芽前）在畦面上喷 600 倍的丁草胺、拉索或阿特拉津等除草剂，以防苗期杂草。

c. 补苗定苗

对于缺苗或无健壮苗的穴，当其他穴中有多余健壮苗长到 2~3 片真叶时，应及时移栽补苗，且移栽后要及时浇足水。当苗长到 5~6 片真叶时进行定苗，每穴留 1 株健壮苗，其余的苗拔除。

d. 养分管理

追肥一般为四次，即促苗肥、拔节肥、大喇叭口肥及促穗肥。

促苗肥在苗长到 6~7 片真叶时兑水淋施或沟施，每亩施尿素 3~5 kg。

拔节肥在苗长到 8~10 片真叶时沟施，每亩施钾肥 6~8 kg、尿素 8~10 kg。

大喇叭口肥在植株抽雄前 10 d 左右沟施，每亩施钾肥 10~20 kg、尿素 10~20 kg，并结合追肥进行中耕除草及培土。

促穗肥在抽穗开花时沟施，每亩施钾肥 5~7 kg、尿素 2.5~3.5 kg。

e. 水分管理

土壤忌过干或过湿，一般拔节前，即苗长到 8~9 片真叶以前保持土壤湿度在 60% 左右，让土壤呈半干半湿状态，不要过多灌水；拔节后要保持土壤湿度在 80% 左右，让土壤呈湿润状态。土壤干旱时要及时灌水，雨天要注意及时清沟排水。

⑥预防鼠害

播种期和抽穗后要注意采取措施防治鼠害。

⑦病虫害防治

a. 病虫害防治原则

按照"预防为主，综合防治"的植保方针，坚持"以农业防治、物理防治、生物防治为主，化学防治为辅"的无害化防治原则。

b. 主要病虫害

主要虫害：苗期主要虫害是蝼蛄、地老虎，此后主要虫害是玉米螟、棉铃虫、蚜虫等。

主要病害：大斑病、小斑病、茎腐病、锈病等。

c. 农业防治

农业防治措施主要有：选用抗病品种；进行种子处理；深沟高畦，严防积水；清洁田园，减少病虫源；实行作物轮作和水旱轮作；科学平衡施肥，增施腐熟有机肥。

d. 物理防治

使用银灰膜驱避蚜虫或使用黄板（柱）诱杀蚜虫；使用杀虫灯诱杀玉米螟、棉铃虫等。

e. 生物防治

生物防治措施主要有：积极保护天敌，利用天敌防治病虫害；防治时采用微生物制剂如苏云金杆菌等，植物源农药如藜芦碱、苦参碱、印楝素等，生物化学农药如阿维菌素、农用链霉素等进行防治。

f. 主要病虫害药剂防治

使用药剂防治时应严格按照《农药安全使用标准》（GB 4285）和《农药合理使用准则（七）》（GB/T 83217）规定执行。主要防治药剂及其施用方法见附录。

⑧采收

鲜食玉米一般在开花后 15~25 d（乳熟期）便可采收，此时花丝竭变至果房先端，籽粒由白色变成黄色。不同品种、在不同季节栽培的玉米，其开花至乳熟期所需的时间不同，夏季栽培所需的时间最短约 20 d。采收尽量在早晨气温尚未升高的时候进行，收获后的玉米果穗应放在阴凉处。

⑨不允许使用的高剧毒高残留农药

在生产上禁止使用氰化物、磷化铅、氯丹、甲胺磷、甲拌磷（3911）、对硫磷（1605）、甲基对硫磷（甲基1605）、内吸磷（1059）、苏化203、杀螟磷、磷胺、异丙磷、三硫磷、氧化乐果、磷化锌、克百威、水胺硫磷、久效磷、三氯杀螨醇、涕灭威、灭多威、氟乙酰胺、有机汞制剂、砷制剂、西力生、赛力散、溃疡净、五氯酚钠等高毒或高残留农药。

3 玉米的生物学特征

3.1 玉米的发育条件

温度、光照、水分、矿质营养及土壤等是影响玉米生长发育的主要环境因素，对植株的生长发育有重大影响。因此，了解玉米与环境因素间的关系，是运用农业措施调控植株生长状况，实现高产、优质、低耗的重要依据。

3.1.1 温度

温度是影响玉米生长发育的主要环境因素之一，与玉米生长速度、生育期关系密切。玉米属于喜温的短日照作物，全生育期内要求的温度较高。当温度低于 8 ℃时，种子发芽速度缓慢，在 16~21 ℃时发芽旺盛，速度较快；当温度超过 40 ℃时，种子将停止发芽，并对种子活性产生一定的影响。

在苗期，玉米细苗在短时间内可承受零下 2~3 ℃的低温，在两叶一心时期，零下 3 ℃是低温的临界温度，当温度低于该临界值时，幼苗就会出现冻伤现象，严重时会导致幼苗死亡。如果能够及时加强管理，植株在短期内可恢复生长，对产量不会有显著的影响。玉米出苗后，幼苗随着温度上升而逐渐生长。随后，植株开始拔节，并以较快的速度生长，拔节期日均气温要求在 15~27 ℃，18 ℃以上较合适；从抽雄期到开花日温度要求在 26~27 ℃，此时是玉米一生中要求温度较高的时期。在温度为 32~35 ℃、空气相对湿度接近 30% 的高温干燥气候条件下，花粉（含 60% 的水分）会因迅速失水而干枯，同时花丝也容易枯萎，导致玉米受精不完全，产生缺粒现象。通过及时灌水，以及进行人工辅助授粉，可以减轻这种损失。玉米籽粒形成和灌浆期间，仍然要求有较高的温度，以促进同化作用。在籽粒乳熟以后，玉米要求的温度逐渐降低，有利于营养物质向籽粒运转和积累。灌浆和成熟期的温度在 20~24 ℃较好，低于 16 ℃ 或高于 25 ℃ 会对淀粉酶的活动产生影响，使养分的运转和积累不能正常进行，导致玉米结实不饱满。

玉米有时还会产生"高温迫熟"现象，就是当玉米进入灌浆期后，受到高温的影响，其营养物质运转和积累受到阻碍，籽粒迅速失水，玉米未进入完熟期就被迫停止成熟，导致籽粒皱缩不饱满，千粒重降低，严重影响产量。

3.1.2 光照

玉米是短日照作物，但对短日照要求又不是很严格，可见玉米又是不典型的短日照作物。一般日照时数在 12 小时内，玉米能够加速发育，缩短生育周期，提早成熟，而在长日照条件下则发展缓慢，开花延迟，甚至不能结穗。一般早熟品种对光照周期反应较弱，晚熟品种反应较强，即在短日照下发育较快，在长日照下发育延迟，而且在低温日照条件下，发育延迟更为明显。中国玉米分布辽阔而且四季皆宜种植，但由于不同地区日照、温度不同，其发育速度是不同的。这就要求在引种时必须注意：北种南引，玉米生育期会缩短，若生育期过短会导致玉米性状不良，如东北的糯玉米引种到海南种植，生育期缩短，植株比较矮小，果穗较小；南种北引，往往会出现营养生长期延长，发育推迟的现象，发育过迟玉米则不能正常成熟，如将重庆糯玉米"渝糯"系列引种到吉林地区种植，会出现生育期延迟现象，霜降时籽粒不成熟。

在同一地区不同季节播种，对光周期敏感植物的生长周期有较大影响。在较强光照条件下，玉米植株的光合产物较多，可供各器官生长发育，茎秆粗壮坚实，叶片肥厚挺拔；在弱光照条件下，玉米植株的光合产物较少，茎秆细弱，坚韧度较低，叶薄易披。

玉米需光量较大，光饱和点约为 10 万勒克斯，光补偿点为 50~150 勒克斯。在此范围内，玉米的光合作用随光照强度的增加而增强。光照强度如低于光补偿点，则植株合成的有机养分少于呼吸消耗量，植株生长停滞，时间过长则导致死亡。

光照与玉米的光合作用及器官发育有密切关系：在红光下，光合作用强度大、效率高；在紫光下，光合作用强度小、效率低。一般长波光对玉米穗分化发育有抑制作用，短波光对其有促进作用。

日照时数对玉米产量有明显影响，日照时数充足，玉米容易获得高产。例如，黄淮海地区夏玉米全生育期日照时数为 60~90 小时，日照率为 52%~65%，全生育期日照时数较多，产量潜力为每亩 220 kg 左右，容易获得高产。

3.1.3 水分

玉米的植株高大、叶面积较大，因而蒸腾作用较强，其生长期间最适宜的降水量为 600 mm 左右。干旱或水涝都会影响玉米的正常生长发育，对玉米产量和品质也有不同程度的影响：土壤表层疏松，底墒充足，可促进根系生长，根量大，入土深；土壤表层水分过多，通气状况不良，则会抑制根系发育，根量少，入土浅；水分过多，茎叶生长快，茎嫩秆长，叶薄易披，坚韧性差，容易倒伏；干旱缺水，则会抑制玉米正常生长，茎秆矮，叶片小，光合速率低，干物质积累少。水分供应适宜，植株的输导、光合性能正常，生长发育速度适中。

玉米虽然需水较多，但是其蒸腾系数较大麦、燕麦、紫花首清、三叶草相比都较低，一般为 240~370 mm。由于玉米有强大的根系和自我调节功能，能够从土壤中吸收所需的水分，当遇到高温、干燥天气时，叶片会自动向上卷曲，以减少蒸腾作用，保持植株内的水分平衡，若不是严重缺水，一般不会造成植株干枯致死，但会对产量和品质有一定的影响。土壤相对湿度在玉米籽粒形成期间为 80%，在乳熟期间保持 70%~75% 才能正常灌浆，低于 40% 则灌浆速度变慢。玉米开花前 10 d 到开花后 15 d 为第二需水高峰期。若玉米在开花期及乳熟期缺水，穗粒数减少，粒重降低，败育粒增多；在乳熟期及蜡熟期缺水，主要降低粒重。

合理灌溉的原则是苗期适度，拔节孕穗期适量，抽穗开花期定量，成熟期田间湿润。目前灌溉方法多采用沟灌，方便易行，近几年也有用喷灌，用水较少，且喷洒均匀，但需要一定的设备进行辅助，具体在后面章节进行详细阐述。

3.1.4 矿质营养

矿质营养是玉米正常生长发育的主要条件之一，对植株器官建成及产量形成有很大影响。用氮、磷作种肥的玉米，根系干物重比对照增加 37%；肥料种类、用量及施肥时期对玉米生长有显著的影响。氮、磷、钾肥用量不足、比例适当时，植株生长正常，粗壮坚韧；缺氮或缺磷时，植株矮小，生物产量和籽粒产量降低；氮、磷充足，钾肥缺乏时，茎秆基部节间易裂易折。

合理施肥是提高玉米产量和改善其品质的重要措施之一，只有保证玉米所需要的各种养分供给充足，增加土壤肥力，才能获取高产。要想合理施肥，必须认识玉米吸收营养的特性、土壤供肥能力以及其他条件对施肥的影响。呼伦贝尔申宽生物技术研究所在 2013—2015 年将"康地 5031"玉米种植在 16 个不同地块的试验显示,玉米产量最高为 10 405.5 kg/hm²,最低只有 3 520.5 kg/hm²。黑龙江省第一积温带上玉米高产市(县)的玉米产量达 11 260 kg/hm²,而低产地块产量只有 1 500 kg/hm² 左右,低而不稳。分析其原因,除受品种、熟期、积温和密度影响外,土壤基础肥力和施肥水平也是重要的影响因素。在土壤条件相同的情况下,施入农肥和化肥的数量不同,玉米产量有一定的差异。为使植株正常生长发育,生产上应做到氮、磷、钾合理搭配使用,同时加大配方施肥力度,争取做到缺少什么营养,就按缺少的数量进行施肥。如何经济合理施肥,提高肥料利用率,以保证玉米获得高产,是当前玉米栽培中十分重要的问题。

3.1.5 土壤

土壤是玉米根系生长的场所,为植株发育提供水分、空气及矿质营养,与玉米生长及产量关系密切。但玉米对土壤的要求并不非常严格,土质疏松、土层深厚即可,以有机质丰富的黑土、黑钙土、淡黑钙土、冲积土和厚层草甸土为最佳,土壤 pH 值为 5~8 均可种植玉米,其中以 6.5~7.0 最为适宜。玉米种植需要量较大的营养元素有 N、P、K、S、Ca 和 Mg 等,需要量较少的有 Fe、Mn、Zn、Cu、Ba 等。从抽雄前 10 d 到抽雄后 25~30 d 是玉米干物质积累最快、需肥最多的阶段,这个阶段玉米的需肥量占总需肥量中 70%~75% 的氮、60%~70% 的磷、65% 的钾。

鲜食玉米与普通玉米相比,其千粒重较低,因而幼苗较弱,对土壤要求相对较高,要求土壤具备以下条件:

①土层深厚,结构良好

土壤的活土层要深,有较厚且坚实的心土层和底土层,最适宜的土壤空气容量为 30%,最适宜的土壤含氧量为 10%~15%。

②肥力水平高,营养丰富

注意随耕地随施肥,耕后适当耙平,生育期勤中耕、多浇水,以促进土壤熟化,逐步提高土壤肥力。对土层薄、肥力差的地块,应逐年垫土、增施肥料,以逐步加厚表层、培肥地力。

③疏松通气,能蓄易排

采用适当的翻、垫、淤、掺等方法,改造土层,调剂土壤。对于沙性和黏性过重的土壤,采取沙掺黏、黏掺沙的方式,将泥沙比例调节至"4 泥 6 沙"的壤质土状态,形成上粗下细、上沙下壤的土体结构,以提高土壤的通透性。

3.1.6　纬度和海拔

①玉米出苗至抽雄的时间与种植地块的纬度和海拔高度的关系：当海拔高度不变时，纬度每升高 1°，玉米出苗至抽雄的时间至少延长 2 d，平均为 2.1 d，且年份间、品种间差异很小；而海拔升高对延长玉米出苗至抽雄的时间的作用，在品种间差异很小，在年份间不尽相同。

②玉米出苗至抽丝的时间与种植地块的纬度和海拔高度的关系：当海拔高度不变时，纬度每升高 1°，玉米出苗至抽丝的时间平均延长 2.3 d，品种间差异很小。

③玉米抽丝至成熟的时间与种植地块的纬度和海拔高度的关系：当海拔高度不变时，纬度每升高 1°，灌浆期平均延长 1.1±0.025 d，品种间差异很小；当纬度不变，海拔每升高 100 m，灌浆期平均延长 14±0.110 d。

3.2　玉米的生育阶段特征

3.2.1　生育时期概述

在玉米的一生中，由于受到自身量变和质变及环境变化的影响，因此无论是其外部形态特征还是内部生理特性，均会产生不同的阶段性变化，这些阶段性变化称为生育时期。玉米的各生育时期及其鉴别标准如下：

出苗期：指的是玉米的第 1 片叶子（胚芽鞘）出现在土壤表面之上约 2 cm 的这一时期。该时期玉米种子吸收水和氧气用于发芽，土壤温湿度条件适宜时，胚根迅速从籽粒尖端附近长出，胚芽鞘从籽粒具胚一侧长出，并通过中胚轴伸长，被推向土壤表面，当包裹胚芽叶的中胚轴接近土壤表面时，胚芽叶打开。

拔节期：指的是玉米长到第 3 片叶子这一时期。该时期主要是玉米植株根、叶的生长和茎节的分化阶段，是植株生长的第一个重要的转折点，此时玉米开始从消耗种子中贮藏的养分进行自养生活转化为消耗光合作用制造的养分进行异养生活。

小喇叭口期：指的是玉米播种出苗 40 d 以后，玉米植株有 10 片以上可见叶，7 片以上展开叶，上部叶片卷成小喇叭形状这一时期。

大喇叭口期：指的是玉米的叶片大部分可见但未完全展开的这一时期，一般可见叶为 14 片左右，展开叶为 12 片左右，上部叶片卷成大喇叭口形状，雌穗进入小花分化期。该时期玉米对高温和干旱较为敏感，在生产上常用玉米进入大喇叭口期作为施肥灌水的重要标志。

抽雄期：指的是玉米植株顶部雄穗露出顶叶 3~5 cm 的这一时期，此时玉米节根层数、基部节间长度基本固定，雄穗分化已经完成，根、茎、叶不再生长，植株高度达到最大值。玉米达到抽雄期也意味着玉米开始进入生长生殖阶段，对氮、磷、钾和水的需求几乎达到峰值，此时玉米吸收的养分会全部供给开花、授粉、受精和灌浆等重要的生殖阶段。因此，为了保证玉米产量，做好抽雄期管理十分重要，包括科学浇水、适当追肥、人工授粉、中耕培土、虫害防治（玉米螟、地老虎等）和病害防治（南方锈病、灰斑病、大小斑病等）等措施，还需保证玉米植株生长环境温湿度适宜，避免干旱高温影响玉米籽粒数。

开花期：指的是雄穗主轴小穗开花授粉的这一时期，此时雌穗的分化发育接近完成，一般会在雄穗抽出的 2~3 d 后开始开花授粉，开始开花后 3~4 d 进入盛花期，持续 8~9 d 后开花结束。只有保证植株生长环境温度为 20~28 ℃、湿度为 65%~80%，才能确保花粉发育正常，提高受精结实率。在干旱高温条件下，花粉会因快速失水而丧失活力，致使雌花不能正常受精结实，产生秃尖缺粒现象，温度低于 18 ℃ 或高于 38 ℃ 时雄花不开放。

吐丝期：指的是雌穗花丝开始露出苞叶 3 cm 左右的这一时期。果穗底部的花丝先吐出苞叶，花丝吐出苞叶后便开花，花丝的活力保持至授粉结束。根据不同玉米品种特性、肥、水和植株密度等条件，雌穗开花时间一般比同植株雄穗晚 2~3 d 或者雌雄穗同时开花。花粉与胚珠受精形成胚，决定籽粒数的多少。该时期玉米对磷、钾和水的需求达到峰值，而对氮已停止吸收。

籽粒形成期：指的是雌穗受精后 1~12 d、吐丝授粉后 15 d 左右，果穗变粗，籽粒迅速膨大，胚初具雏形，胚乳尚为乳白色浆液的这一时期。该时期籽粒的外形已经基本形成，籽粒水分含量多而干物质积累少，胚根、胚芽和胚轴分化完毕，胚完全具有发芽能力。

乳熟期：指的是吐丝授粉后 12~15 d 起至 34 d 左右的这一时期，约为 20 d。该时期籽粒重量快速增加而呈黄色，胚乳为糊糊状。当用手指挤压籽粒时可以挤出乳状液体，这种液体是淀粉积累的结果。

蜡熟期：指的是吐丝授粉后 35 d 起至吐丝授粉后 49 d 的这一时期，约为 15 d。该时期籽粒含水量下降至 35% 左右，干物质缓慢增加，胚乳由糊糊状变黏稠至蜡状，淀粉和营养物质迅速积累。籽粒含水量达 70%，开始在顶部出现凹陷。高温干旱天气会导致灌浆停止或形成灌浆不充分的籽粒和畸形穗，霜冻则会严重影响籽粒的品质，造成 25%～40% 的产量损失。

完熟期：指的是在吐丝授粉后 45～65 d 玉米呈现出显著的品种特点的这一时期。该时期玉米苞叶变黄而松散干枯，籽粒发亮变硬，基部去掉尖端形成黑色层，阻断干物质和养分从植株移动到籽粒，乳线消失，籽粒干重达到最大值（水分含量为 30%～35%），玉米已生理成熟。

3.2.2　玉米器官形态特征及生长特性

玉米属于种子植物并有六大器官，包括根、茎、叶、花、果实和种子，这些器官既相互联系，又有其自身特点和生长规律。因此，只有充分了解和掌握玉米各器官的特点、生长规律、对生长环境的要求及相互之间的协调关系，才能正确运用科学的栽培技术，以达到为玉米丰收创造良好条件的目的。

3.2.2.1　玉米的根系

（1）根的分类

玉米的根系属须根系，由胚根和节根组成。

①胚根

胚根又名初生胚根或种子根，形成于种子胚胎生长发育时，初生胚根是种子发芽时长出的第一条根，大约在受精 10 d 后由胚柄分化而成。初生胚根生长迅速，垂直入土深度可达 20～40 cm。初生胚根伸出 1～3 d，在中胚轴基部，盾片节的上面长出 3～7 条幼根，称为次生胚根。由于次生胚根和初生胚根的生理功能相似，因此在栽培学上将次生胚根与初生胚根一起合称为初生根。初生胚根的作用主要是，在玉米幼苗出土的最初 2～3 周内，吸收与供应玉米幼苗生长所必需的养分和水分。当节根形成后，玉米幼苗生长所需要的养分和水分就主要依靠节根吸收供应，但初生胚根的生命活动可维持至玉米植株生命后期。

②节根

节根着生在茎节间分生组织的基部，一般生有 6～9 层，多者可达 10 层以上。其中，有 4～7 层生于地下茎节间，称为地下节根（次生根）。生于地上节间的一般有 2～3 层，称为地上节根（气生根、支持根、支柱根）。节根在植物学上称为不定根。当玉米幼苗长出 2～3 片可见叶时，在着生第 1 片完全叶的节间基部、胚芽鞘节的上面开始着生第 1 层节根。但是由于这层根的生理功能与胚根相似，因此在栽培学上将这层根与胚根一起合称为初生根，而不把其计算为第 1 层节根。第 1 层节根条数多为 4 条，也有 5～6 条一直向下延伸。随着茎节的形成及加粗，节根自下而上不断着生，它们在茎节上呈现一层一层轮生的节根系。

节根是玉米的主体根系，分支多，根毛密。一株玉米根的总长度可达1 000~2 000 m，这就使得植株在土壤层中构成了一个密集牢固的节根根系。

（2）根的功能

根具有吸收营养和水分、支持植株、合成养分的功能。首先，植物体需要的营养物质，除小部分是由叶从空气中吸收外，大部分来自根从土壤中吸取的水、二氧化碳和无机盐等。吸收矿质营养和水分是通过根毛来进行的，玉米由于根毛发达，使玉米根的吸收面积增加了5.5倍左右。其次，根具有固定和支持地上部茎、叶的作用，玉米植株庞大的根系，能够使地上茎、叶得以自由伸展并稳固于地上。此外，根还具有合成功能，可制造一些重要的有机物质如氨基酸等。被玉米根系吸收的无机盐，一部分通过导管输送到植株各部分，另一部分则在根部合成复杂的有机物质。有机酸与进入玉米根部的 NH_4^+、NO_3^- 结合形成氨基酸，这些氨基酸再随水分运输到植株的各部分。玉米根中富含组氨酸、天门冬酰胺、天门冬氨酸、丝氨酸、甘氨酸、谷氨酸、苏氨酸、丙氨酸、脯氨酸、亮氨酸，其中天门冬酰胺、谷氨酸、苏氨酸和脯氨酸等含量特别高，比普通作物的根中多20~25倍。而支持根（气生根）中除了含有以上10种氨基酸，还含有许多未知名的氨基酸。玉米根系的特点不仅在于节根发达，支持根作用显著，而且能产生较高的渗透压，这也是玉米吸收水分及矿质营养的能力超过其他禾谷类作物的原因。

（3）根系的发育与分布

①根系发育与地上部生长的关系

玉米根系发育与地上部生长是相互影响、相互促进的关系。只有地下根系发达，才能保证地上部茎叶生长所需的水分、养分充足，从而形成繁茂的植株；相反，地上部生长良好，也能促进地下根系的生长发育。

②根系的生长与分布

玉米根在土壤中的伸展方向与根的种类及玉米生育时期有关。胚根从伸出到衰亡都是直向伸长的，各层节根均呈辐射状倾斜伸长。拔节后节根伸展方向发生明显变化，由斜向伸长转为直向伸长。

在不同生育时期，玉米根系与地上茎叶的生长速度是不同的。玉米拔节前，地上茎叶发育缓慢，而地下根系则在迅速生长。有关资料显示，玉米拔节前地上部与地下部的增长比值最小，而拔节后根系已初步形成较大的根系群，可从土壤里大量吸收水分、养分，供地上部植株生长，外在表现为茎叶生长迅速。由此可见，玉米拔节前是以地下根系生长为主的，田间管理措施应控上促下。拔节后植株生长中心发生了转移，由地下生长为主转为地上生长为主，此阶段田间管理上应注意协调茎叶与根系均衡生长。

在不同生育时期，玉米根系在土壤中的分布也是不同的。苗期根系主要分布在 0~40 cm 土层中，其中 0~20 cm 土层分布的根量占该期总根量的 90% 左右，20~40 cm 土层分布的根量占 10% 左右；拔节期分布在 0~40 cm 土层的根量占该期总根量的 90% 左右，40~100 m 土层的根量占 10% 左右；开花期分布在 0~40 cm 土层的根量占该期总根量的 80% 左右，40~160 cm 土层的根量占 20% 左右；蜡熟期分布在 0~40 cm 土层的根量占该期总根量的 55% 左右，40~180 cm 土层的根量占 45% 左右。玉米的主体根系分布在 0~40 cm 土层中，随着生育期的推迟，后期深层根量增加。因此，在玉米生产实践中，基肥深施有利于根系的吸收，若是追施化肥，则以深施 10 cm 以上和距离植株 10 cm 较为合适。

3.2.2.2 玉米的茎

（1）茎的形态

玉米茎秆比较粗壮、高大，按株高可将玉米品种分为高秆、中秆、矮秆三类，一般株高 2 m 以下的为矮秆品种，株高 2~2.5 m 的为中秆品种，株高 2.5 m 以上的为高秆品种。一般来说，矮秆的生育期短，单株产量低，高秆的生育期长，单株产量高。在土壤、气候和栽培条件等适宜的环境中，茎秆生长比较高大，单株的产量也较高。

玉米茎的高矮，因品种、土壤、气候和栽培条件不同而有很大差别。品种类型不同，茎节数存在一定的差异。一般的玉米有 15~24 个节，少的只有 8 个节，多者达 48 个节，其中 3~7 个茎节位于地面以下。第 1 节至第 4 节较紧密，节间很短，仅 0.1~0.5 cm。节间长度自下而上逐渐加大，但粗度自下而上逐渐变小。故在田间管理上，应严格管控水肥，尽量缩短地面 2~3 节间的长度，增加茎秆粗度，提高植株抗倒能力。

（2）茎的功能

茎有支撑、运输、贮藏的功能。

①支撑功能

茎秆中的机械组织、维管束和坚硬的表皮，能够支撑叶片、果穗、雄穗在空间上合理排布，充分吸收光能，以更好地进行光合作用，制造养分。

②运输功能

玉米茎秆多汁，髓部充实而疏松，富含水分和矿物质。在茎的基本组织中，分散着很多椭圆形的维管束，是玉米根与叶、果穗间水分和养分的运输管道。

③贮藏功能

茎秆贮藏着一定的可溶性有机物，植株生长后期茎秆中贮藏的部分养分可转运到籽粒中，增加产量。

（3）茎的生长

茎的生长包括节间的伸长、分蘖的生长及干物重的增长。

①节间的伸长

茎的生长主要是居间分生组织细胞分裂、分化、伸长的结果。节间伸长是自下而上进行的，待居间分生组织老熟后，茎节生长就基本停止了，株高不再增加，此时一般处于雄穗开花期。

温度、土壤含水量以及土壤养分条件对玉米茎秆的生长有很大影响。若外界温度较高，土壤水分、养分充足，茎秆就会快速伸长，反之茎节则生长缓慢。一般须等到温度上升到 20 ℃以上时，茎秆才开始迅速伸长，因此春玉米茎节伸长得较慢，而夏玉米茎节伸长得较快。

②分蘖的生长

茎的基部节上的腋芽长成的侧枝称为分蘖。分蘖形成的数量与品种类型、土壤肥力、播种季节和田间种植密度关系密切。一般甜质和硬粒型的玉米植株分蘖多，马齿型玉米植株分蘖少。密度小、土壤养分含量高、水肥条件好的地块，植株分蘖比较多，反之则较少。分蘖会消耗植株养分，且多数不能结出有效果穗，因此，除饲用外一般在大田生产中应及时去除分蘖，避免养分的无效损耗造成减产。

③干物重的增长

作物鲜体经过风干或烘干脱水后的重量称为干物质重量，简称干物重。干物重是作物光合作用的产物，通常以株体结构性物质（根、茎、叶等器官）和贮藏性物质（蛋白、脂肪等）的形态存在。作物干物重是作物生长状况的基本特征，作物产量形成过程，也就是干物质在各种器官中累积分配的过程。玉米植株在不同生育阶段的茎秆与叶片的生长速度不同，干物重差异较大。拔节期前地上部是以叶子生长为主的时期，此时叶子干物重比茎大；拔节期后茎叶的干物重差异逐渐减少，此时地上部生长中心由叶子逐渐转向茎秆，到了开花期以后，茎的干物重比叶子大。

3.2.2.3　玉米的叶

植物体内积累的干物质有90%来自叶子的光合作用，玉米叶片光合作用所产生的物质，是玉米植株各器官进行生理活动和获得最终产量的重要物质基础，在玉米生长发育过程中占有十分重要的地位。

（1）叶片的结构

玉米的叶互生排列于茎节上，由叶鞘、叶片和叶舌三部分构成。叶鞘基部着生于茎节上，包在茎秆周围，质地厚实坚韧，同时具有保护茎秆和贮藏养分的作用。叶片是光合作用的重要部位，生于叶鞘顶部，中央纵贯1条明显的主脉，并有多条侧脉平行分布于主脉两侧，叶片形似剑，叶面呈瓦垄形，边缘常有波状皱褶。叶边缘组织生长较快，且常生有许多皱褶，这些皱褶的存在不仅可使植株吸光面积增大，还起到了保护叶片不被风折断的作用。这些特征有利于玉米植株收集雨水于根际，既可增强抗旱能力，又可避免风害。除基部1~5片叶（晚熟品种可达6片）光滑无毛外，上部多数叶片正面均长有茸毛，这一特征可作为判断玉米叶位的参考。玉米叶舌位于叶鞘和叶片的连接处，与茎秆结合紧密，可防止雨水、害虫、病菌入侵。

玉米叶片的横切面可分为表皮、叶肉及维管束。玉米叶片上下表面由近似方形的表皮细胞组成，密布许多气孔，每平方厘米约有17 000个气孔，这些气孔的存在可确保植株能正常进行气体交换，控制蒸腾作用。表皮内部为叶肉组织，由薄壁细胞组成，有叶绿体和叶绿素维管束平行排列在叶肉组织中，具有光合作用、蒸腾作用、呼吸作用与吸收作用。表皮的气孔可根据水分供应状况控制张开与闭合，当气候干旱时，运动细胞会失水缩小，这时气孔就会自动关闭，叶片向上卷起以减少水分蒸腾，上表皮分布的一些大型运动细胞也可控制叶面水分蒸腾，利于抗旱；当气候湿润适宜时，水分供应充足，运动细胞吸水膨胀，叶片正常舒展。

玉米叶片气孔及表皮细胞能吸收溶液状态的矿质元素进入叶片内部，此特性是根外追肥的基础。根外追肥即把肥料溶液喷施在玉米植株叶片上，养分经过分布在叶片上的孔隙进入内部被吸收。一般来说，玉米植株进入生长中后期，伴随着植株的逐步衰老，其根系对土壤中养分的吸收能力开始减弱，而且部分肥料撒施后容易被土壤固定形成难溶解物质，很难被玉米根系吸收，常导致作物产生缺铁、缺锌和缺锰症。此时采取根外追肥的措施，可以有效补充玉米生长所需的铁、锌、锰等化学元素。

（2）叶的生长

单株玉米一般有13~25片叶，叶片数目因品种而异，晚熟品种最多，中熟品种次之，早熟品种最少，变化幅度在8~40片，大多为13~25片，而同一品种叶片数比较稳定。玉米的前5~7片叶称为胚叶，早在种子胚胎发育时便已形成。单株叶面积自出苗至孕穗不断增加，至开花前后单株叶面积达到最大，之后随着下部叶片的干枯死亡，单株叶面积逐渐减小。因此，在生产上应加强田间管理，增加单株叶面积，延缓其减小速度，提高光合作用效率。

不同部位叶片的光合作用效率和叶面积有较大差异，而所有玉米品种各叶面积在植株上的分布情况一般都是中部叶片最大，基部叶片最小；果穗叶及其上下叶（棒三叶）的叶片最长、最宽、面积最大，单叶干物重最高。这种叶面积分布有利于果穗干物质的积累。

玉米棒三叶多位于玉米植株的中下部，一般距离地面 90~120 cm。玉米的棒三叶有五大特性：其一，是玉米叶片中面积最大的三片叶；其二，是玉米叶片中光合作用最强的三片叶；其三，是玉米叶片中叶绿素含量最高的三片叶；其四，是为玉米果穗运送养分最多的三片叶；其五，是玉米叶片中功能期最长的三片叶。玉米的棒三叶光合作用最强，合成的有机物也最多，输送距离最近，对玉米产量影响也最大。因此，保护好棒三叶，提高棒三叶的光合作用能力，延长籽粒灌浆时间，是玉米获得高产的前提。我们在生产上要注意通过合理管理肥水、防治病虫害，以适当扩大棒三叶叶面积和防止棒三叶叶面积减少。玉米的水肥管理要以适度湿润为准，防止过量灌溉引发的倒伏；适当的补充钾肥提高玉米品质；适当补充氮肥，既要保持棒三叶正常的光合功能，又要防止玉米贪青晚熟。在玉米生长中后期，由于植株高大，降雨频繁，田间湿度大，通风透光差，再加上植株抗病性降低，棒三叶最容易遭受多种病虫危害，其中，发生最普遍、危害最严重的病害有玉米大、小斑病和南方锈病。这三种病均通过空气传播病害，在适宜的环境条件下，其传播蔓延速度非常快，一旦防治不及时，可在短时间内导致大量叶片被害，尤其是棒三叶位于植株中下部，最容易感染多种病害，造成叶片光合作用降低，甚至干枯死亡，从而导致减产。

（3）叶片的功能

玉米不同节位的叶片，其生理功能有所不同。按其功能可分为根叶组、基叶组、穗（粒）叶组。了解不同节位叶片和叶组的生理功能，在生产上是非常重要的。通过观察叶片的伸展过程，判断玉米的生长时期，掌握生长中心，从生长中心着眼，从供长中心叶入手，采取相应的调控措施以达到高产的目的。

①根叶组（地上近地基部和地下）及其功能

玉米自出苗到拔节前，植株基部的 5~6 片叶为根叶组，主要生长器官是根系和茎秆下部叶片。这组叶片发育的好坏直接影响根系的生长以及植株对水和无机盐的吸收。在生产上，我们要选用籽粒饱满的种子，施足种肥，及时定苗，早中耕、勤中耕，以根养苗。

②基叶组及其功能

玉米自拔节至大喇叭口期长出的叶片，也就是植株上 7~11 片叶为基叶组，主要生长器官是茎秆中上部叶片。这组叶片主要负责茎秆的形成。在田间管理上，我们要通过合理施肥、浇水、防治病虫等措施，使这组叶片生长健壮，延缓衰老，确保茎秆粗壮，为雌雄穗分化生长奠定基础。

③穗（粒）叶组及其功能

玉米大喇叭口期之后长出的叶片为穗（粒）叶组。这组叶片的展现，表明玉米已由营养生长为主转向以生殖生长为主。在田间管理上，在基叶组展现末期与穗（粒）叶组展现初期，即大喇叭口期，应结合浇水施足肥料，确保玉米穗部及籽粒发育，以实现玉米穗大、粒多、粒重。

3.2.2.4　玉米的花

玉米是雌雄同株异花，因其依靠风力传粉，天然杂交率一般为 95% 左右，故属异花授粉作物。雌雄花序的形态结构、生长发育及着生部位都有着很大差别。

（1）雄花序

玉米的雄花序又叫雄穗，着生于茎秆的顶部，属圆锥花序。雄穗主轴较粗，周围着生 4~11 行成列排列的小穗。雄穗主轴与茎秆相连向四周分出很多分枝，分枝较细，分枝上分布着两排对称的小穗，每个小穗上生长着 2 朵小花，雄穗分枝越多，花粉量越大，越利于授粉，但是过多则会消耗太多的养分，影响产量。分枝数目因品种而异，一般为 15~25 个，多的可达 40 个左右。在雄小穗中，一个为位于上方的有柄小穗，另一个为位于下方的无柄小穗。成对排列的小穗，分支较细，通常仅生 2 行成对排列的小穗。每个雄小穗基部两侧各着生 1 个颖片（护颖），2 颖片间生长 2 朵雄性小花。每朵雄性小花由 1 片内稃（内颖）、1 片外稃（外颖）及 3 个雄蕊组成。雄蕊的花丝顶端着生花药。雄蕊未成熟时花丝甚短，成熟后，外颖张开，花丝伸长，使花药露在颖片外面，散出花粉，即为开花。

发育正常的雄穗可以产生大量的花粉粒并外散。玉米植株一般会在雄穗抽出的 2~3 d 后开始开花授粉，开始开花后 3~4 d 进入盛花期，持续 8~9 d 后开花结束。为保证雌花能正常受精结实，要保证温度在 20~28 ℃、湿度在 65%~80%。在干旱、高温条件下，花粉会因快速失水而丧失活力，致使雌花不能正常受精结实，产生秃尖缺粒现象；而当温度低于 18 ℃ 或高于 38 ℃ 时，雄花不开放。玉米在温、湿度适宜的条件下，雄穗昼夜均有花朵开放，一般上午开花最多，午后开花显著减少，夜间更少。一般以上午 7—11 时开花最盛，其中尤以上午7—9时开花最多。因此，在田间管理上，要保证这一时期的养分和水分供应充足，以确保花粉发育正常，提高受精结实率。

（2）雌花序

雌花序又称雌穗，着生于茎秆中部、穗柄顶端，由叶腋中的腋芽发育而成，为肉穗花序，受精结实后即为果穗。

玉米除上部4~6节外，其他叶腋中都会形成腋芽。一般品种基部4~5节的腋芽不发育或形成分蘖，位置稍高的腋芽停留在分化的早期阶段，只有最上部1~2个腋芽能正常发育形成果穗。玉米茎秆上腋芽这一分化规律表明，玉米形成多果穗的潜力是很大的。因此，要想实现玉米高产栽培，除应选育多品种外，还必须进一步研究雌穗发育的规律，在栽培上创造良好的环境条件（如营养、水分、光照等），以促进更多的腋芽发育成果穗，发挥玉米的高产潜力。

雌穗基部为果穗柄，果穗柄为短缩的茎秆，节数随品种而异。各节生一变态叶，叶片已退化，仅存叶鞘，也称作苞叶。苞叶包裹着果穗，对果穗起到保护作用。玉米的果穗即为变态的侧茎，果穗中间为穗轴，穗轴每节上长着两个无柄小穗，每一小穗内生有两朵小花，一般上花授粉结实，下花自行退化，所以果穗的粒行数通常为偶数。果穗在茎秆上着生的位置，因品种和栽培条件的不同而有差异，以高度适中者为宜，这样便于机械化收获。

小穗内小花的雌蕊由子房、花柱、柱头构成，通常将花柱、柱头总称为花丝。雌穗一般比同株雄穗抽出稍晚，多者可达5~6 d。雌穗花丝开始从苞叶抽出即为开花吐丝，1个果穗从第1条花丝露出苞叶到全部花丝吐出，一般需5~7 d。花丝长度一般为15~30 cm，如果长期得不到受精，可一直伸长到50 cm左右。花丝在受精以后停止伸长，2~3 d变褐枯萎。雌穗开花吐丝通常比同株雄穗开花晚2~3 d，亦可见雌雄穗同时开花的情况，这取决于品种特性和水肥、植株密度等条件。在水分、养分供应不足或田间郁蔽重、透光性差的条件下，雌穗发育缓慢，易造成雌雄穗开花不协调、花期不遇的情况，影响授粉结实。另外，若吐丝期遇雨，花粉粒会吸水胀裂而失去活力。不能正常授粉的花丝，会继续伸长下披，影响下部花丝正常授粉，田间表现为一行或连续几行出现缺粒现象。

（3）玉米雌雄穗的分化

玉米雌雄穗的分化过程可分为五个时期，即生长锥未伸长期、生长锥伸长期、小穗分化期、小花分化期和性器官发育形成期。

①雄穗的分化

玉米雄穗位于植株茎顶部，由顶部生长点分化而成。具体分化过程如下：

a. 生长锥未伸长期

玉米顶部的生长锥突起，表面光滑呈半球状圆锥体，高度和宽度几乎相等，基部由叶原基包围，植株尚未拔节。该时期植株展开3~5片叶。

b. 生长锥伸长期

生长锥开始伸长，表面仍为光滑的圆锥体，长度约为宽度的2倍。速度由慢到快，随着生长锥的分化，其下部形成叶原基突起，中部开始分节，节上着生小穗原基，这一时期标志着穗分化的开始。该时期一般延续3~5 d，茎基部第一节间开始伸长约1 cm，展开叶数为4~6片。

c. 小穗分化期

生长锥基部出现分枝原基，中部出现小穗原基。之后，每个小穗原基又在中部形成两个大小不等的小穗原基，大的分化成有柄小穗，小的分化成无柄小穗。随后，在小穗基部可形成颖片原基。同时，生长锥基部的分枝原基发育成分枝，并进一步分化出成对排列的小穗。这时植株生长已进入拔节期，展开叶数为6~9片，持续时间为7~10 d。

d. 小花分化期

小花分化期由小穗原基分化形成两朵小花，每朵小花相继形成雌雄蕊突起，之后雄蕊发育，雌蕊退化，故成雄穗。这时，如遇到异常条件，雌蕊不退化，将产生雄穗结实现象，这一时期将持续5~7 d，展开叶数为7~12片。

e. 性器官发育形成期

花粉囊中的花粉母细胞通过减数分裂，形成四分体，此时雌蕊原始体已退化，之后经过花粉粒及内容物不断充实发育，最后成为成熟的花粉。随后，雄穗自顶部抽出，即进入抽雄期。该时期持续10~11 d，展开叶子数量为12~17片。

在性器官发育形成期间，包括两个极为重要的时期，即药隔形成期和四分体形成期，在抽雄前10~15 d。四分体与雌穗小花分化相对应，植株外观呈大喇叭口状，是对水分、温度、养分等环境条件反应极为敏感的时期。因此，也是田间肥水管理的关键时期。

②雌穗的分化

玉米雌穗由植株中部最上位1~4个腋芽发育而成。雌穗以下的腋芽一般在发育中途即自行退化或形成无效穗。雌穗较雄穗分化晚，但速度快于雄穗。具体分化过程如下：

a. 生长锥未伸长期

腋芽生长点尚未伸长，状如圆锥，表面光滑，此时圆锥的宽度大于长度。这个时期展开叶片数为6~9片，腋芽生长锥完成穗柄与苞叶原基分化。

b. 生长锥伸长期

腋芽生长点开始伸长，体积变大，生长锥长度大于宽度，基部分化出节和节间，节上出现叶原始体。随着生长锥的进一步发育，中下部凹陷处分化出小穗裂片。玉米展开叶片数为7~10片时，果穗生长锥开始伸长，基部出现叶突起，之后退化消失。这个时期持续3~4 d，植株生长已经进入拔节期。

c. 小穗分化期

小穗裂片进一步分化出小穗原基，由小穗原基分化形成两个小穗，然后从小穗基部分化出颖片。小穗原基的分化自雌穗中下部开始，分别向上、向下进行。这个时期持续3~4 d。在小穗分化期，如果水分、养分、光照充足，则可分化出较多的小穗，有助于形成大穗。

d. 小花分化期

小穗原基继续分化形成两个大小不等的小花原基。位于上方较大的小花，将发育成结实花；位于下方较小的小花，将逐渐退化。这一时期的环境条件决定了果穗的粒行数及行列整齐度。这个时期持续7 d左右，展开叶片数为9~14片。

e. 性器官发育形成期

雌蕊花丝伸长，顶端分裂，子房发育增大，子房内大孢子母细胞形成，果穗迅速生长，随后花丝抽出苞叶即吐丝期。这个时期持续7~10 d，展开叶片数为12~17片。

3.2.2.5 授粉与受精

雄穗的花传到雌穗的花丝上，这一过程称为授粉。花粉粒萌发形成花粉管伸入子房内，释放出两个精子，一个与胚囊中的卵核结合，形成合子，最终发育成胚；另一个与胚囊中的两个极核结合，形成初生胚乳核，最终发育成胚乳。完成授粉到受精整个过程约需20 h。在玉米开花后期，常因花粉量不足而造成授粉不良，导致玉米秃尖、缺粒，在田间管理上可采用人工辅助授粉，以提高授粉结实率。

3.2.2.6 种子

玉米种子根据培育方式的不同，通常分为四类，即常规种、自交系、单交种、双交和三交种，其中后两类为杂交品种。杂交品种产量一般远远高于父母本，但杂交优势只限一代，因此需要年年制种。当前，市场上流通的玉米种子大部分为杂交品种，并以单交种的生产最为广泛。整体玉米制种流程包括研发育种—田间制种—加工销售三个环节。其中研发育种环节主要依托种质资源研发新品种，并挑选优质品种完成品种审定，研发周期为8~10年。田间制种环节是将制备好的亲本种子大规模种植于田间，对父本、母本做相应处理，以保证植株正确授粉，获得预期种子，这一过程大约需要5个月。加工销售环节是种企回收湿材，并经过烘干、筛选、精选等环节形成待售商品，加工包装的种子可用于下一年销售种植。

（1）种子的形态

玉米种子外部形态因类型不同而多种多样，有顶部圆滑的硬粒型玉米，产量比较低，品质较好，具有早熟、耐旱、结实性较强等特性；有顶部凹陷的马齿型玉米，其种子较大，扁平、出籽率较高，植株高大，较耐肥水，成熟较晚、产量较高；还有顶部带尖的爆裂型玉米，有的玉米种子表面皱缩，如甜玉米。不同品种的种子大小也不一样，有的大粒型种子千粒重可达400 g以上，小粒型种子千粒重在100 g左右。当前，生产上应用的玉米品种千粒重大多在350 g左右。玉米种子有黄、白、紫、红、黑、花斑等多种颜色。带色的种子含有较多的维生素，营养价值较高。每个干果穗的种子重占果穗重的百分比（籽粒出产率）因品种而不同，一般为75%~85%。每个刚收获的鲜果穗上的风干种子重占鲜果穗的百分比，以成熟度而异，一般为50%~70%。

（2）种子的构成

玉米种子包括种皮、胚乳和胚三部分。

①种皮

种皮由子房壁发育而成的果皮和内珠被发育而成的种皮所构成，果皮与种皮紧密相连，不易区分，习惯上均称为种皮。种皮位于种子的最外层，表面光滑无色，包围整个种子，主要组成成分为纤维素，起着保护内容物的作用，为种子总重量的7%左右。

②胚乳

胚乳分布于种皮下面，为种子重量的80%~85%。它的最外层为糊粉层，其组成成分为蛋白质。糊粉层下面为胚乳，根据结构及化学成分含量的多少，胚乳又分为粉质胚乳和角质胚乳。胚乳结构和蛋白质含量及分布情况，是玉米分类的一个依据。如硬粒型玉米种子的角质胚乳分布在四周，粉质胚乳在中央；马齿型玉米种子的角质胚乳分布在两侧，顶部和中央则分布着粉质胚乳。

③胚

胚位于种子的基部,由胚芽、胚轴、胚根和子叶组成。胚芽生于胚的顶端,通过胚轴与胚根相连。胚芽的外面包裹着胚芽鞘,胚芽鞘对胚芽起着保护作用。胚芽鞘内生有5~6片叶原基和茎叶的生长锥。胚轴上紧贴胚乳有一大片子叶,这片子叶被称为盾片,种子萌发时可将胚乳的养分吸收运输到胚。胚轴在盾片节与胚芽鞘节之间的节间部分常称为中胚轴。

在种子的下端有一"尖冠",它使种子附着在穗轴上,并且保护胚。尖冠与种皮接连,在植物学上是穗轴的一部分。在脱粒时,尖冠常常留在种子上,如果把它去掉,则胚的黑色覆盖物(黑层)即可出现。当玉米种子达到生理成熟和最高干物重时,会显现出一条暗色的细胞(黑层),通过观察这一现象可决定是否停止浇水。当然,干旱也可能形成暗层细胞,应当加以注意。玉米种子具有很高的吸湿性,特别是胚易于吸收水分,这样就保证了胚能很好地利用土壤中的液态水和气态水,从而迅速地发芽。但这种特性也使种子贮藏变得困难,易发热发霉,使种子发芽率降低。因此,无论是整穗贮藏,还是脱粒贮藏,种子含水量不能高于14%。播前选择种子时,可根据胚的形态来判断种子的生命力。凡是失去发芽力的种子,胚部发暗,没有光泽,常常突出或皱缩;相反地,新鲜而发芽力强的种子,胚呈凹形且有光泽。我们可以通过这些特征选育优质种子,这对于提高种子质量具有重要意义。

(3)种子的形成过程

根据种子形成过程中的形态及重量变化,可将种子形成过程分为四个时期,即籽粒形成期、乳熟期、蜡熟期和完熟期。

①籽粒形成期

吐丝授粉后15 d左右,为玉米籽粒形成期。这一时期胚根、胚芽、胚轴分化完毕,胚完全具有发芽能力。此时,籽粒水分含量较多,干物质积累较少,吐丝后10 d,果穗长度已达正常大小,粗度已达成熟期的88%,胚和胚乳已能分开;吐丝后14 d,籽粒体积达成熟期籽粒体积的74%,粒重只有5%左右,据测定水分变动为70%~90%,处于水分增长阶段。

②乳熟期

自吐丝后12~15 d起至34 d左右,约20 d,为玉米乳熟期。此时,玉米粒重快速增加,胚乳为糨糊状。进入该时期末,果穗粗度、籽粒和胚的体积都最大,约为成熟期的60%以上,是籽粒形成的重要阶段,籽粒水分含量变动为40%~70%,处于水分平稳阶段,该时期发芽率可达95%。

③蜡熟期

自吐丝授粉后35 d起至吐丝授粉后49 d，约15 d，为玉米蜡熟期。此时，籽粒含水量下降至35%左右，干物重缓慢增加，胚乳呈蜡状，籽粒内含物质积累还在继续增加，但速度减慢，无明显的终止期。

④完熟期

从蜡熟期至籽粒完全成熟为玉米完熟期。此时，籽粒出现光泽变硬，干物重基本不再增加，粒重达最大，籽粒不易被指甲划破，呈现品种固有的特征。

4 玉米高效栽培关键技术及田间管理措施

4.1 全膜双垄沟播技术

我国玉米生产还有着较大的增产空间，但干旱、不合理的种植密度以及不科学的施肥方式成为制约全国旱地玉米高产稳产的主要因素。为解决干旱问题，广大农民以及农业科学工作者们在生产实践中不断探索，积累了大量集水保墒等方面的新技术和新方法，并在不断选育和推广抗旱能力强的新品种基础之上，引进了地膜覆盖栽培技术，有效提高了土壤水分利用效率，从而促使玉米种植区域不断扩大，产量显著提高。但由于传统的地膜覆盖栽培方式不能使自然降水得到最大程度的利用，部分地区干旱问题依然存在。因此，针对传统覆膜栽培方式自然降水利用率较低这一状况，农业科学工作者们在传统的地膜覆盖技术的基础上，经过不断地实践探索，于2003年研发并推广了全膜双垄沟播玉米栽培技术，使得玉米产量得到了大幅度的增加。

全膜双垄沟播技术是甘肃农技部门经过多年研究，推广的一项新型抗旱耕作技术，该技术集覆盖抑蒸、垄沟集雨、垄沟种植技术于一体，达到了保墒蓄墒、就地入渗、雨水富集叠加、保水保肥、增加地表温度，提高肥水利用率的目的。该技术通过在田间起大小垄，然后在大小垄中间形成沟垄，并对垄面进行全覆膜，有效实现了自然降水由垄面（集水区）向沟内（种植区）的汇集，促进了雨水的入渗，从而将有限的降雨量最大限度地蓄积在土壤中，极大程度地提高了作物对自然降水的利用率，有效改善了作物水分供应状况。

4.1.1 技术要点

（1）播前准备

①选地

选择地势平坦、土层深厚、土质疏松、肥力中上等、土壤理化性状良好、保水保肥能力强的地块，避免选择陡坡地、砂石地、重盐碱地等，坡度应小于15°以下，做到"地不好不种"。

②整地

在播种前一年封冻前或早春季节，深松土壤25~30 cm，打破犁底层，旋耕镇压打碎的根茬、坷垃，达到地平土细，土壤上松下实，做到"地整不好不种"。适宜的做法是先旋耕破茬而后深松，残茬固定易于破碎，同时旋耕能疏松一定的土层，为深松节省了力气。

③选种

选择经过审定的耐密型优良玉米品种，要求生育期适宜，有较高的丰产性、稳产性，品质好，抗逆性强。一般选择比当地常规种植生育期长7~10 d，积温比当地正常年份高200~300 ℃，且大小均匀一致，种子纯度98%以上、芽率85%以上、净度96%以上、含水量14%左右的种子。

④肥料

施肥时应注意有机无机并重，氮磷钾与微肥密切配合，配方施肥，以产定肥。结合整地施优质腐熟的农家肥2 000~3 000千克/亩。一般施64%二铵20~25千克/亩、50%硫酸钾15~20千克/亩、36%硫包衣尿素30~35千克/亩、硫酸锌2~3千克/亩；也可以使用当地依据配方生产的45%配方肥35~40千克/亩、缓释尿素15~20千克/亩。由于全膜种植玉米的生物产量和籽粒产量都高于半膜玉米，更高于清种玉米，因此肥料投入应较多，做到"肥不足不种"。

⑤备膜

备膜标准为5.5~6千克/亩，考虑残膜回收和作业强度，要求选择厚度为0.008 mm以上、幅宽为130 cm的地膜。

（2）土壤消毒

对于地下害虫严重的地块，在整地起垄前用40%辛硫磷乳油0.5 kg，加上细砂土30 kg拌土撒施，或兑水50 kg喷施。

对于杂草危害严重的地块，在整地起垄后、播种前用40%乙草胺乳油100~125毫升/亩或42%甲乙莠水悬浮剂150~200毫升/亩或40%异丙莠水悬浮剂150~200毫升/亩兑水进行喷施，然后覆盖地膜。尽量做到随喷随盖，以增加药效，避免打完药后很久覆不上膜，增加不必要的投入。

（3）起垄覆膜

①覆膜要求

按种植走向开沟起垄，缓坡地沿等高线开沟，大小垄双行种植，大垄宽70~80 cm，高10 cm，小垄宽40 cm，高15 cm，幅宽110~120 cm，每幅垄对应一大一小、一高一低两个垄面，要求垄与垄沟的宽窄均匀，垄脊高低一致，起垄覆膜应连续完成，以减少水分流失。平地在整好的地块上按走向种植，要求机械手水平高、走直，幅与幅之间的间距小于10~15 cm，起垄、播种、施肥、扎眼、喷药和铺设滴灌带等作业一次性完成，大垄宽70~80 cm，小垄宽40 cm，播出的地块应均匀一致。

②覆膜时间

当早春土壤解冻15 cm时，应充分利用有利时机，实施顶凌播种，此时覆膜保温保墒效果好，更利于发挥技术优势。

③覆膜方法

人工覆膜：覆膜前要划行和起垄，目的是保持垄向平直，起垄的方法是用手耙将起垄时犁臂的落土刮至大垄中间，形成垄面，并使垄面隆起，防止凹陷，利于积雨，覆膜时将地膜抻平拉紧，从垄面取土后要随即整平。然后在40 cm窄行内挑施肥沟，施入化肥后在施肥沟两侧挑播种沟，随即覆膜。覆膜时先沿边线开5 cm左右的浅沟，地膜展开后将靠边线一侧置于浅沟内，用土压实，另一边放在大垄中间，沿地膜每隔1 m左右用铁锹从膜边取土原地固定，每隔2~3 m横压土腰带。覆完第一幅后，将第二幅膜的一边与第一幅膜在大垄中间相接，并从下一个大垄取土压实，依次类推铺完全田。

机械覆膜：如果早春气温连续一星期持续低于8 ℃，可以先不播种，其他作业照常进行，以实现增温保墒，后期再人工用简易播种器播种。但不建议此法，虽然后期出苗率较高，但太过耗工耗时。现在有成品全膜机械，可根据实际情况选用。

④防护管理

覆膜后严禁牲畜进地践踏，防止大风揭膜，要经常检查，有破损的地方应及时用细土盖严，揭膜得及时压严。

⑤打渗水孔

覆膜一星期后，地膜基本与地面贴紧，此时应在垄沟底部每隔50 cm打一个直径为3 mm的渗水孔，以便后期让雨水渗入。渗水孔要打在垄沟底部，利于雨水充分入渗。渗水孔不宜太远，否则渗水不均；孔径不宜过大，否则容易导致地膜破裂。在实际操作中，可以采用在废弃自行车车圈外焊接钉子的方法制作打孔器，人工推动能既快又好地完成打孔。

（4）适期播种

①播种密度

耐密型品种中等肥力保苗 4 000~4 500 株/亩。

②播种方法

播种方法包括顶凌覆膜播种、人工覆膜播种和机械覆膜播种。此处以机械覆膜播种为例，其利用玉米专用覆膜播种机可以一次性完成开沟、施肥、精量播种、喷封闭药、铺设滴灌带、覆膜等多项作业。机器播种速度不宜过快，二挡中油门为宜，否则播种口与出苗位置易发生错位，影响出苗，还会增加人工投入。在黏重土壤作业时要注意上土量是否足够，还要及时查看播种嘴是否被堵塞。注意掌握合理的播种深度，一般以 3~5 cm 为宜，为保证全苗，每穴下种 2~3 粒。如果土壤过于干旱，可在播种后进行沟灌或往地膜上浇水。

（5）田间管理

①前期阶段

苗期（出苗至拔节期）管理的重点是促进根系发育，培育壮根，达到苗早、苗足、苗齐、苗壮。管理措施包括破土引苗、查田补苗、间苗定苗和打杈去分蘖。

②中期阶段

中期（拔节至抽雄期）管理的重点是增加叶面积，特别是中上部叶片，促使茎秆粗壮敦实。该阶段要注意防治玉米螟等害虫，针对玉米螟可采取赤眼蜂防治的方法，既简单有效又环保。

③后期阶段

后期（抽雄至成熟期）管理的重点是防早衰、增粒重、防病虫，保护叶片并提高光合作用强度，延长光合作用时间，促使粒多粒重。如果植株出现脱肥症状，应及时追施增粒肥，一般追施尿素 5 千克/亩。该时期应注意防治双斑萤叶甲，物理措施是清除田间地头杂草，以减少它产卵孵化的场所；化学措施是在玉米雌穗周围喷施 20% 氰戊菊酯乳油 1 500 倍液或 2.5% 高效氯氟氰菊酯乳油 2 000 倍液。

④适时收获

在蜡熟末期收获，玉米籽粒通透，手掐不动，玉米雌穗奓头为好。秸秆应及时青贮。地膜可以留在地里越冬，以保墒蓄水，第二年结合整地撤膜。

4.1.2 地膜覆盖对土壤的影响

（1）地膜覆盖对土壤水热性质的影响

土壤的物理性质是反映土壤质量的重要指标。由于土壤水热性质的不同，不同土壤的水、气、热具有差异，从而影响土壤中养分的供应状况，最终会对土壤肥力的变化产生重要的影响。在水分适宜的土壤条件下，作物营养生长和生殖生长的进程一致，植株的生长进程比较稳定；当水分过多或亏缺时，则会导致作物生育进程减慢，生育期延长。在作物生产中，水热性质不同的土壤，其保水、保肥及供水、供肥能力会有显著差异，微生物群落及其活性等也会有明显不同，对作物的生长发育和产量形成以及土壤肥力的影响十分显著。

对于干旱半干旱地区的农业来说，地膜覆盖技术具有非常重要的意义，因为地膜覆盖很好地控制了冬春季土壤水分的无效蒸发，具有良好的节水和保墒功能，从而使作物增产效果明显，很好地改善了玉米的经济性状。

（2）地膜覆盖对土壤养分及土壤酶活性的影响

地表覆盖种植作为一种保墒节水、增产效果明显的高效技术，近年来在我国得到了很好的发展，尤其是在我国北方干旱半干旱农业地区，该技术得到了广泛的推广和应用。经过长时间的实践研究，现在地表覆盖技术的覆盖物质主要包括地膜覆盖、秸秆覆盖、砂砾覆盖和作物残茬覆盖等，其中应用最广泛，且应用价值相对较高的是地膜覆盖和秸秆覆盖。

由于土壤水分对土壤养分有重要影响，一旦引入地膜覆盖技术，农田水热资源将被重新分配，地表水热条件得到改善，而地膜的覆盖增加了土壤含水量，提高了土壤温度，改变了土壤微环境。因此，覆盖地膜必然对土壤养分及土壤酶活性产生重要影响。土壤养分一方面为植物的生长提供必需的矿质元素，另一方面也是评价土壤肥力水平的重要指标，而土壤速效养分的含量，体现了在自然环境条件下土壤养分转化为可以被植物吸收利用的矿质元素的能力和人们的施肥以及农田管理水平。同时，土壤养分也是评价土壤供肥能力的主要参考。作为作物生长所必需的营养物质，氮素是影响作物生长最重要的因素之一，通过地膜覆盖技术能够有效提高农田生态系统的土壤氮素利用率，从而使作物增产高产。

（3）肥密运筹对土壤肥力的影响

众所周知，施用无机肥料能够增加土壤养分的含量。无机肥料施入农田后，溶解速度较快，因此施用无机肥料后，除部分被土壤淋溶或者流失外，大部分无机肥料都能被作物充分吸收利用。科学施肥以及充分利用肥料对作物保收增产的作用，是提高土壤肥力的重要有效途径。

合理密植是发挥玉米增产潜力的重要措施。因为各个品种的最佳种植密度不一样，所以应该根据种植品种的特点、不同土壤的肥力水平，因地制宜地采用最合适的栽培技术，选择最佳的种植密度来实现作物的增产和高产。根据不同品种的特性确定适宜种植密度，是获得高产的基础。在实际的大田种植过程中，我们应该坚持"肥地宜密，薄地宜稀"的原则，做到中肥水取下限，高肥水取上限。

低密度种植时，根系分泌物由于植株量及根量的减少而减少，从而影响到土壤酶的来源和根际生长环境，最终使得根际土壤酶活性降低。如果种植密度过高，虽然植株数量和根系的数目增加了，但每一株植株吸收的养分与低密度种植时相比竞争加剧，单株光合能力也随之降低，最终导致向根系输送的光合产物减少。而在适宜的中密度种植条件下，植株根量适宜，植株的光合能力能够得到有效发挥，从而使得光合产物充足，根部微生物量增加，且微生物的有效活动能力得到提升，进而增加了各种土壤酶的酶活性。

4.2　半膜覆盖栽培技术

半膜覆盖栽培技术的应用可提高地温，保墒提墒，在种植覆膜 14 d 后，地温比露地玉米高 4~8 ℃，全生育期增加有效积温 500~600 ℃，使玉米生育期提前 15~25 d；半膜覆盖栽培玉米全生育期 0~25 cm 土层含水量比露地玉米平均高 1.97 个百分点。通过覆盖薄膜，既可以有效加大土壤的热梯度，还可以充分利用土壤深层的水分，有效维持地块良好的墒情；覆膜土壤中所含的微生物种群数量远远高于露地土壤，通过各类微生物的活动，可以更快、更有效地分解有机物质，从而促进植物吸收；覆膜后的土壤会大大减少水分蒸发，并可以保护土壤不受风吹雨淋，让土壤保持较好的结构。此外，土壤孔隙也会增加，可以有效降低土壤容重，特别有利于春播玉米的一播苗齐、苗匀。

（1）播前准备

①整地

选择地势平坦、土层深厚、土质疏松、肥力中等以上、保肥保水能力好的地块。土地一般要深耕 25 cm 以上，要精耕细耱，清除杂物，达到细、松、实的要求。播前每亩施农家肥 4 000~5 000 kg，过磷酸钙 50~60 kg，硝酸铵 30 kg（或尿素 20 kg 或碳铵 30~40 kg）。

②种植品种

半膜覆盖栽培玉米应选择比原来露地栽培生长期长 8~12 d，或所需积温高 200~300 ℃的品种。还应选用不早衰、抗性强的紧凑型品种，以发挥地膜增产效果。在播种前应精选种子，并晒种 2 d。

③地膜选用

一般采用厚度为 0.005~0.008 mm 的聚乙烯线型膜。当前，渗水地膜已研制成功，在春旱条件下，使用渗水地膜可将春季小雨及时渗入土壤，变无效降水为有效降水，增产效果明显。

④播种时间

半膜覆盖栽培玉米的播种时间应比当地在露地条件下播种提早 10~15 d。播期一般在 4 月上旬，潮湿条件下在 4 月中旬。

⑤规格种植

首先，将底肥施入土壤后，在耙糖整平的地上，用划行器或绳子按 60 cm 等行距划线，靠边的基线要划直。其次，按线将空行内的土向两边翻起起垄，要求垄高 10~15 cm，垄面宽 50 cm，做成拱形或平形。最后，用铁锨打平拍光，随后盖膜播种。盖膜播种分两种形式：

第一种，先播种后盖膜，出苗后打孔放苗出膜。具体做法是：根据行株距挖窝点播，或开沟点播，每窝点 1~2 粒种子，播种完成后刮平地面覆盖地膜。播种时要求深浅一致，种子播在湿土上。该方法的优点是可以防止膜面土壤结壳，且能够使用地膜覆盖机进行操作。该方法可用于低温冷害较重、春雨早、墒情好的地块。

第二种，先盖膜后打孔播种。对于干旱少雨、墒情较差的地区和地块，可在雨后墒情变好时，提前覆膜，待播期一到，在膜面用简易工具打孔播种。具体做法是：提前 3~5 d 覆盖地膜，并按规定的行株距播种器或人工挖窝点播，每窝点 2~3 粒种子，播后用细土封严地膜孔。播种时要求深浅一致，种子播在湿土上。该方法的缺点是比较费工、费时，不利于机械化操作。

无论采用哪种方式，地膜都要拉展紧贴地面，膜边压入沟内 5 cm，压土踏实，每隔 3~5 m 压一土腰带。膜面光洁、采光面达 70%以上。

（2）种植密度

在同等种植条件下，一般要求覆膜比不覆膜增加留苗密度 500 株/亩左右，即覆膜时在垄面上种植 2 行玉米，行距 40 cm，穴距 25~30 cm，保苗 3 500~4 000株/亩。

（3）田间管理

①放苗

播种 7 d 后经常检查，待幼苗出土触到地膜时，先用剪刀将苗上部地膜切一小方口放苗（注意不要伤苗），然后立即用土将膜边压严，防止跑墒。注意要边出苗边放苗，以防烧苗。查苗、补苗、放苗时若发现缺苗断垄，立即将玉米种子用温水浸种催芽，待种子"露白"后，按株距要求补种。

②间苗定苗

当玉米有 3~4 叶时间苗，并拔除弱苗和杂草，保留叶色浓绿的壮苗；5~6 叶时定苗，每穴选留茎秆扁宽、叶片宽厚、浓绿的壮苗 1 株。

③追肥

在玉米拔节期，应结合灌水每亩追施尿素 8~10 kg（或碳酸氢氨 18~22 kg）；在玉米大喇叭口期结合灌水每亩追施尿素 18~22 kg（或碳酸氢氨 45~60 kg）。

追肥时按穴打孔深施，施后覆土。玉米拔节期至孕穗期，叶面喷施 0.1%~0.2% 的硫酸锌溶液 1~2 次，当有 1/2 的植株抽雄时，喷洒玉米健壮素，具有明显的增产作用。

④灌水

灌水结合追肥进行，全生育期可灌水 2~3 次，分别在拔节、大喇叭口期和抽雄穗后进行，每次灌水量为 40~50 方/亩。

（4）病虫害防治

地老虎：早春及时铲埂除蛹；玉米苗期及时中耕除草，在地老虎孵化盛期，每亩选用 40% 甲基异硫磷或 40% 水胺硫磷乳油 50~75 g，兑水 50 kg 进行喷雾防治 1~2 次；虫害严重时，灌水也能有效地防治地老虎。

玉米螟：每亩用 50% 锐劲特乳剂 30 mL 兑细沙 2 kg 放入"喇叭口"内点心防治，同时可兼治黏虫。

蚜虫、红蜘蛛：每亩用艾美乐 70% 水分散颗粒剂 1.4~1.9 g 兑水 50 kg 进行喷雾防治；或每亩用 40% 水胺硫磷，兑水 50~75 kg 进行喷雾防治。

叶斑病：发病初期，每亩用 43% 好力克乳剂 15 mL 或 25% 必朴尔乳剂 12 mL，或 50% 多菌灵粉剂 100 g，或 50% 朴海因乳剂 30 mL，兑水 50 kg 进行喷雾防治。

纹枯病、茎腐病：在纹枯病发病初中期，每亩用 20% 井冈霉素可湿性粉剂 50 g，兑水 50 kg 进行喷雾防治；每亩用 50% 多菌灵粉剂 100 g，兑水 50 kg 喷雾防治茎腐病。

4.3 滴灌水肥一体化技术

在玉米种植期间，往往由于气候环境的限制，会影响玉米产量与品质，从而降低经济效益。因此，为了能够有效地避免不良气候所带来的影响，近年来，农户们开展了玉米地膜覆盖种植技术，有效地提升了当地玉米栽培效果。在农作物种植期间，我们需要做好节水灌溉工作。其中，膜下滴灌技术结合了滴灌技术与地膜覆盖技术，能实现高效节水灌溉。基于此，滴灌技术与水肥一体化技术也不断发展，为农业种植提供了一种高效的灌溉施肥模式，其在有效提升水资源和肥料利用率的同时，能够在一定程度上减少环境污染。

4.3.1 技术要点

（1）播前准备

①整地

用深松灭茬联合整地机进行整地。整地时可对全田进行作业，也可保留根茬，只对大垄进行作业。播种前旋耕土壤，打碎根茬、坷垃，要求地平土细，土壤上松下实。结合整地施足底肥，并及时镇压，使土地达到待播状态，为高质量覆膜创造良好的条件。春播前可在清理根茬的同时进行机械回收残膜，将残膜回收、根茬清理与土壤深翻一次性完成，达到保护耕地的作用。

②肥料准备

坚持有机肥和无机肥并重，氮、磷、钾及微肥密切配合的原则，配方施肥，以产定肥。

③品种选择

根据当地气候和栽培条件，选择高产、优质、抗性强、比当地直播田生育期长 7~10 d，有效积温高 150~200 ℃的耐密型优良品种。播前进行种子包衣，要求种子纯度 98% 以上，净度 99% 以上，发芽率 95% 以上，含水量不高于 14%。

（2）播种与铺管覆膜

①播种时间

当地表 5~10 cm 土层温度稳定通过 7~8 ℃为适宜播期，一般早熟区在 5月 5—15 日；中熟区在 5月 1—10 日；晚熟区在 4月 25 日至 5月 5 日。播种期应比当地直播田提前 7~10 d。

②播种量与种植密度

一般播量为 1.5~2 千克/亩，推广精量播种，保苗 3 800~4 500 株/亩。

③地膜选择

选择厚度≥0.008 mm 的国标地膜，常规半膜栽培膜宽 70~90 cm，全膜双垄沟播栽培膜宽 120~130 cm。

④种植方式

因地制宜，根据机械类型选择种植方式。主推 130 cm 种植带型，即大垄宽 80 cm，小垄宽 40 cm，株距 23~26 cm。也可以选择半覆膜的方式，根据带型调整株距，合理密植，构建适宜的种植结构。

⑤播种方法

采用双行气吸式玉米精播机和双行勺式玉米精播机或半精播机进行精量点播，一次性完成施肥、播种、喷洒除草剂、铺管、覆膜各项作业，最大限度提高作业效率，降低生产成本。

主要采用先播种后覆膜的播种方法，虽需人工放苗，但是保温性能好，出苗早，不用购置专用播种机，在原有的普通播种机上加装覆膜、铺管装备即可。播种在上一年大行内，大小行休闲交替种植，以实现用地养地的有效结合。

⑥化学除草

播种后至覆膜前在床面均匀喷洒苗前除草剂，以有效控制田间杂草。根据气候、土壤、轮作条件和上一杂草群落的位置，选择合适的除草剂和施用剂量，避免产生药害，并注意对后茬的影响，一般用 50%乙草胺乳油 100~125 毫升/亩或 42%甲乙莠水悬浮剂 150~200 毫升/亩或 40%异丙草莠水悬浮剂 150~200 毫升/亩，兑水喷雾。

（3）田间管理

①苗期管理

玉米出苗到拔节为苗期，该时期田间管理的重点是促进根系发育，培育壮根，促使苗旱、苗足、苗齐、苗壮。播种后应及时检查出苗情况，注意破除土壤板结，及时放苗、定苗，防止捂苗、烧苗。放苗后用细湿土封严放苗口，并及时压严地膜两侧，防止大风揭膜。如有缺苗，可采取就近留双株措施加以弥补，严重缺苗时应及时补种或补栽。

②中期管理

玉米拔节到抽雄为中期，该时期田间管理的重点是促进叶面积，特别是中上部叶片叶面积增加，促进茎秆粗壮敦实，并及时防治病虫害。具体管理措施如下所示：

追肥：没有采取一次性施肥的地块，适期追施氮肥。在拔节期、大喇叭口灌浆期结合滴灌，实施水肥一体化追肥，追施 46%尿素 25~45 千克/亩，分三次施入。

浇水：拔节期、大喇叭口期、灌浆期是玉米需水敏感时期，根据天气、土壤水分和植株表现，决定水分供给，水分不足时，应适量灌水，每个时期各浇透水一次。

防治玉米螟：在玉米螟危害较严重的区域，可在 6 月中上旬采用田间释放赤眼蜂的方法进行生物防治，放 15~20 个点，1.5 万~2 万头/亩。放蜂时注意避开高温、大风天气，隔 6~7 d 再放一次。除释放赤眼蜂外，也可在大喇叭口期用 1%辛硫磷颗粒剂 1~2 千克/亩，加 5 倍细沙土，拌成毒土，均匀撒入喇叭口。

③后期管理

玉米抽雄到成熟为后期，该时期田间管理的重点是防早衰、增粒重、防病虫。在 8 月中下旬，当田间持水量低于 70%时，浇 50~60 吨/亩的水，以促进籽粒灌浆，增加粒重，提高产量。

（4）适时收获

蜡熟末期，除人工收获外，还可采用根茬秸秆还田型、秸秆回走型玉米联合收割机进行收获。收获后通过人工或机械清理残膜，以降低农田环境污染，此项作业应在春播前完成。

（5）注意事项

①滴灌带尽量与地膜隔离，以免因高温烫破地膜，影响增温保墒。

②及时检查滴灌带，防止其他生物对滴灌带造成损坏，影响灌溉质量。

③为便于残膜回收，建议使用厚度大于 0.008 mm 的地膜，并加强地膜管护，防止大风揭膜和牲畜践踏。

④播种时若土壤黏重或湿度过大，要随时检查播种口是否被堵塞，以免影响全苗。

⑤覆膜播种时机器速度以二挡为宜，否则播种孔与出苗孔易发生错位，从而影响出苗。

4.3.2　玉米滴灌水肥一体化的优势

（1）提升水资源利用率

在滴灌过程中，水分能够通过管道滴入土壤中，不会在空气中流动，也不会在玉米茎叶中残留，能够针对玉米行间地表进行小面积的湿润，有效减少水分蒸发。与此同时，滴灌会使行间的水在土壤中呈梯形分布，能够有效促进玉米吸收利用，避免出现土壤深层渗漏、地表径流等问题。据统计，滴灌水肥一体化技术可节水 15%~20%。

（2）实现化肥减量增效

结合玉米需肥规律来看，玉米高产通常需要追攻粒肥、攻秆肥、攻穗肥。在传统种植模式下，因为中后期施肥难度相对较大，通常会选择底肥"一炮轰"的模式，不仅施肥量大，而且产量也相对较低，极易导致面源污染。滴灌水肥一体化技术能够严格遵循玉米需肥规律，科学合理地追肥，肥随水走，水肥直达玉米根区，使得水肥供应始终保持最佳状态，从而全面提升肥料利用效率。据统计，滴灌水肥一体化技术的应用，可使每亩地玉米节约肥料 20%~30%，面源污染问题也能够得到有效控制。

（3）节约人工成本

滴灌水肥一体化技术在完成基础设施的铺设后，每 100 公顷的玉米种植通常只需要 3~4 人就能够完成浇水和追肥工作，大幅减少了人工成本的支出。与此同时，传统玉米种植在追肥时往往需要人工进行施肥，而滴灌水肥一体化技术只需将肥料倒入施肥罐进行施肥，基本不会消耗人工成本。

4.4 一膜两季留膜留茬越冬保墒技术

一膜两季留膜留茬越冬保墒技术的优点包括：①减少秋冬季土壤水分蒸发和大风对土壤表层肥力的风蚀，提高土壤有机质含量；②提高土壤对降水的保蓄能力，从而提高土壤含水量；③提高耕层土壤温度；④改善土壤结构。研究表明，留膜留茬越冬和秸秆覆盖技术可减少土壤表层有机质风蚀 10%~15%，提高播期土壤含水量 8%~10%，提高耕层地温 5~8 ℃；同时，将作物根系保留于土壤中，可改善土壤结构，调节土壤"三相"，形成虚实并存的土耕层结构。该技术使得播期土壤含水量、地温基本接近或超过早春顶凌覆膜，达到了蓄墒保墒的目的，满足了作物播种和前期生长发育对土壤水分和积温的要求，实现了秋雨春用，变被动抗旱为主动抗旱。

（1）播前准备

①选地整地

选择地势平坦、土层深厚、土质疏松、肥力中上、土壤理化性状良好、保水保肥能力强、坡度在 15°以下的地块，不宜选择陡坡地、石砾地、重盐碱等瘠薄地。在伏秋前茬作物收获后及时深耕灭茬，耕深达 25~30 cm，耕后及时耙糖。秋整地质量较好的地块，在春季尽量不耕翻，直接起垄覆膜；秋整地质量较差的地块，覆膜前要浅耕，以平整地表，有条件的地区可采用旋耕机旋耕，做到地面平整、无根茬、无坷垃，为覆膜、播种创造良好的土壤条件。

②施肥

一般施优质腐熟农家肥 45 000~75 000 kg/hm² （由于采取一膜两季的方式，第 2 年施肥困难，第 1 年农肥施用量应增加到 105 000 kg/hm²以上），在起垄前均匀撒在地表。划行后施尿素 375~450 kg/hm²，过磷酸钙 750~1 050 kg/hm²，硫酸钾 225~300 kg/hm²，硫酸锌 30~45 kg/hm²，或施玉米专用肥 120 kg/hm²，将化肥混合均匀撒在小垄的垄带内。

土壤消毒：对于地下虫害较为严重的地块，起垄后每公顷用 40%辛硫磷乳油 7.5 kg 加细沙土 450 kg，拌成毒土撒施，或兑水 750 kg 喷施。对于杂草危害较为严重的地块，起垄后用 50%乙草胺乳油 100 g 兑水 50 kg 进行全地面喷施，每垄喷完后及时覆膜。

（2）覆膜与播种

①起垄覆膜

a. 秋季覆膜

在前茬作物收获后，及时深耕耙地，在 10 月中下旬起垄覆膜。此时覆膜能够有效阻止秋冬春三季水分的蒸发，最大限度地保蓄土壤水分，但地膜在田间保留时间较长，因此要加强冬季管理，秸秆富余的地区可用秸秆覆盖护膜。

b. 顶凌覆膜

在早春三月土壤消冻 15 cm 时起垄覆膜。此时覆膜可有效阻止春季水分的蒸发，提高地温，保墒增温效果好，同时可利用劳力充足的农闲时间进行起垄覆膜。

②覆膜方法

选用厚度为 0.01~0.012 mm、宽 120 cm 的地膜，每隔 2~3 m 横压土腰带。覆完第一幅膜后，将第二幅膜的一边与第一幅膜在大垄中间相接，膜与膜不重叠，然后从下一大垄垄侧取土压实，依次类推铺完全田。覆膜时要将地膜拉展铺平，从垄面取土后，应随即整平。覆膜后 7 d 左右，地膜与地面贴紧时，在沟中间每隔 50 cm 处打一直径为 3 mm 的渗水孔，使垄沟积雨入渗。完成田间覆膜后，严禁牲畜入地践踏，避免造成地膜破损。同时，要经常沿垄沟逐行检查，一旦发现破损，及时用细土盖严，防止大风揭膜。

③留膜留茬

越冬玉米收获时，应高茬收割，留茬 10~15 cm，所留高茬及玉米根系经微生物分解还田，可增加土壤有机质含量，提高土壤肥力。

④护膜

越冬玉米收获后，在冬春季（播前）用细土将破损处封好，玉米秸秆垂直于膜面放置，防止大风揭膜，保护好地膜，以充分接纳冬春雨雪。春季播前 7 d 左右清除秸秆等杂物，使膜面整洁、干净，为播种、出苗创造良好的环境条件。

⑤播种

播种时间：当气温稳定通过 8~10 ℃时播种，一般在 4 月 10 日左右。

播种方式：用点播器在上茬 2 株中间点播，每穴下籽 2~3 粒，播深 3~5 cm，点播后随即踩压播种孔，使种子与土壤紧密结合，或用细砂土、牲畜圈粪等疏松物封严播种孔，防止播种孔散墒或遇雨板结影响出苗。

（3）田间管理

①苗期管理

a. 破土引苗。在春旱时期遇雨，覆土容易形成板结，导致幼苗出土困难，使得出苗参差不齐或缺苗，所以在播后出苗时要破土引苗。

b. 查苗补苗。在苗期要随时到田间查看，发现缺苗断垄要及时移栽，在缺苗处补苗后，浇少量水，然后用细湿土封住孔眼。

c. 定苗。幼苗达 4~5 片叶时，即可定苗，每穴留苗 1 株，除去病、弱、杂苗，保留生长整齐一致的壮苗，并随时注意防治玉米苗期病虫害。

d. 追肥。在玉米拔节期追施尿素 150~225 kg/hm^2，磷酸二铵 75~105 kg/hm^2，硫酸钾 75 kg/hm^2。

②中期管理

当玉米进入大喇叭口期，追施壮秆攻穗肥，一般追施尿素 225~300 kg/hm^2。追肥方法可采用玉米点播器或追肥枪从 2 株中间打孔施肥，或将肥料溶解在 2 250~3 000 kg 水中，在 2 株间打孔浇灌 750 mL 左右。

③后期管理

后期管理的重点是防早衰、增粒重、防病虫。要保护叶片，提高光合强度，延长光合时间，以实现粒多、粒重。肥力高的地块一般不追肥，以防贪青；若发现植株出现发黄等缺肥症状时，应及时追施增粒肥，一般以追施尿素 75 kg/hm^2 为宜。同时，由于一膜两季种植田块的土壤没有翻晒，地下害虫较多，特别是金针虫较多，因此要结合施肥，将 1 500~2 000 倍液辛硫磷在 2 株间打孔浇灌 5~10 mL，防治效果非常显著。

（4）适时收获及残膜回收

当玉米苞叶变黄，籽粒乳线消失、变硬且有光泽时进行收获。果穗收获后进行搭架或晾晒，防止淋雨导致籽粒霉变，待水分含量降至14%以下后，脱粒贮藏或销售，同时应及时收获秸秆青贮。

玉米收获后，应耙除田间残膜，并注意回收。

4.5 玉米间作套种技术

间作套种是指，在同一土地上按照一定的行、株距和占地的宽窄比例，种植不同种类的农作物，间作套种是运用群落的空间结构原理，以充分利用空间和资源为目的发展起来的一种农业生产模式，也可称为立体农业。我们一般把几种作物同时期播种的方式称作间作，不同时期播种的方式称作套种。间作套种是我国农民的传统经验，是农业上的一项增产措施。

间作是指在同一田地上于同一生长期内，分行或分带相间种植两种或两种以上作物的种植方式。间作能够合理配置作物群体，使作物高矮成层，相间成行，有利于改善作物的通风透光条件，提高光能利用率，以及充分发挥边行优势的增产作用。

套种是指在前茬作物收获之前，即播种后茬作物的种植方式，在田间两种作物既有构成复合群体共同生长的时期，又有某一种作物单独生长的时期。该技术既能充分利用空间，又能充分利用时间，是提高土地利用率，充分利用光能的一种有效措施。例如玉米与小麦套种，玉米与蔬菜、大蒜、豆类、薯类套种，不但可以增加绿色面积，充分利用空间，延长生育季节，增加复种指数，而且还能提高单位面积粮食产量。

从玉米全生育周期来看，其在苗期具有一定的耐旱性，同时根据植株的需水规律，通过套种技术能提高土壤利用率，也有利于减少植株水分的无效蒸发。常用的玉米套种方式有玉米套种大麦、玉米套种小麦和玉米套种大豆，如夏玉米套种夏大豆时，玉米采用200 cm、40 cm大小行播种，玉米大行间播种3行夏大豆，行距控制在30 cm左右，这样两种作物的产量均可显著提高。

4.5.1 覆膜田玉米与南瓜间作套种栽培技术

覆膜田玉米与南瓜间作套种栽培技术是在时间上、空间上充分利用光、热、水、土资源的一项高投入、高产出、高效益立体复合种植技术，该种植模式能够增加作物的抗逆能力，使农田生态系统复杂化，作物群体的抗逆性增强，同时能减少病虫害的发生。玉米间作南瓜的好处还在于，南瓜花蜜能引诱玉米螟的寄生性天敌黑卵蜂，通过黑卵蜂的寄生作用，可以有效减轻玉米螟的危害。

（1）选育良种

选育良种是玉米获得丰产和高效益的基础和内因。玉米品种选用优质、丰产、抗病、适应本地气候和栽培条件的优良品种；南瓜品种选用优质、抗病、丰产和肉质细腻、味甜、产品销路好、效益较高的优良品种。

（2）间作规格

种植时播幅为3 m，宽窄行种植，种两行玉米间作一行南瓜，玉米行距0.4 m，穴距0.4 m，每穴定苗两株，保苗2 223株/亩；宽行中间种南瓜，南瓜行距1.3 m，株距0.6 m，保苗370株/亩。

（3）精细整地

播种前对种植地块进行两犁两耙，并通过人工细碎大土，同时施足底肥，然后覆膜栽培。玉米地施优质腐熟农家肥750~1 000千克/亩，玉米专用复合肥25~30千克/亩，硫酸锌500千克/亩，化肥与农家肥充分拌匀后施作底肥。南瓜地施优质腐熟有机肥1 000千克/亩，硫酸钾30千克/亩，硼砂1千克/亩，化肥与有机肥拌匀后施入打好的塘内，每穴施拌好的肥料4.5 kg，将肥料与穴内土壤充分拌匀。南瓜行要整理成宽1.6m，高15~20 cm的厢面，用两米宽的地膜盖上，膜四周铲土压实，以确保增温保湿。

（4）南瓜的育苗移栽与管理

①苗床地的选择与整理

苗床地选择在地势平坦、水源方便、背风向阳、光照充足、离移栽地较近的地块。苗床宽1.2 m，长4~5 m，床底刮平，低于地面10 cm。

②营养土的配制

配制营养土时选用60%过筛菜园土、30%充分发酵腐熟细粪、9.5%草木灰、0.5%硫酸钾，将肥料与其充分拌匀，堆闷发酵10 d后再使用。

③种子处理及播种

育苗时间一般在2月上旬，播种前晒种1~2 d，浸种时用0.1%高锰酸钾浸种5~6 h进行消毒，控水后用清水冲洗种子3~4遍，再用草木灰拌种。育苗用纸袋或塑料营养钵均可，先将营养钵（袋）装土2/3，然后每钵放1粒种，种子要平放，再盖上2 cm厚的营养土，同时把营养钵整齐地排放在苗床上，接着用喷壶浇透水后用 2 m 长的竹片插成小拱棚架，并覆盖上 2 m 宽的薄膜保温，膜四周铲土压实，以确保增温保湿，保证出苗整齐。

④苗床管理

温度控制。南瓜播种后至出苗前，白天温度控制在 30~35 ℃，夜间保持在 15~20 ℃。白天膜内温度超过 35 ℃时应揭开膜两头，放风降温，下午关闭。阴雨天全天关闭保温。

水分管理。南瓜播种后至出苗前一般不浇水，出苗后若气温高、光照强，每隔 1~2 d 浇水 1 次，阴雨天不浇水。

⑤移栽定植

当南瓜有 2~3 片真叶时，将其移栽于定植穴内，破膜移栽，每穴定植 1 株。定植后浇足定根水，并用细土封严破膜口，视天气状况隔 3~4 d 浇水 1 次，直到南瓜成活。

⑥田间管理

摘心整枝。在侧蔓快速生长期先进行理蔓，使瓜藤均匀分布于大行中间，同时进行压蔓，使其发生不定根，从而增强吸收养分的能力，并扩大吸收面积。

人工辅助授粉。在正常情况下，南瓜主要靠蜂类昆虫授粉坐瓜，开花期间如没有蜂类昆虫活动授粉，将严重影响坐瓜率。因此，必要时需通过人工辅助授粉，以提高坐瓜率。实践证明，实行人工辅助授粉是提高坐瓜率、增加产量的有效措施。授粉方法是在南瓜开花期间，于早晨 7—9 时直接采摘当天开放的雄花，然后剥去花冠将雄蕊的花粉轻轻涂抹在雌花的柱头上，1 朵雄花可授 2~3 朵雌花，可保证每根藤蔓坐瓜 1~2 个。

合理追肥。当幼瓜坐稳后，如植株叶片深绿带黑，说明肥料充足，可以不追肥；如坐瓜后植株叶片变淡变黄，说明土壤缺肥，应及时追肥。施肥时将尿素 10 千克/亩与硫酸钾 12 千克/亩拌匀后施于距根部 20 cm 处，采用穴施，每株施 50 g，施后覆土，以充分满足植株所需营养，促使瓜体迅速膨大。追肥时切忌单施氮肥，以免降低南瓜的含糖量，导致品质下降而影响销售，降低种植效益。

病虫害防治。危害南瓜幼苗期的害虫有地老虎、黄守瓜，中后期有白粉虱、蚜虫、蟓象等，病害主要有白粉病。防治害虫可选用敌百虫、辛硫磷、杀虫双、吡虫啉、功夫等药剂喷雾，其中防治地老虎用 1 000 倍液的辛硫磷灌根，防治白粉病选用 15%三唑酮 1 000 倍液、70%甲基托布津 800~1 000 倍液在植株发病初期喷雾，隔 7~10 d 喷 1 次，连喷 2~3 次。

收获。南瓜采收嫩瓜上市时，一般在授粉后 7~10 d，瓜重 0.5 kg 左右时即可分批采收；采收老瓜应在坐瓜后 50~55 d，当瓜皮蜡粉增厚，皮色变为淡黄褐色，表皮变硬，用指甲刻入不易破裂时进行。

（5）玉米播种与管理

①玉米播种

玉米播种时间在 5 月 1 日前后，按宽行 2.6 m，窄行 0.4 m，穴距 0.4 m 播种，每穴放种 3 粒，盖土后用宽 80 cm 的地膜盖上，再将膜四周铲土封严，以确保增温保湿。

②玉米的田间管理

a. 放苗、间苗、定苗

玉米出苗后及时破膜放苗，先用刮胡刀片或小刀将膜划成"十"字形小口，将苗放出，再用细土将破膜口封严，防止风吹漏气，散失土壤水分和降低保温效果。在幼苗长到 2~3 叶时分次间苗，间弱留壮，如有缺塘，可将其他多余的苗带土移栽补齐，确保全苗。当幼苗长到 4 叶时及时定苗，每穴定苗两株，多余的苗全部拔除。

b. 追肥、除草、培土

幼苗定苗后，亩施尿素 10 kg 做提苗肥，破膜处长出的杂草要及时用手拔除，并及时铲土将破膜口封严，膜外杂草也要及时锄掉。在玉米大喇叭口期重施穗肥，施尿素 20 千克/亩，同时中耕培土 1 次，以防止植株倒伏。

c. 适时收获

在玉米果穗苞叶全部变白松散，籽粒成熟变硬时采收。

4.5.2 鲜食玉米与花生间作套种栽培技术

（1）种植模式

①稳粮增油模式

稳粮增油模式的特点是通过缩小玉米株行距，在保证玉米间作密度与单作密度接近的前提下，挤出带幅（较窄）种植花生，这样在保证玉米产量与单作持平或略有减产的情况下，可增收一季花生，以稳粮为主增油为辅。该模式的核心技术指标是玉米和花生在间作带中的面积分配比例不能低于 6∶4，且玉米通过缩小株行距保证间作群体密度与单作接近，具体种植模式包括玉米、花生行比 2∶2 和 3∶2 间作两种。

2∶2 间作模式种植规格：带宽 200 cm，玉米、花生面积分配比例为 6∶4；玉米小行距 60 cm，株距 16 cm；花生垄距 80 cm，垄高 10 cm，1 垄 2 行，小行距 30 cm，穴距 15 cm，每穴 2 粒种子。每亩间作田约种植玉米 4 150 株、花生 4 500 穴。

3：2 间作模式种植规格：带宽 290 cm，玉米面积占整个间作带的比例约为 62.1%；玉米小行距 60 cm，株距 17 cm；花生垄距 90 cm，垄高 10 cm，1 垄 2 行，小行距 35 cm，穴距 15 cm，每穴 2 粒种子。每亩间作田约种植玉米 4 050 株、花生 3 100 穴。

在上述模式中，玉米面积占整个间作带的比例（%）=（玉米行数×小行距÷间作带宽）×100%，上述模式的优点在于能通过合理分配玉米和花生的面积比例，缩小玉米株距，实现稳粮增油的目标。在实际生产中也可不采用缩小株距的方法，进行常规间作种植。

②粮油均衡模式

粮油均衡模式的特点是通过缩小玉米株行距，在保证间作玉米密度与单作密度接近的前提下，挤出带幅（较宽）来种植花生，这样在保证间作玉米产量相对于单作有小幅度降低的情况下，可增收花生，在一定程度上满足了粮食和油料作物的均衡发展，两者将保证一定的有效产量。该模式的核心技术指标是玉米和花生在间作带中的面积分配比例低于 6：4，留出宽幅间种花生，通过缩小玉米株行距，保证间作群体密度与单作相比降低幅度≤20%，产量降低幅度≤25%，每亩增收花生≥100 kg，具体模式包括玉米、花生行比 2：4 和 3：4 间作两种。

2：4 间作模式种植规格：带宽 300 cm，玉米、花生在间作带中的面积分配比例为 4：6，玉米小行距 60 cm，株距 14 cm；花生套距 85 cm，垄高 10 cm，1 垄 2 行，小行距 35 cm，穴距 15 cm，每穴 2 粒种子。每亩间作田约种植玉米 3 200 株，花生 6 000 穴。

3：4 间作模式种植规格：带宽 360 cm，玉米、花生在间作带中的面积分配比例为 5：5，玉米小行距 60 cm，株距 5 cm；花生套距 85 cm，垄高 10 cm，1 垄 2 行，小行距 35 cm，穴距 15 cm，每穴 2 粒种子。每亩间作田约种植玉米 3 700 株，花生 5 000 穴。

（2）栽培技术要点

①水分管理

a. 播种到出苗期

玉米播种到出苗需水量较少，耗水量只占总需水量的 3%～6.1%。一般土壤相对含水量为 60%～70% 即可满足种子顺利发芽出苗的需要。

b. 苗期

出苗至拔节前，玉米植株矮小，生长缓慢，蒸腾面积小，耗水量也小，只占总耗水量的15%~18%。为促进根系向纵深发展，应保持表土疏松干燥，下层土湿润，利于壮苗。该时期土壤相对含水量应以50%~60%为宜。

c. 拔节到抽穗开花期

玉米植株拔节以后，营养生长旺盛，对水分要求较高，该时期耗水量占总耗水量的45%~50%。特别是抽雄前10 d到抽雄后20 d的1个月左右，玉米植株对水分的反应极为敏感，是需水临界期。该时期若干旱缺水，土壤相对含水量低于40%，会造成"卡脖旱"，影响植株生殖器官的分化和抽雄吐丝，花粉发育不健全，雌穗小、花量少，散粉吐丝间隔加长，受精不良，产生缺粒、秃顶现象，结实率降低，形成大量秕粒，甚至造成空秆，严重减产。该时期土壤相对含水量应以70%~80%为宜。

d. 灌浆成熟期

玉米灌浆期到蜡熟期蒸腾面积仍较大，需水仍较多，此期水分供给充足不仅可延长绿叶功能期，而且能促使玉米植株灌浆好、籽粒饱满，因此，要求土壤相对含水量达75%左右。蜡熟期以后，需水量下降，要求土壤适当干燥，有利于玉米成熟。玉米灌浆到成熟期，耗水量占总量的19%~31.5%。

②授粉与去雄

鲜食玉米授粉结籽阶段，要注意做好人工辅助授粉与去雄工作，以提高雌穗受孕结实率，促进籽粒饱满。同时，还要注意减少养分消耗和虫害，在授粉结束后（果穗花丝枯萎）剪去雄穗。鲜食玉米易出现一株多穗现象，应注意及时剥去多余的小穗，以提高产量与品质。此外，清除分蘖也可减少养分损失。

③间作玉米专用肥

玉米与花生间作套种具有明显的吸收养分的优势，能够充分挖掘土壤中累积的氮、磷、钾元素，大幅度提高氮、磷、钾肥的利用效率。另外，与单作花生相比，间作套种模式还可使花生的固氮能力提高10%~20%。因此，玉米与花生间作套种可适量减少氮、磷、钾肥的投入，实现化学肥料减施，有助于农业生产的环境友好化。根据玉米与花生间作套种模式中玉米对主要养分的吸收利用规律，此处介绍一种新型玉米配方专用控释肥料及其制备方法，以供参考。

a. 配方原理

将不同的缓/控释材料添加到普通肥料中进行精准复配；同时，利用腐殖酸和其他土壤改良剂改良土壤，降低缓/控释材料的投入量，从而实现玉米播种时一次性施肥，后期可不追肥，从而达到节本增效的目的。

b. 养分含量比

养分含量比为：氮：五氧化二磷：氯化钾＝（10～15）：（5～10）：（10～15），总养分含量为25%～40%。

c. 配制原料

配制原料包括树脂包膜尿素、普通尿素、腐殖酸、长效复合肥添加剂（NAM，具有抑制脲酶、抑制硝化、稳定氨离子和植物生理活性调节的综合功能）和土壤改良剂（根据土壤情况自主选择）。

d. 配制要求

上述材料定量称完后混匀，然后进行造粒，颗粒直径为4 mm，含水量≤10%（重量百分比）。

e. 产品优点

该配方的优点包括以下几个方面：

第一，能够适度减少氮、磷的养分比，有利于增强间作条件下增密玉米的抗倒性。

第二，缓、控结合，在前期满足玉米速效养分需求的基础上，在肥料中添加NAM添加剂可以有效地减缓尿素在土壤中的水解，硝化抑制剂可以阻止铵态氮向硝态氮进行转化。前期通过双控作用减少肥料流失，后期抑制剂失效释放出营养以满足玉米生长所需，同时可以延长氮肥肥效期，达到一次性施肥的目的。

第三，有机、无机结合，达到改土培肥的目的。传统的肥料大都以无机养分为主，配方肥添加了腐殖酸和其他特定的土壤改良剂，可以改良土壤的酸碱性，增加土壤的团粒结构，增强其缓冲能力，为高产高效奠定良好的基础。

第四，肥料用量少、增产效果好。新型玉米配方专用肥料显著提高了肥料的利用率，氮、磷、钾当季利用率分别提高10%～15%、15%～20%和15%～20%，节省肥料20%～30%。

f. 应用实例

间作玉米播种时每亩一次性施新型玉米配方专用肥50 kg（氮、磷、钾比例为10∶5∶10），对照为常规施肥，播种时每亩施复合肥50 kg（氮、磷、钾比例为5∶15∶15），大喇叭口期每亩追施尿素10 kg。结果表明，与常规施肥相比，新型玉米配方专用肥使玉米穗粒数、容重和千粒重分别提高了1.5%、1.7%和4.2%，产量提高了10.5%，并明显减少了玉米穗秃顶数量，同时还节省了成本。另外，新型玉米配方专用肥还有助于改善耕层土壤性状，表现为土壤保水保肥能力增强，团聚体增多、饱和毛管水含量提高。

4.5.3 直播田玉米与南瓜间作套种栽培技术

（1）地块选择

选择地势平坦、排水良好或豆茬及三年内未施长残留农药的地块。

（2）整地

整地时采取深松浅翻方式，深松深度达到 30 cm 以上，浅翻深度达到 12 cm 左右。深松、浅翻后及时耙地，先用重耙将地耙深耙透，重耙耙深达到 15 cm 以上，后用轻耙耙平耙碎。进行秋起垄作业时，应起大垄，垄距 110 cm。大垄起垄标准：垄沟宽 110 cm，垄台高 15 cm，垄顶宽 76 cm，垄面平整，垄距均匀一致，100 m 误差小于等于 5 cm，每四垄作为一个组合，中间两垄种植玉米，玉米两侧种植南瓜，瓜蔓向玉米垄顺蔓。

（3）南瓜栽培技术

①品种选择

选择品质优良、抗逆性强，深受市场欢迎的南瓜品种。

②播期土壤

播种前对秋起垄地块进行镇压保墒作业，平整地块，压碎土块。当土壤 10 cm 深土温度稳定通过 10 ℃时开始播种，播后及时镇压。

③密度

种植密度控制在 10 000 株/公顷左右，株距 45~46 cm，播种深度为播前 4~5 cm，播后 3 cm，播种深浅一致，落粒均匀，精量播种机时速控制在 6 km/h。

④田间管理

中耕管理两次，前一遍用杆齿培土，后一遍用培土铲培土。第一遍中耕在南瓜放线时进行，主要以深松为主，深度达到 30 cm 以上；第二遍中耕在南瓜展开 4~5 片叶时进行。

摘心：播后一个月左右，瓜长到 4 叶 1 心时摘心，以促进瓜蔓生长。每株留 2~3 个健壮侧蔓，利用子蔓结瓜。

定蔓：6 月上中旬，留第 1、第 2 条健壮子蔓，其他子蔓、孙蔓全部打掉。

⑤坐果期管理

在植株 7~10 节时坐果，果实膨大期浇一次透水，在果实前 3~5 叶时掐尖，并注意及时除草、防病。同时，应通过人工摆瓜，把瓜放到平整的垄台上。

防病：在南瓜初花期用百菌清 150 克/亩喷施防病；在坐果期用金雷 220 克/亩喷施防病。

⑥收获

9 月 20 日左右，当南瓜出现龟裂时采收，采摘后留 2~3 d 即可出售。

（4）玉米栽培技术

①品种选择

选择适宜当地积温的品种。

②适时播种

根据地理位置、气候条件适时播种，播种深度要一致，播后要及时镇压，镇压深度为 3 cm 左右。播种后要注意防治玉米丝黑穗病，每 100 kg 干种子用 35%多克福种衣剂 1.5~2.0 L 进行包衣。

③合理密植

播种密度控制在 4 000~4 200 株/亩。

④田间管理

中耕管理 2~3 次，在玉米 0~1 片展开叶期进行第一遍深松、保墒、灭草作业；在 2~3 片展开叶期进行第二次中耕灭草作业；第三次视玉米长势而定，弱则进行第三次中耕，旺则停止中耕。

⑤果实采收

当玉米叶片变黄，苞叶变白、质地松软，籽粒基部出现黑层，籽粒乳线消失变硬时即可采收。

4.5.4　春制—秋制—冬种玉米三熟制栽培技术

（1）品种选择

三茬玉米应选择无霉变、净度好、籽粒健壮饱满、抗性强、品质优的品种搭配种植。第 1 茬种植为育苗移栽，多选择抗锈病和大斑病、小斑病的品种；第 2 茬为直播，生育期正好与高温高湿天气重合，应选择适应性广、抗病性强、品质优良、鲜穗商品性好、生育期相对较短的品种种植；第 3 茬为直播，多选择抗性强的早中熟品种。

（2）适时播种育苗

第 2、3 茬采用直播，可在前茬收获后抢季保墒、免耕穴播。播种前在晴天将种子晾晒 1~2 d，有利于种子出苗整齐。有条件的可用 15%粉锈宁可湿性粉剂 5 g 干拌种子 2.5 kg，可防治玉米白粉病、锈病和黑穗病。播种时每穴播 2~3 粒，播种深度 3~4 cm。播期安排上主要考虑开花授粉期不在 12 月和 1 月即可，每隔 10~15 d 分批分期播种，达到错期上市销售的目的。

（3）整地施基肥

种植的鲜食玉米若为糯玉米，则需要隔离种植，以防止非糯玉米串粉，影响品质。一般可采用空间隔离（大于 100 m）、时间隔离（大于 15 d）或屏障隔离（树木等自然隔离带）三种方式。整地时要求播种区域地面平整，土壤松碎，无杂草。前茬作物收获后及时翻耕 25~30 cm，耙细整平，同时结合翻耕每亩施入农家肥 1 000~1 200 kg 和复合肥 40~45 kg 或玉米专用缓控肥 50 kg 作底肥。

（4）合理密植

第 1 茬采用育苗移栽，育苗时先在多孔育苗盘的每个种植穴内装入 1/3 深的育苗基质，然后每穴点播 1 粒种子，再覆盖育苗基质与育苗盘面持平，最后浇透水。当苗长到 2~3 叶 1 心时即可移栽，移栽前一般每亩用尿素 6 kg 和硫酸钾 5 kg，并兑水 25 kg 浇施作为送嫁肥，并浇足送嫁水。在覆好膜的墒面打孔，然后带土进行宽窄行移栽，大行株行距为 25 cm×80 cm，小行株行距为 25 cm×40 cm，每亩密度控制在 4 400~4 500 株。

（5）覆膜

覆膜要连续使用 3 茬，因此需选择韧性好、抗撕裂、易拉伸且厚度大于 0.015 mm 的银色地膜，边起垄边覆膜，四周用土压实，可达到驱避害虫、防治病害、增温保墒和抑制杂草的目的。注意覆膜前每亩地用 20% 乙草胺可湿性粉剂 100 g 和 20% 莠去津油悬浮剂 100 mL，兑水 40~60 kg 喷施，进行苗前封闭除草。第 1 茬采用育苗移栽，一般在移栽前 2~4 d 将膜覆好，移栽时打孔带土移栽。第 2、3 茬在第 1 茬收获后抢季保墒免耕，在原孔穴播。

（6）田间管理

①间苗定苗

第 2、3 茬播种完成后，需要定期查看苗情。当苗长到 2~3 叶 1 心时，把苗从膜内引出，根据苗的长势每穴留 1 株健壮苗，去除小苗、弱苗；发现缺苗时应及时补苗，可从大田里取苗带土浇水移栽，以保证成活率。

②肥水管理

鲜食玉米采收的是鲜果穗，所以施肥以早施促早发为重点。第 1 茬除施足底肥外，还要适期追施拔节肥和孕穗肥，追肥数量根据不同品种和土壤肥力而定，一般第 1 次追肥在拔节前，每亩追施尿素 20~25 kg；第 2 次在大喇叭口期，每亩追施尿素 25~30 kg。第 2、3 茬玉米在小苗长到 5~6 片叶时，每亩追施尿素 15~20 kg；在大喇叭口期，每亩追施尿素 20~25 kg。第 2、3 茬玉米生长期处于高温干旱季节时，要根据土壤墒情及时浇水，同时注意防范夏季暴雨，做好沟渠排水工作。

③病虫害综合绿色防治

鲜食玉米常见的病害主要有大斑病、小斑病、锈病、白斑病等；虫害主要有草地贪夜蛾、玉米螟、地老虎、蛴螬等；这些病虫害在3茬玉米中均会发生。

大斑病和小斑病可用75%三环唑可湿性粉剂或25%丙环唑乳油1 500倍液于发病初期进行喷雾防治，每隔5~7 d喷1次，连续防治2~3次；锈病可用25%三唑酮可湿性粉剂1 500~2 000倍液，或50%硫黄悬浮剂300倍液进行喷雾防治，每隔5~7 d喷1次，连续防治2~3次，并及时摘除植株下部老叶病叶，减少菌源；白斑病以预防为主，在发病初期可用25%吡唑醚菌酯1 000~1 500倍液、18.7%丙环·嘧菌酯悬浮剂1 000倍液、25%吡唑醚菌酯悬浮剂1 000倍液或25%苯醚甲环唑乳油8 000~10 000倍液等进行喷施，施药时可添加0.136%赤·吲乙·芸薹5 000倍液。

对于草地贪夜蛾，可采用生物防治和化学防治相结合的方式，亩用200 g/L氯虫苯甲酰胺悬浮剂30 g和80亿孢子/毫升金龟子绿僵菌可分散油悬浮剂30 g，兑水30 L进行喷雾防治；玉米螟防治可亩用100亿孢子/毫升球孢白僵菌可分散油悬浮剂30 g，兑水30 L对心叶进行喷施，或用20%氯虫苯甲酰胺悬浮液3 000~4 000倍液进行喷施；地老虎防治可亩用40%溴酰·噻虫嗪种子处理悬浮剂5 mL兑水15 L进行灌根，或采用与毒饵诱杀相结合的方式进行防治。

有条件的区域，可协调相关部门，对玉米大斑病、小斑病、白斑病、锈病及蚜虫、蓟马等病虫害开展植保无人机统防统治。

（7）果实采收

及时采收是保证鲜食玉米产量和质量的关键因素之一，采收过早，籽粒含糖量低，影响口感；采收过晚，籽粒水分流失，口感过硬。一般采收时间为授粉后的25~30 d，此时玉米含水率为60%~65%，风味、食味最佳。鲜果穗带苞叶采收，低温存放并及时销售或加工，以确保品质。

4.6 改良土壤耕层综合高产技术

气候干旱是制约玉米产业发展的主要因素之一。玉米蒸腾所需水分几乎全部来自根部，要想解决玉米干旱问题，首先应为根系创造一个良好的生长发育环境，改良土壤耕层结构。当前，由于人们对耕地连续高强度的开发和不合理的使用，使土壤有效耕层变浅，紧实度加剧，犁底层加厚，土壤有机质含量偏低。这样的耕层结构直接导致玉米下层根系养分及氧气缺乏，影响了玉米根系的正常发育，也阻碍了玉米根系下扎，使玉米汲取水分范围变小，抗旱力量减弱。因此，改良土壤耕层结构，促进玉米根系发育，是解决当前玉米生产中存在的春旱推迟播种、耕层浅薄、犁底层紧实、肥料及秸秆利用率低等问题的关键。

4.6.1 技术要点

（1）秸秆粉碎：秋季玉米收获后，用秸秆粉碎机将玉米秸秆粉碎于地表，粉碎时秸秆越短越好。

（2）土壤深松、深施底肥：用土壤深松机深松土壤，深松间距 50 cm，深松深度大于 30 cm，同时在深松过程中将底肥施于土壤 15~20 cm 深处。

（3）旋耕镇压：用旋耕机将深松后土壤进行旋耕，在旋耕机岩要安装镇压轮，对土壤准时进行镇压。

（4）春天直播：春天对土壤将不再进行耕、翻、旋等操作，当土壤温度达到播种要求时，用硬茬播种机进行播种。

（5）隔年深松：深松不需要每年进行，一般建议三年一次。对于不需要深松的耕地，秋季进行秸秆粉碎后，将底肥撒于地表，然后用铧式犁进行翻耕，紧接着进行旋耕与镇压。次年春天对土壤同样不进行耕、翻、旋等操作，并且当土壤温度达到播种要求时用硬茬播种机进行播种。其他农事管理操作与常规操作相同。

4.6.2 注意事项

（1）秸秆粉碎越短越好，不宜超过 10 cm。肥料最好用颗粒肥，镇压轮重量要相宜，以成人双脚踩入土壤表面后脚印深度不超 1 cm 为宜。

（2）如遇春季特殊干旱年份，在土壤解冻前再对土壤进行一次镇压。

（3）改良土壤耕层综合高产技术适用于壤土、壤黏土及黏土，砂性土壤保水性较差应慎用。

（4）地表秸秆与地膜掩盖有冲突，因此改良土壤耕层综合高产技术不适用于种植地膜玉米。

4.7　大垄双行栽培技术

（1）起垄

采用大垄双行种植技术将过去的两垄（垄距50~55 cm）合成一大垄，并在垄上种两行玉米，垄间距为30~35 cm，大垄间距为85~90 cm，起垄时应注意大垄的垄台要平整。

（2）施肥

海南一般多为不规则的中小地块，因此多采用牛耕或小型农机起垄的方法，并在起垄的同时施放底肥。施肥位置要注意两点：一是施肥深度，应保证镇压后深度在10 cm以上；二是底肥与种子的隔离距离，一般离种子横向距离应为8~10 cm，最理想的方式是施在种子的两侧，这样既能保证肥料被植株充分吸收，又能防止烧苗。底肥的施用量要根据土壤养分含量和预计产量来确定，施肥量要平衡，且行与行之间的施肥量误差不得大于3%。

（3）播种

在海南，玉米播种多采用人工点播或小型播种器播种，播种深度不宜过深，一般以3~5 cm左右为宜，播种后应及时覆土镇压，以保证种子与土壤紧密接触。大垄双行栽培可以适当增加玉米的种植密度。

（4）田间管理

玉米出苗后应及时进行定苗、除草、防虫、追肥封垄等正常的田间管理。大垄双行种植的玉米，其田间管理操作相对简单。

（5）收获

当玉米穗呈黄色且籽粒形成黑帽层后，即可进行收获。采用大垄双行栽培的玉米，通风透光条件较好，有利于玉米吸收降水，从而提高玉米籽粒重量和品质。

4.8　大小垄高密度栽培技术

4.8.1　技术概况

玉米大小垄高密度栽培技术是根据气候条件，通过改变传统的玉米生产习惯，并整合各项农业科学技术成果、资源，将各项适用的增产技术集成配套而形成的一套从深翻整地、播种施肥、中耕深松、追肥，到收获、秸秆粉碎还田的全程机械化作业的技术流程。该技术不仅解决了玉米种植过程中种植密度偏低、品种耐密性较差、肥料使用不合理、机械化程度不高、收获偏早等问题，而且还解决了以往大小垄难以准确实施作业而出现的大垄不大、小垄不小、种植效果不佳、作业效率低、成本高等诸多问题。

玉米大小垄高密度栽培技术是农技推广人员总结多年生产实践经验，将大小垄种植、合理密植、地膜覆盖、氮肥后移、叶龄管理等先进和实用技术有机整合集成的一项综合高产栽培技术。通过采用大小垄种植和合理密植的方式，可提高光能利用率，充分利用作物生长的边际效应，使单株玉米与群体协同发展，同时便于田间管理；通过地膜覆盖，可实现保水保肥、提高地温，从而改善土壤的理化结构，促进玉米根系的生长发育；通过遵循玉米的需水肥规律，可使叶龄管理结合氮肥后移，并科学合理地运筹水肥，从而提高水肥利用率。通过多项技术的优化组合，可以有效增加玉米保绿度，增加籽粒产量，提高青贮质量。在同等条件下，应用该项技术可使玉米增产10%左右。

4.8.2　技术要点

（1）播前准备

①深翻、深松技术

秋收后，应结合秸秆还田，利用大型农机具对地块进行深翻，深度为25 cm以上，也可以结合深翻实施秸秆还田作业。或者在春季整地前对地块进行深松，打破犁底层，以增强耕层土壤蓄水能力，达到蓄水保墒、以肥调水、以水促肥的效果。

②备耕准备

选择地势平坦、耕层深厚、肥力中等以上、保水肥能力较强的地块，秋翻耙地，并撒入优质农家肥2 000千克/亩、磷酸二铵5千克/亩、硫酸钾5千克/亩。同时，彻底清除田间根茬，在播前15~20 d浇足底墒水。早春耙糖，做到地平、土碎、无根茬残膜、无坷垃，耕层上虚下实。

（2）播种

①品种选择与种子处理

依据当地气候条件和栽培条件，选择高产、优质、抗性强的玉米品种。同时，应选择包衣种子。对于未包衣种子，播前要进行机械或人工精选，剔除破粒、病斑粒、虫食粒及其他杂质，精选后的种子纯度要达到99%以上，净度98%，发芽率95%以上，含水量不高于14%，并选择适合当地实际种植的种衣剂进行包衣。

②大小垄种植、适时播种

为提高播种质量保全苗，播种时间一般为 4 月 26 日至 5 月 15 日。播种时利用 2BQ-6 型大小垄专用气吸式播种机进行精量播种，实现播种、深施肥（10 cm 以上）、侧施种肥（3 cm 以上）作业一次性完成；或在使用传统的气吸式播种机的基础上，将播种器调至大垄行距 89 cm，小垄行距 40 cm，播后镇压保墒，以确保全苗。

③化学除草

化学除草要根据不同土壤条件，选择适宜的除草剂。苗前除草要注意除草剂品种的选择，苗后除草要注意苗龄。

④合理增加种植密度

根据不同品种特性，确定播种密度，即在大小垄种植模式下，播种密度可在使用品种标注密度的基础上，增加 500~1 000 株/亩的种植密度。

（3）田间管理

①苗期管理

苗期管理的重点是保全苗、促下控上育壮苗，一般 5 月 15 日至 6 月 20 日为玉米苗期。首先，玉米出苗后要逐地块、逐条垄地检查苗情，如发现少量缺苗，应采取借苗留双株的方法留苗。其次，采用中耕深松机或小铧进行深松，可达到松土增温的效果，有利于幼苗早生快发，蹲苗促壮。最后，定苗后要用耘锄机耕地，行走时不要太快，发现压苗时，要及时将苗扶正。

利用 3ZSF-6 型玉米大小垄专用深松机可一次性完成中耕、深松、深施肥作业。通过深松铲蹚，可清除杂草、疏松土壤、提高地温，有利于玉米的生长发育。深松时深度为 20 cm，打破犁底层，以促进根系发育，增强耕层土壤蓄水保水的能力，增强玉米植株抗倒伏能力，化肥深施还能提高化肥利用率，降低成本。

追肥浇水：7 月初前后，可结合中耕，利用深松深施肥机械追施尿素 20~35 千克/亩，最好使用缓释尿素。同时，要酌情浇拔节水，浇水结合蹚地追肥进行，浇水量视雨水情况而定，切忌浇过量拔节水，以免造成拔节期间玉米徒长。

防治玉米螟：春季采取白僵菌封垛的方法防治玉米螟；拔节期后，应根据当地虫情，在玉米螟成虫产卵初期，通过释放赤眼蜂防治玉米螟；大喇叭口期可使用自走式高架喷雾器喷施高效、低毒、药效较长的药剂防治玉米螟。

②穗期管理

穗期是玉米一生中生长最旺盛、丰产栽培最关键的时期，时间一般在 6 月 20 日至 7 月下旬。如果种植密度偏大，可在玉米拔节前喷施矮壮素，达到控上促下的目的，防止玉米植株在自然气候异常的情况下发生倒伏。

③花粒期管理

花粒期是玉米开花散粉和籽粒形成的时期，时间一般在 7 月下旬至 9 月下旬。在玉米植株吐丝 10 d 内，应采取根外追肥的方式，酌施攻粒肥，最好是氮、磷、钾肥料配施。如遇干旱天气，应适时浇水，浇透为止，7 月末至 8 月上旬应注意防治二代玉米螟和三代黏虫。

④适时收获

在保证玉米正常成熟，霜期允许的条件下，应适当延迟收获时间，切忌早收，以促使植株的营养物质继续向籽粒输送。一般在 9 月下旬至 10 月中旬，当玉米籽粒饱满并达到充分成熟时，选用不对行玉米收获机及时采收，同时进行秸秆粉碎还田。

4.9　玉米双垄等距离宽膜覆盖技术

4.9.1　技术概况

玉米双垄等距离宽膜覆盖技术是在正常垄作抗旱播种后，用小四轮带覆膜机将 130 cm 宽的地膜一次覆两垄，行距 65 cm，株距 22 cm 左右。与传统的半膜（大小垄）覆盖技术相比较，该技术具有更好的抗旱保墒、蓄热增温、增产增收的效果。特别是在低洼下湿的冷凉地块，播种和覆膜可错期进行，在低洼下湿地提早播种，不但能保证播种质量，而且在播后覆膜的时间选择上还能因地制宜。多年的试验结果表明，采用玉米双垄等距离宽膜覆盖技术比传统的半膜覆盖技术，可增产 10% 左右。

4.9.2　技术要点

（1）选茬整地

①选地选茬

选择地势平坦、土层深厚、土质疏松、灌水方便、肥力较好、保水保肥、性能良好、井渠配套、前茬是玉米或未使用残效期长的除草剂的豆田地块，切忌选用陡坡地、内涝地、重盐碱地、砂土地、瘠薄地和水土流失严重的地块种植。以前茬种植豆茬、马铃薯的土地为最佳，其次是玉米茬。

②精细整地

整地一定要做到地平、土碎、无坷垃、无根茬，耕层上虚下实，为适期早播和提高播种质量创造良好的土壤条件，分为秋翻秋整地和播前灭茬整地。

秋翻秋整地：前茬作物收获后要及时耕翻，耕深以 23~27 cm 为宜，结合整地施入优质农家肥 2 000 千克/亩，耕翻后及时耙地保墒，起垄镇压，使土地达到待播状态。

播前灭茬整地：一般于 4 月上中旬，当土壤化冻 4~6 cm 时，将残留秸秆和杂草清出田间，并用灭茬机进行灭茬，灭好茬后进行合垄夹肥（基肥），夹肥量为基肥总量的 2/3，余下的 1/3 做种肥施用。夹完肥即可用 2 号铧子打破原垄形成新垄，然后镇压待播，并结合整地合垄夹肥，施入优质农家肥 2 000 千克/亩。

（2）配方施肥

为了满足地膜玉米全生育期对肥料的需求，必须做到配方施肥。该技术的目标产量要达到 800~900 千克/亩，因此，需施纯氮 18 千克/亩、纯磷 9.3 千克/亩、纯钾 7.5 千克/亩、纯锌 0.45 千克/亩。

①基肥

施入优质农家肥 2 000 千克/亩，45% 的复合肥 20 千克/亩，磷酸二铵 5.5 千克/亩，硫酸钾 3 千克/亩，硫酸锌 1 千克/亩。

②种肥。

施入 45% 复合肥 10 千克/亩，磷酸二铵 4.5 千克/亩，硫酸钾 2 千克/亩，硫酸锌 0.5 千克/亩。

③追肥

为了保证地膜玉米后期不脱肥，在玉米大喇叭口期，应追施尿素 27.5 千克/亩。

（3）适期播种覆膜

①品种选择

覆膜品种应选择比当地直播品种的活动积温高 200~300 ℃，生育期长 7~10 d，株型紧凑、抗逆性强、后期不早衰、脱水快，单株生产力较高的杂交种。

②地膜选择

选用厚度 ≥0.008 mm，宽 130 cm 的线性低密度聚乙烯地膜。

③种子处理

晒种：播前 2~3 d，选无风晴天，把种子摊开，放在干燥的向阳处晒种，并剔除病虫粒，以增强种子活力。

药剂拌种：在地下害虫、玉米丝黑穗病发生较轻的地区，可选用 15%克·酮·福美双玉米种衣剂，药种比 1∶40 进行包衣；在地下害虫、玉米丝黑穗病发生较重的地区，可选用 2%戊唑醇，按种子量的 0.4%拌种，播种时再用辛硫磷颗粒 2~3 千克/亩随种肥施入。

④播种方式

抗旱坐水播种：当土壤墒情不足时，可在整地施肥起垄镇压后，采用抗旱坐水播种一体机播种，一次性完成开沟、施肥、浇水、播种、覆土、镇压等多项作业，坐水水量一定要充足。

机械精量播种：当土壤墒情较好时，可采用机械精量点播机或精量免耕播种机播种，一次性完成开沟、施肥、播种、覆土、镇压等多项作业。

无论采用哪种播种方式，一定要做到足墒播种，播种深度不宜超过 4 cm，播后立即喷药、覆膜，可以不镇压。

⑤合理密植

播种密度应根据所选品种的特性、地块的水肥条件、管理水平而定。叶片松散大棒型玉米品种，行距 65 cm，株距 30~33 cm，保苗 3 000~3 300 株/亩为宜；半紧凑型玉米品种，行距 65 cm，株距 25~27 cm，保苗 3 700~4 000 株/亩为宜；中、紧凑小棒型玉米品种，行距 65 cm，株距 20~22 cm，保苗 4 500~5 000 株/亩为宜。

⑥化学除草

为防止杂草滋生，顶破地膜而影响覆膜效果，在覆膜前必须进行封闭灭草，一般用 40%阿特拉津 0.3 千克/亩和乙草胺 0.1 千克/亩以及 25 千克/亩的水，在播种后覆膜前，均匀喷洒于地表，喷药后立即覆膜。

⑦覆膜

采用覆膜机覆膜，覆膜时一定要把好质量关，盖膜一定要严实，将地膜拉紧、拉展、铺平、铺匀，膜的两边各开一条浅沟，把地膜置于沟内，用土压实、压严，每隔 4~5 m 用土横压腰带，以防大风揭膜。值得注意的是，两边的土不是压得越多越好，而是在压严的前提下，尽量保持膜面宽度，保持采光面，以增加温度，达到严、紧、平、宽的要求。

（4）加强田间管理

①查田补苗

由于春季风沙大，因此覆膜后要经常到田间检查，一旦发现地膜被风刮坏或有破损，要及时用细土压好，有缺苗的要及时坐水补栽。

②及时引苗、定苗

当幼苗出土后长到2~4片叶时，应及时破土引苗，防止叶片被灼伤，放苗时要掌握"放大不放小，阴天突击放，晴天避中午，大风不放苗"的原则。每穴只留一株壮苗，苗放出膜后，应随时用细湿土把放苗口封严，以防透风漏气、降温跑墒和杂草滋生，一般引苗三次才能引全。

③中耕

当幼苗长到5~6片叶时，床沟深蹚一犁，不仅可以起到灭草、松土、提高地温、接纳雨水的作用，也便于后期田间灌水。

④打叉除蘖

一般玉米出苗20 d左右就有分蘖，如不及时除掉，会与主茎争水争肥，消耗植株营养，影响主茎生长和发育。因此，应随时检查，发现分蘖及时除掉，以保证玉米正常生长发育。

⑤合理追肥、灌水

施好穗肥：施穗肥是玉米生长中最重要的一次追肥，在玉米大喇叭口期施用，施穗肥的时间一般在播种后55~60 d或抽雄前15 d左右。穗肥以速效氮肥为主，一般每亩施尿素30 kg，施后立即盖土，以防肥料挥发和流失。前期生长不足或生长不均匀的地块要早施，生长旺盛的地块要晚施。

灌好关键水：根据地膜玉米的需水规律，前期要控水，防止幼苗在高温、高湿、高肥的条件下徒长和后期早衰。中期玉米植株蒸腾量大，耗水量多，要适当增加灌水量。一般视土壤墒情，浇好抽穗、灌浆水。

⑥病虫害防治

防治玉米大斑病可用50%多菌灵可湿性粉剂500倍液或50%退菌灵可湿性粉剂800倍液，于玉米抽雄散粉期喷施1~2次。6月下旬至7月上旬，出现草地螟危害时，可用5%高效氯氰菊酯乳油20毫升/亩，兑水20毫升/亩进行喷施，把幼虫灭杀在3龄之前。7月上、中旬，玉米心叶末期，玉米螟危害花叶率达到10%时，用3%辛硫磷颗粒剂1千克/亩，每株用0.2~0.3 g灌心叶；或利用赤眼蜂灭卵，在6月末至7月初玉米螟产卵盛期（尚未孵化前），平均每亩玉米地放3~5片赤眼蜂卡，放蜂1万~2万头，进行生物防治。

（5）适时收获

当玉米籽粒乳线消失，也可以说玉米棒奪拉头时，玉米已达到生理成熟，可适时收获，秸秆可用于青贮；不用于青贮的，可适期晚收，尽量降低籽粒含水量。地膜玉米收获后，要及时回收残膜，否则易造成农田环境污染，且给下一年的耕作和田间管理带来许多不便，影响种子的吸水发芽和根系生长发育。

4.10 免耕栽培技术

玉米免耕栽培技术是在不影响农业产量的情况下，对农田少耕或不耕，并用作物秸秆、根茬覆盖地表，以减少土壤风蚀、水蚀，以及提高土壤肥力和抗旱能力的一项先进农业耕作技术。它具有省工省力，节本增效，适墒播种，有助于全苗的优点。

4.10.1 技术模式

（1）秸秆全覆盖还田宽窄行模式

秸秆全覆盖还田宽窄行模式是在原均匀行距（60～65 cm）垄作条件下，在相邻两行（垄）的内侧播种，行距为40～45 cm，称为窄行；隔一个垄沟，再在另一相邻的两垄内侧以同样行距播种，这样就形成了窄行40～45 cm，宽行80～90 cm的播种模式。以此类推，第二年在第一年的宽行中播种窄行。

（2）秸秆全覆盖还田均匀行平作模式

秸秆全覆盖还田均匀行平作模式是在原均匀行距（60～65 cm）平作条件下（如果原来是垄作，需使用耕整地机械将地整平），在相邻两行（垄）的中间播种。

4.10.2 技术路线

玉米免耕栽培技术的路线包括：收获时秸秆覆盖还田—免耕播种—药剂防治病虫草害—必要的土壤疏松。

4.10.3 技术要点

（1）收获及秸秆处理

①秸秆全覆盖还田宽窄行模式的秸秆处理

由于玉米种植行距不均匀，如果使用收获机作业，最好使用2行自走式收获机；如果采用4行以上机型，应配套不对行割台。在收获玉米的同时，将秸秆粉碎装置的动力切断，不粉碎秸秆，在还田机上安装拨秆器，将秸秆顺至窄行中。如果通过人工收获，应人为地将秸秆顺至窄行中。如果农民将秸秆用作饲料或当柴烧，应在收割时留30 cm以上的高茬。

②秸秆全覆盖还田均匀行平作模式的秸秆处理

如果使用收获机作业，一般使用2行以上自走式收获机，作业效果理想。在收获玉米的同时，将秸秆粉碎装置的动力切断，不粉碎秸秆，这样秸秆就能均匀覆盖于地表。如果通过人工收获，只需将玉米穗掰下运走即可，应避免秸秆成堆铺放。

（2）选地与松土

①选地

选择土层深厚、肥沃疏松、保水保肥及排灌方便的地块，黏重板结地或水渍地须经改良。对于黏重土壤的改良，通过施农家肥1 200~1 500千克/亩和桐麸100~150千克/亩，并结合喷施250~300 g"免深耕"土壤调整剂和秸秆还田等措施，持续1~2年后土壤即可变得疏松。对于水渍地的改良，应采取开沟排潜的方法，把地下水位降至60 cm以下，同时采取其他综合改良措施。

②疏松耕层

疏松耕层环节很有必要，但不是每年都要进行的。主要根据以下两个方面确定是否需要疏松耕层：一是看耕地是否有犁底层存在；二是看耕层是否板结。如果有犁底层，就进行深松；如果耕层板结了，就疏松耕层。

在作业时间上，夏季作业是最佳时期，一是可以充分吸收雨季降雨，确保下渗效果，蓄存水分；二是有利于地温的提高，弥补了免耕播种地温低的缺陷。

（3）免耕播种

玉米免耕栽培技术要求一次性完成侧深施肥、清理种床秸秆、压实种床、播种开沟、单粒播种、覆土、重镇压等工作。

①秸秆全覆盖还田宽窄行模式免耕播种

在第一年实施时，由于上一年是常规种植，即均匀垄种植；因此，在播种时需将免耕播种机行距调整为40~50 cm，在相邻两垄内侧播种，隔一垄沟再在另外相邻两垄内侧播种，形成窄行、宽行模式。第二年在宽行中播种窄行，依此类推。

②秸秆全覆盖还田均匀行平作模式免耕播种

在第一年实施时，由于上一年是常规的均匀垄，如果垄型较突出，需将垄型旋平；播种时播种均匀行距，行距应不低于 70 cm。在第二年实施时，在上年播种行的行间进行播种，以此类推。

③选用良种

要选用通过审定，并在当地示范成功的根系发达、适应性广的优质、高产、高抗（抗旱、抗倒、抗病虫）、生育期适中的杂交玉米品种。

④适时播种

适时播种是确保春玉米免耕齐苗、壮苗、高产稳产的重要措施。当 10 cm 地温稳定在 7 ℃以上、土壤田间持水量为 60%（土壤湿润）时即可播种。播种过早，植株易受低温影响，造成死苗或弱苗。

⑤合理密植

采用双行单株种植方式，能使玉米植株充分利用光温资源和地力条件，确保有效穗数，易获得高产。双行单株种植要求大行距为 80 cm，小行距为 40 cm，株距视密度而定：紧凑型为 21~22 cm，半紧凑型为 23~24 cm，平展型为 33~34 cm。

（4）科学管理

①配方施肥

按照玉米高产栽培要求，基肥施农家肥 1 200~1 500 千克/亩，复混肥 40~50 千克/亩；攻秆肥施尿素、钾肥各 5~8 千克/亩；攻苞肥以速效氮为主，在抽雄前8~10 d施尿素 12~15 千克/亩或碳铵 30 千克/亩，打洞深施，然后盖肥培土。

②病虫草害防治

杂草是必须防除的，病、虫害防治可根据发生情况确定。

杂草防除：可在两个时段进行，第一个时段是在播种后出苗前，喷施除草剂进行地表封闭，如果喷药后地表温度、湿度适宜，除草效果会很理想；第二个时段是苗期除草，即在玉米 2 叶至 5 叶期进行，这时杂草已经出土，喷施具有杀青功能的除草剂。选择在第一个时段除草的较多，当第一个时段除草效果不好时，再在第二个时段进行补救。适合免耕栽培用的主要除草剂品种及常规用量：农民乐 747 药剂 250~300g、10%草甘膦 1 500~2 000 毫升/亩、20%克无踪或百草枯 250~300 毫升/亩、41%耕丰或农达 400~500 克/亩，兑水 50 kg 全田喷施。

病虫害防治：玉米生长前期害虫主要有地老虎、蛴螬、金针虫，中后期主要有玉米螟和蚜虫；病害主要有纹枯病和丝黑穗病。应坚持"预防为主、综合防治"的原则防治病虫害。

a. 农业防治：主要选用抗病品种，并与黄豆等豆科作物合理间作套种，同时使用氮、磷、钾配方施肥，及时清洁田园，以减轻病虫危害。

b. 物理防治：安装频振式诱虫灯诱杀田间害虫，每盏灯可控制大田面积3~4公顷，对玉米螟和斜纹夜蛾有显著诱杀效果。

c. 药剂防治：加强田间病情、虫情调查，在低龄幼虫期和发病初期用药防治。为保证玉米质量，在病虫防治中禁用高毒、高残留（甲胺磷等）农药，在收获前15 d内禁用化学杀虫剂。

d. 虫害防治：对地下害虫，在播种时用50%辛硫磷乳油1千克/亩与盖种土拌匀盖种。在大喇叭口期，对于玉米螟低龄幼虫，用1.5%辛硫磷颗粒剂0.5 kg拌细土5 kg撒入喇叭口防治，或用2.5%高效氯氰菊酯乳油1 200~1 500倍液进行喷雾防治；对高龄幼虫用10%除尽悬浮剂兑水200倍液防治。对蚜虫用2.5%扑虱蚜兑水800倍液防治。

e. 病害防治：对于纹枯病，在发病初期用3%井冈霉素水剂100克/亩兑水60 kg进行喷雾防治；对于大、小斑病，选用50%多菌灵可湿性粉剂兑水500倍进行喷雾防治。病害发生较重的田块，每隔1周防治1次，连防2~3次，并交替使用不同农药。

③查苗补缺

当玉米长出1~2片叶时及时查苗补缺，保证全苗。补种或补苗必须在玉米3叶前完成，并补施水肥1次，以促苗匀长。玉米长至4叶时，双行单株式种植每穴只留1株健壮苗，拔除弱苗、病苗、虫苗，缺苗穴四周适当留双株，确保有足够的株数。

④适时采收

用作粮食或饲料的玉米在苞叶由蜡黄变白、籽粒变硬时，于晴天收获。鲜食的甜、糯玉米应在乳熟期采收，此时鲜苞香、甜、细嫩，营养丰富，商品性较好。

4.11 玉米高效栽培关键技术

4.11.1 基地建设

基地建设应结合玉米自身特点，因地制宜地选择生态环境良好、符合有机农业生产条件、通过有机认证及完成有机认证转换期的地块作为种植地，以适应玉米消费多样化和优质化的要求。选择基地的要求：与最近集镇的距离≤10

km，周边 5 km 范围内无重大工业区、矿区及垃圾处理场；进出交通方便，主要道路基本硬化；无台风天气，风力≤8 级，年降雨量≤1 000 mm，年均气温≥12 ℃，年日照时数≥2 000 h；每天亩供水量≥3 m³；无石头、无大量生土的沙壤、偏沙壤地熟地，地块平整，排灌方便。基地满足上述标准的同时，应该处于上风上水处，避免常规农药、化肥污染，周边要建立缓冲带；土壤要适合种植相关品种，并尽可能靠近相关品种成熟后的目的地，以降低运输成本，保持玉米新鲜度。

（1）品种选择

提高农作物产量的一个非常重要的手段就是选育良种，科学合理地选育种子能够使后期的种植效益在一定程度上受到影响。不同地区的气候条件和土壤条件存在较大差异，为了把玉米种植过程中来自外界的影响降到最低，需要根据当地的土地条件和当地实际的自然条件，找出最适合当地播种的玉米品种，并进行高效种植，要最先考虑播种生产周期短、丰产能力强、抗病能力和对环境的适应能力强的玉米品种。此外，在选种的过程中还应考虑到玉米品种的市场销路，确保种植户的经济收入。就现阶段已有的玉米品种而言，能够满足环境适应能力强以及抗病能力强条件的玉米品种有很多，比如在华北南部，春播选择科试 982、科恩 702 品种，夏播选择正大 1 473、华丰郑单 958 等玉米品种。

利用好优良品种增产是农业生产中最经济、最有效的方法，选择品种要从实际出发，在选用玉米良种时，应注意以下几个原则：

①选择通过审定的品种

选种时要看种子是否通过品种审定，要有品种审定号。最好选择在当地进行了 3 年以上试验示范的品种。

②选择与本地熟期相符的品种

选种时必须选择在本地区能够正常成熟的品种。当地的热量资源与玉米品种的生长期有关。生长期长的玉米品种丰产性能较好、增产潜力较高，因此，当地的热量和作物生长期要满足玉米品种完全成熟的需要。生育期过短，会影响玉米产量；生育期过长，本地作物生育时期不够，玉米品种达不到正常成熟的要求，不能充分发挥品种的增产潜力。因此，选择玉米品种时，既要保证玉米正常成熟，又不能影响下茬作物适时播种。

③选择抗病或耐病的品种

病害是玉米生产过程中的重要灾害，选择玉米品种时一定要优先选择对大、小斑病，丝黑穗病和茎腐病的抗病品种。

④根据当地生产管理条件选种

玉米品种的丰产潜力与生产管理条件有关，丰产潜力高的品种需要好的生产管理条件，丰产潜力较低的品种对生产管理条件的要求也相对较低。因此，在生产管理水平较高，且土壤肥沃、水源充足的地区，可选产量潜力高、增产潜力大的玉米品种；反之，应选择生产潜力稍低，但稳定性较好的品种。

⑤选择高抗倒伏的品种

选择抗倒伏的品种非常重要，倒伏虽然与环境及栽培措施有密切的关系，但品种的遗传差别也是影响玉米植株倒伏的重要原因。

⑥选择高质量的种子

种子质量对产量的影响很大，其影响有时会超过品种间产量的差异。因此在玉米生产上，我们不仅要选择好的品种，还要选择高质量的种子。现阶段，衡量种子质量的指标主要包括品种纯度、种子净度、发芽率和水分四项。国家对玉米种子的纯度、净度、发芽率和水分四项指标做出了明确规定：一级种子纯度不低于98%，净度不低于98%，发芽率不低于85%，水分含量不高于13%；二级种子纯度不低于96%，净度不低于98%，发芽率不低于85%，水分含量不高于13%。

（2）种子处理技术

种子播种到土壤中，能否出苗，出齐苗、出壮苗，一方面要看土壤状况、气候条件，以及种子自身的生长能力和发芽率；另一方面要看地下虫害的危害程度。若地下虫害比较严重，也会导致种子无法出苗或者出弱苗、病苗，而种子处理是防治病虫害入侵的第一道防线。因此，为防治地下害虫以及防止种子被病菌侵染，以提高种子的出苗率，确保作物苗全、苗壮，从而达到安全生产的目的，我们在播种前要采取精选、晒种、药剂处理等措施。

①种子筛选

可直接购买经认证的有机玉米种子，也可自繁，并按照每年的生产计划选择合适的有机地块进行繁育。同时，应选用适合本地环境，经筛选后纯度达95%以上、发芽率达90%以上的优良品种种子，播种前用筛子筛去小、秕粒，并清除发霉、破损虫粒及杂物，使种子大小均匀饱满，便于机播，利于苗全、苗齐。

②种子的晾晒

筛选完种子后需要进行晾晒处理，晾晒处理可以在一定程度上打破种子的休眠期，促进未成熟种子向成熟发育，进而提高种子的发芽率，也可以使玉米苗长得好、长得快。而且由于太阳光的照射作用，特别是紫外线可以对种子表面进行杀菌消毒处理，降低种子病虫害的发生。如果玉米种子具有较高的含水率，不仅会对其正常发芽和生长造成不良影响，还会引发冻害，降低种子发芽率。

晒种一般在播种前 10~15 d 进行，应尽量选择阳光充足的天气，于 9：00—16：00开展晒种工作。晒种时将种子平铺开，尽量铺得薄一点，并且需要经常翻动，使种子能够全面、彻底地接受阳光照射，日落后把玉米种子堆积起来盖好，一般连续晒种 2~3 d 即可。晒种可以提高种子中酶的活性，增强种子活力，促使玉米提早出苗 1~2 d，出苗率提高 13%~28%。

③发芽检验

种子检验是指按照规定的种子检验程序，确定种子的发芽率，其最终目的是帮助人们选用高质量的种子播种，以充分发挥栽培品种的丰产特性，确保农业生产安全。

选择发芽床。发芽床可采用纸床或沙床，纸床较为简单实用。采用纸床的具体方法是：用四层湿润滤纸作发芽床，放入种子后再用一张湿润滤纸覆盖，种子发芽后须揭掉覆盖层。采用沙层覆盖时以沙子刚好盖住种子为宜。

取样。采用 100 粒或 50 粒为 1 个重复，每次试验重复 4~8 次。

种床管理。试验中沙床水分以种子保持湿润不露白为宜，纸床以滤纸保持湿润即可，切忌有明水。温度控制采用 8 小时 30 ℃、16 小时 20 ℃的变温方式。光照采用日光灯照明（温度 30 ℃时用 4 盏 30 瓦日光灯，20 ℃时用 1 盏 30 瓦日光灯即可）。

幼苗鉴定。由于净种子内残留有少许包衣物质，其中的成膜剂及干燥剂会影响种子的吸水速度，出苗较未包衣的种子慢，因此，初次计数时间可推迟 1~2 d，试验总时间可延长至 10 d。在鉴定时应注意净种幼苗可能较未包衣种子幼苗矮壮，畸形苗有增多的可能。

④浸泡种子

对种子进行浸润处理的目的是提高玉米种子在生长过程中的各项能力，针对不同种子的特性，选用不同试剂对其进行浸润处理具有较强的针对作用。浸润处理主要有 3 种试剂，分别是矮壮素、磷酸二氢钾和 ABT 生根粉。第一，通常选用50%浓度的矮壮素200 g，兑入 20 kg 的纯水，将玉米种子完全浸泡其中，经过 6 h 后取出，然后放置在通风阴凉处进行干燥。用矮壮素对玉米种子进行浸润处理，能促使出苗时种子的根系发达，使种子在之后的生长过程中实现穗大粒丰，能在很大程度上提高玉米产量。第二，使用 0.15%~0.2%浓度的磷酸二氢钾将种子浸泡 12 h 后直接播种。由于磷酸二氢钾中钾和磷的含量非常高，种子经过浸润处理后能够提升玉米主茎的抗折力以及韧性，还能够强化细胞的密度，提升玉米植株进行光合作用的效率，从而有效提高玉米的质量和产量。第三，目前最常采用的浸润处理方法就是使用 ABT-4 号生根粉兑成浓度为 5~15 mL/L 的液体，将种子浸泡其中，经 7~8 h 后取出，然后放置在通风阴凉处等待干燥后再播种。ABT 生根粉是一种生长催化剂，应用在很多作物的种子浸润处理中，不仅可以让种子发芽后快速生根并出苗，加快玉米植株生长发育的速度，而且可以增加粒重。

⑤搅拌玉米种

拌种也是玉米种植过程中的重要内容，拌种有利于玉米生根，促进玉米主根生长、增加须根，还能提高玉米植株吸肥、吸水能力，提高玉米抗倒伏性，以促进出苗整齐，实现苗壮，为玉米高产稳产奠定坚实的基础。对种子进行搅拌处理，主要有以下四种方式：第一，使用生物钾肥，它是一种由硅酸盐细菌经发酵后获得的生物肥料，能够将土壤中的各种微量元素和矿物元素转化为易吸收的离子态，起到抗旱、抗病害作用。一般将 500 g 的生物钾肥兑纯水250 g，然后与种子混合搅拌，等待水分阴干后再播种。在干旱季节，使用生物钾肥拌种的处理方式可以提高玉米植株的抗旱能力，降低病害发生的概率，避免玉米苗发生早衰，促进玉米穗结出大粒玉米，提高茎秆的柔韧性，保证玉米生长并提高产量。第二，使用吸水剂，吸水剂是由一种具有高吸水性的树脂成分组成的，可以降低水分的蒸发量，提高土壤的锁水能力，在一定程度上有利于提升玉米植株的抗旱能力，使玉米的出苗率得以提升。正确的操作步骤为：先将玉米种子浸湿，然后拌上适量的吸水剂，并保证吸水剂均匀地黏附于玉米种子上，最后将种子晒干即可播种。第三，使用抗旱剂，抗旱剂的主要成分是腐殖酸钠，它具有挥发迅速的特点，有利于保障玉米种子的生长发育。第四，使用药剂包衣，它的作用是防止黑穗病的发生。当前玉米种子搅拌使用的药剂主要有 17%浓度的 13 号种衣剂、3%浓度的微肥等，此外，也可运用多菌灵、呋喃丹等药剂进行拌种，以有效控制和减少地下害虫对玉米植株生长造成的危害。

（3）翻耕整地与及时除草

①翻耕整地

在玉米的生长阶段，其所需的所有营养皆由土壤供给，因此，土壤条件直接影响着玉米最终的产量和质量。通常情况下，玉米对于土壤的要求比较低，但是若土壤自身的土质太差，也会导致玉米产量降低。因此，在播种前要对玉米田进行深耕，在整地过程中可运用灭茬整地法，用机械开展灭茬工作，首先将田块中的秸秆充分粉碎，然后进行深耕，打破犁底层，深度控制在 25 cm 以上，之后平整土地，使之达到待播状态，并确保土壤内空气含量充足，这有利于玉米在土壤中扎根及吸收营养，从而确保植株健康成长。如果整地深度不足，则会使玉米在扎根方面稳定性不强，有较大的概率发生倒伏情况。同时，在实际整地过程中，还需要做好施肥工作，要对田地施基肥。一般来说，需要使用 50 千克/亩复合肥、2 000~3 000 千克/亩腐熟农家肥以及 10 千克/亩磷肥与钾肥，这样才能较好地满足植株生长所需。

②及时除草

人工机械除草。使用人工或机械的方法，从玉米 3 叶期开始，每隔一段时间进行中耕除草一次，这样不仅清除了杂草，而且能进行松土保墒，促进玉米根系的发展。

a. 苗前除草

苗前除草是指在农作物苗期前进行除草的一项农事措施。为防止农田中的杂草因得到适宜的温度、湿度和养分而生长茂盛，与作物竞争养分、水分和光照资源，抑制作物的生长发育，在整地后播种的地块上，应立即进行喷药除草。可以使用精异丙甲草胺，每亩用 960 g/L 乳油 55~85 mL，兑水 30 kg 进行喷雾防治；也可以使用二甲戊灵，每亩用 330 g/L 乳油 150~200 mL，兑水 60 kg 喷洒于土壤表面。苗前除草可以减少杂草对作物生长的影响，为后续农事创造良好的种植环境，从而提高作物的产量和质量。

b. 苗后除草

喷施玉米苗后除草剂的最佳时间在玉米 3~5 叶期，杂草 2~4 叶期，这个时候玉米地里的杂草差不多出齐，且该时期玉米苗的耐药能力最强，而杂草的耐药能力最弱，可以选择全田喷施。在中耕灭茬后，可每亩使用 38%莠去津悬浮液 75~100 mL 和烟嘧磺隆悬浮液 75 mL 对杂草进行喷雾防治，也可使用精异丙甲草胺，每亩 960 g/L 乳油 85 mL，兑水 30 kg 进行喷雾防治。以上除草剂对防治禾本科杂草和双子叶杂草有显著效果。

当第 1 次喷施除草剂没有把杂草全部杀死，地里杂草还有很多时，我们可以进行第 2 次喷药，第 2 次喷药不要用第 1 次所用的配方，宜选用的药剂为氯氟吡氧乙酸、二甲四氯、氯吡嘧磺隆。喷施的时间宜在玉米 6 叶期后至大喇叭口期，喷施时要压低喷头，尽量不要喷到玉米的叶心。

③应注意的问题

用玉米除草剂进行除草时，需要在杂草对除草剂最为敏感，玉米对除草剂耐受力最强的时候进行，最好使用苗前除草法，能降低对玉米的伤害。

为了消除长期使用单一除草剂，使得杂草产生耐药性的隐患，最好使用不同的除草剂，同时必须弄清两种药是否能混用及药剂的使用方法。

除草剂的用量要严格按照说明书上的规定执行，以免使得玉米出现药害。同时，要注意土壤湿度，过干或过湿都不利于杀死杂草。

喷洒玉米除草剂时，行走速度需均匀，器械压力一致，不回喷、重喷。并且在喷药前，应及时对喷雾器或用具进行清洗，用后同样进行清洗再存放。

除草剂可与芸苔素内酯混用，可降低玉米出现药害的概率。

（4）种植要点

①选择合适的播种时间

在南方地区多种熟制条件下，不同地区有不同的播种时间。在江南和浙江闽南地区，根据茬口关系主要进行秋播；在华南两广和海南地区，根据茬口关系、生长季节对玉米产量的影响，主要进行冬播。播种前要对种子进行筛选，去除发霉种粒或被虫蛀的种粒，选择外观完好、优质的种子进行播种，以提高种子发芽率。同时，播种前要对种子进行包衣处理，播种时应确保足墒浅播，播种完成后应及时进行镇压处理，在种子上覆盖 2~3 cm 的土层，使种子与肥料相分离，以免出现烧苗现象。

②确定合理的种植方式和密度

栽种玉米时，应对当地的生产条件、气候状况，以及土壤肥力、土壤中的水分含量进行综合考量，还要考虑品种特性，进而提升种植密度的合理性与科学性，以确保玉米种子可获得充足的光照、水分与空气。合理密植可充分平衡土壤肥力，为玉米生长提供适宜的温度条件，有利于增加玉米产量。确定玉米种植密度的原则主要有以下几个方面：

a. 因地制宜

选择适合本地种植密度的品种，作为良种在不同的条件下也有它的相对性，因此，要根据气候条件、地理条件、水肥条件选择适合密植的品种。

b. 根据品种特性，确定种植密度

不同类型的玉米品种具有不同的耐密性，紧凑型杂交种耐密性较强，密度增大时其产量较稳定，因此适宜的种植密度较大；平展型杂交种耐密性较差，若种植密度增加就会造成减产。

Ⅰ. 平展型中晚熟玉米杂交种

平展型中晚熟玉米杂交种植株高大、叶片较宽、叶片多，穗位以上各叶片与主秆夹角平均大于35°，穗位以下各叶片与主秆夹角平均大于45°。该品种玉米每亩留苗以 3 000~3 500 株为宜，非常适合春播，能充分利用光热资源增加养分的有效积累，从而提高产量。

Ⅱ. 竖叶型早熟耐密玉米杂交种

竖叶型早熟耐密玉米杂交种株型紧凑，叶片上冲，穗位以上各叶片与主秆夹角平均小于 25°，穗位以下各叶片与主秆夹角平均小于 45°。该品种玉米每亩留苗以 4 500~5 000 株为宜，适合在麦收以后播种。

Ⅲ. 中间型玉米杂交种

中间型玉米杂交种的叶片与主秆的夹角介于紧凑型和平展型之间，多数属中早熟耐密品种，每亩留苗以 3 500~4 500 株为宜，适合麦垄套种。

c. 根据产量水平确定种植密度

亩产 400~500 千克的产量水平：平展型玉米杂交种适宜种植密度为每亩 3 000 株左右，紧凑型玉米杂交种适宜种植密度为每亩 4 000 株左右。

亩产 500~600 千克的产量水平：平展型玉米杂交种适宜种植密度为每亩 3 500 株左右；紧凑型中晚熟大穗玉米杂交种适宜种植密度为每亩 3 700~4 000 株；紧凑竖叶中穗型杂交种适宜种植密度为每亩 4 500 株左右。

亩产 650 千克以上产量水平：紧凑型中晚熟大穗型杂交种适宜种植密度为每亩 4 500~5 000 株；紧凑竖叶中穗型杂交种适宜种植密度为每亩 5 000~5 500 株。

d. 增密增产技术

根据玉米品种的特征特性和生产条件，因地制宜地将现有耐密品种的种植密度增加 500~600 株/亩，即增密增产技术的前提是选择耐密品种和水肥条件好的地块。

e. 科学定苗

亩穗数、穗粒数和千粒重是影响玉米产量的三个主要要素。亩穗数取决于种植密度，玉米的种植密度直接决定了每单位面积上玉米植株的数量。在确定种植密度时，需要考虑到自然因素对玉米成穗的限制，如病虫害、营养供应和光照等。一般来说，玉米正常的成穗率为 90%~95%。在大田留苗时，应根据实际情况将苗移栽到田间，并根据预设的穗数目标适当增加苗数。这样可以确保在自然因素的限制下，每亩玉米的实际穗数能够达到预期的目标。

③选择合适的种植方法

选择合适的种植方法既是发挥复合群体作用，充分利用自然资源的关键，也是促使玉米增产增收的中心环节。玉米种植的方式有很多，最常用的有以下几种：

a. 清种

清种是指清一色玉米连片等行种植，行距为 60~70 cm，株距则根据地理条件、品种类型等因素确定。其特点是植株在田间分布均匀，能够充分地利用养分和阳光。但植株生长后期由于光照条件差，光合作用效率低下，群体、个体的矛盾尖锐，会影响产量的进一步提高。

b. 间作

间作是指在同一块地里，成行或者带状（若干行）间隔种植两种或者两种以上的作物。当前主要是以玉米和小麦、大豆间作为主，少部分有玉米和红豆、绿豆、谷子、薯类等间种。其中，玉米和小麦的间作面积比较大，大多数采用4：1的种植形式，这样在确保玉米种植密度适宜的同时，还可利用空行通风透光的有利条件，增加边行的优势，提高叶面积系数，在保证玉米不减产的情况下，每公顷可多收小麦 1 000 kg 左右。玉米和大豆的间作，在基本不影响玉米产量的前提下，可增收部分大豆。

c. 套种

套种是指两种生长季节不同的作物，在前一茬作物收获之前，播种后一茬作物，在田间两种作物既有构成复合群体共同生长的时期，又有某一作物单独生长的时期。套种既能充分利用空间，又能充分利用时间，是提高土地利用率，同时使作物充分利用阳光的一种有效的种植方式。玉米和小麦、蔬菜、大蒜、豆类、薯类套种，可以增加绿色面积，充分利用空间，延长生育季节，增加复种指数，提高单位面积的粮食产量。如春小麦套种中早熟玉米，可以增加有效积温，提高热量资源的利用率，使玉米、小麦双丰收。

d. 大垄双行

大垄双行是玉米生产上常用的栽培技术，是促进玉米增产增收的一种有效的技术措施。在海南，应用玉米大垄双行种植技术可高效利用当地的光、热、水、气等资源，是一种节本增效、实施便捷的栽培技术。

大垄双行栽培技术对海南的气候和环境具有适宜性。海南一年四季主要分为雨季和旱季，雨季一般在5—10月，但有时3—4月或11月份雨水也偏多，其他时候为旱季。南繁玉米最佳种植时间为霜降到立冬期间，这个时间段一般少有台风。在10月底至11月初，由于海南温度较高，天气变化较大，有时会突降暴雨，特别是当有台风扫过时，很容易形成严重积水，这就需要对播种完的地块及时进行排水，以免苗期玉米被雨水长时间浸泡，根系无氧呼吸，导致苗弱、苗僵甚至苗枯。大垄双行种植沟深、沟宽，雨水不至于淹没垄台，且排水快，能够减小降水对玉米苗正常生长的影响。

大垄双行栽培技术便于蓄水保墒。由于海南冬季高热少雨，而玉米生长期需水量较大，需经常浇灌，且岛内多为沙性土，保水保墒性较差，大垄双行可蓄水，保墒时间长，从而减少因灌溉不及时造成的旱情，促使玉米正常生长。

大垄双行栽培技术可以降低成本。随着我国农业的快速发展，每年南繁的单位越来越多，而海南的耕地又比较紧张，导致地价不断上涨，成本增加。采取大垄双行栽培方式可缩短垄宽，相应节地降本，它也是海南当地农民种植反季节蔬菜常用的一种方式。

大垄双行栽培技术便于人工作业。大垄双行沟宽，无论是苗期打除草剂，大喇叭口期防治玉米螟，还是田间防治蚜虫、棉铃虫，都便于人工施药，也便于玉米追肥封垄，而不伤害玉米植株。此外，玉米育种需人工套袋授粉并在玉米田间穿梭，容易刮脸，而且在行走过程中易碰落花粉，造成混杂，而大垄双行垄沟宽，授粉非常方便，也便于收获。

大垄双行栽培技术通风透光，有利于增产增收。玉米是边行优势明显的作物，大垄双行使每行玉米都是边行，增强了其通风透光的能力，植株的光合作用明显提高，促使玉米根深叶茂，棒大棒长，籽粒饱满，商品性好，增产增收。

e. 缩垄增行

缩垄增行是指将原行距为 65 cm 的三条垄合成两个大垄，每个大垄上种植两行玉米，形成行距为 40 cm 和 60 cm 的宽窄行种植，该种植方法适合耐密型玉米品种。

④合理密植

合理密植可以促使玉米充分利用阳光、水分、空气、热量和养分，在保证群体产量最大的前提下，个体也能健壮地生长发育，达到穗多、穗大、粒重的目的，从而提高玉米单位面积的产量。一般在生产上，应该根据玉米品种的特征特性、地力水平、水分条件、种植方式等确定合理的种植密度。合理密植的原则如下：

a. 早熟品种宜密植、晚熟品种宜稀植

一般晚熟品种生育期长，植株高大，茎叶繁茂，单株生产力较强，需要较大的营养面积，应该种植得稀一些；早熟的品种植株矮小，叶片数也较小，单株所需要的营养面积可以小一些，可以种植得密一些。

b. 肥地宜密植，薄地宜稀植

土壤肥沃，施肥水平较高的地块，可以种植得密一些；地力较差，施肥量又不多的地块，可以种植得稀一些。因为在肥力高的地块，有较小的营养面积即可满足玉米个体的需求；而在肥力低的地块，种植密了，植株反而生长不起来，在生育后期早衰，生育延迟，穗小，空杆率高，产量降低。

c. 间作宜密植，清种宜稀植

通风透光的地块可以种植得稍微密一些，大片清种的地块可以种植得稍微稀一些，间作玉米可稍密。

d. 水分充足宜密植，水分不足宜稀植

降水较多以及有灌溉条件的地块，应该比旱地、降水量较少的地块的种植密度大一些，因为密度大，需水量也较多。若旱地种植过密会加深玉米植株萎蔫程度，从而影响光合作用，导致产量减少。因此，种植密度应该随着内外因素的变化而变化。

（5）育苗移栽技术

①育苗准备

纸筒。采用两行玉米移栽机移栽的，应选用黑龙江省造纸研究所生产的单筒规格为 25 mm（直径）×80 mm（高）的纸筒，纸册规格为 640 株（16×40），每亩需要纸册 7 册（4 480 株），移栽密度约为每亩 4 000 株（6 万株/公顷）。特别适合密植的品种每亩需要纸册 8 册（5 120 株），移栽密度约为每亩 4 600 株（6.9 万株/公顷）。50 亩移栽田需要育苗纸册 350~400 册。

育苗棚。采用 640 孔纸册，每册占地面积为 0.38 平方米，若每亩用纸册 7 册，每亩占地面积为 2.66 平方米，50 亩占地面积为 133 平方米；若每亩用纸册 8 册，每亩占地面积为 3.04 平方米，50 亩占地面积为 152 平方米。

营养土。每亩育苗田需要营养土 0.38×0.08×7（或 8）= 0.21（或 0.24）立方米，50 亩育苗田需要 10.5（或 12）立方米营养土。

种子。根据种子百粒重、发芽率、成苗率、移栽密度确定用种量，一般每亩用种 1.2~1.5 kg。

装土、播种设备。装土、播种设备主要有墩土翻转机或简易墩土板两种，有条件的可采用墩土播种机。

②品种选择

选用已审定、推广且比当地直播品种播期长 10~15 d 或活动积温高 200~250 ℃的优良品种，将晚熟高产品种向北推移一个积温带种植。

③育苗地选择

育苗地以靠近水窖、库塘、水池、水井及自然水等水源处为宜，有利于播种后一次保全苗及有足够的保苗水。同时，育苗地要选择背风、向阳、地势平坦、距离大田较近、土壤肥沃的地块，有利于增温、保墒，促使幼苗健壮生长。育苗地不要选择在低洼地、风口处，苗床一般采用地下或半地下式，选好后精细整地，使其平整。苗床面积根据生产田面积的大小而定。

④床土配制

苗床一般要在育苗前一周准备好。床土要求选用疏松、吸水性强、通透性好的土壤，质地适宜，肥力适中。配制床土时需根据各地情况酌情配比，农家肥、腐熟的草炭土、无残留农药沃土各1/3，过筛后每立方米床土混拌磷酸二铵 2 kg、硫酸锌 0.2 kg、硫酸钾 0.3 kg，倒堆 3~4 次，混拌均匀，以免出现烧芽、烧苗现象。床土湿度以手捏成团，落地即散为宜，床土配制好后即可使用。

⑤做床

播种前 10 d 扣棚，以提高床内温度。首先将苗床整平耙细，把浮土清除，然后在床底铺上一层腐熟的马粪、沙子或塑料袋等做隔离层，有利于起苗。

⑥装土

首先，将纸册展开（四角固定），将混拌好的营养土装入纸筒，力求装满敦实，防止出现土松、空筒现象，可通过墩土机、墩土板或人工拍击实现。然后将敦实的纸册搬运到事先做好的苗床上，依次整齐摆放待播。

⑦播种

播种前进行种子处理，去除小粒、瘪粒和霉粒，要做好种子发芽试验。如4 月 20 日左右播种，播种期由移栽期倒推确定，要考虑移栽期在终霜期后进行，向前推 20~25 d，使秧苗长成 3 叶 1 心即可。对于包衣处理过的种子，应进行干种子播种，严禁浸泡催芽。采用催芽播种时，在播种前 2~3 d，用 28~30 ℃温水将种子浸泡 8~12 小时，之后捞起滤干，使其在 20~25 ℃的环境中进行催芽，并每隔 2~3 小时翻动一次。催芽的种子露出胚根时，将种子置于阴凉处炼苗 6 小时后进行拌种或包衣待播种。播种时在纸筒上留出粒空间的两种方式：一是将纸册上提，纸筒上部空出后进行播种；二是浇水使纸筒上部土壤下沉，然后进行播种。

⑧密封盖膜

种子播深 1~2 cm，播完后撒营养土，约 2 寸厚，用喷淋法进行浇水，浇水要浇匀、浇透。覆土后将纸册四周用土封严，防止苗床边缘跑墒，再覆上薄薄一层细泥土，然后用 2 米长的竹片在苗床上搭上拱架，盖上 2 米宽的农膜，架顶高 40 cm 为宜。将农膜四周用土压严密封，以减少水分损失，防止土壤板结，待出苗后撤掉。

⑨苗床管理

温度管理。出苗至 2 叶期，棚室温度保持在 28~35 ℃，但不可超过 38 ℃；2~3 叶期，保持在 25 ℃左右；3 叶期至移栽前，保持在 20~24 ℃。要注意通

风炼苗，在移栽前 6~8 d，根据气温情况，逐渐增加揭膜面积，第一天揭膜
1/3，第二天揭膜 2/3，第三天即可全部揭开，移栽前一天浇足水，以便取苗。
若没有霜冻，应昼夜通风；若棚室温度超过 30 ℃，要揭开膜的两端通风降温；
若苗床表土发白，要揭膜浇水，并及时盖严，常保持土壤湿润。在 2 叶期至炼
苗前，管理的重点是控制床内温度保持在 20 ℃左右，并经常喷水保持土壤湿
润，以防幼苗徒长。

水分管理。播种时要采用喷淋方式把水浇匀、浇透，之后一般不用再浇
水，除非特别缺水时再浇水，要严格控制水分，并及时蹲苗、炼苗。移栽前 3 d
要浇一次透水，有利于玉米纸筒间的分离。

⑩适时移栽

一般育苗 25~30 d 后移栽。玉米育苗移栽成功的关键是控制好移栽苗龄，
移栽苗龄一般以 2 叶 1 心期至 3 叶 1 心期为宜，最迟不要超过 4 叶 1 心期。移
栽过早，玉米增产潜力较小；移栽过晚，会造成缓苗慢，易形成小老苗，出现
空秆，影响玉米穗分化，从而导致减产。移栽前要深翻土地，使土壤疏松，土
层加厚，蓄水保肥能力增强，使移栽后的玉米根系可以从深层吸收养分，增强
抗旱、抗倒伏能力，达到根深、秆壮、高产、稳产的目的。

移栽的关键就是保护根系，缩短缓苗期，提高玉米苗成活率。由于玉米苗
移栽后不能马上浇灌，为保证水分充足，提高玉米苗成活率，一般宜在阴天移
栽，在下雨后移栽效果最好，有利于缓苗，玉米苗成活率更高。移栽时应按苗
大小、强弱分级，分片移栽，并实行定向移栽，即叶片与行向垂直，要栽浅、
栽直、栽稳，不窝根，埋土 3~4 cm。同时，应选择齐、壮苗定植，玉米苗为
10 cm 时最适合移栽，太小不易成活，太高缓苗还需要一段时间，长势慢，影
响玉米产量。起苗时要尽量多带土，注意少伤根，运输过程中要尽量减少震
动，防止苗散落。一次起苗不可过多，苗要注意遮阴，随起随栽。栽种时要遵
循"土肥宜密，土瘦宜稀；肥多宜密，肥少宜稀"的原则，合理密植。栽后
随即浇定根水，使根土自然紧密，并覆盖地膜，以减少水分蒸发。缓苗后，再
浇一次返青水，并及早追施提苗肥，促使玉米植株发根壮苗。

4.11.2　田间管理措施

（1）苗期管理

苗期主要是指玉米出苗到拔节前这一段时期，苗期玉米的主要生长特点是
地上部分生长缓慢，根系生长迅速。苗期玉米器官的形成以根系为中心，叶片
生长缓慢，以保证根系发育良好。据测定，玉米 3 叶期至拔节前，地下部比地

上部的增重速度快 1.1~1.5 倍。但由于地上部茎叶，特别是近根叶正在形成和出现，容易和根部争夺养分和水分，从而影响根部的生长，故地上部与地下部之间所表现出的矛盾是玉米苗期存在的主要问题。因此，该阶段田间管理的中心任务是保证全苗，做到苗齐、苗壮。通过加强中耕松土，提高土壤通气性，可适当控制地上部茎叶的生长，促进根系的健康发展，使植株达到根多、苗壮、茎扁的效果，叶色由出苗后的浅绿色转为深绿色，整株幼苗壮实，为后期穗粒期的生长与高产奠定良好的基础。苗期管理的主要技术措施有：移苗补栽、间苗、定苗、中耕锄草、蹲苗促壮、追肥和防治虫害等。

①移苗补栽

玉米种子质量以及土壤墒情等会影响到玉米的出苗，种子质量较差或土壤墒情不足时，会出现不同程度的缺苗和断垄现象，从而对玉米的产量和品质造成较大的影响。因此，待玉米基本出苗后应及时到田间检查出苗状况，如发现有缺苗断垄现象，应马上进行补种或者是移栽。移栽最好选在阴雨天进行，如持续晴天，则应在下午傍晚时分进行，而且要带土移栽。移栽后应立即浇水并浇透，尽可能地缩短缓苗的时间，以保证其成活率。

②间苗定苗

做好间苗和定苗工作，是保证玉米合理密植的关键技术措施。间苗一定要提早进行，应在幼苗即将扎根之前，也就是在幼苗长到 3~4 片叶时进行。基本要求就是去除弱苗、病苗和杂苗，保留壮苗和大苗。如间苗时间过晚，各种苗就会拥挤在一起争夺水分和养分，影响好苗的根系生长，进而导致地上部分的植株生长缓慢。当幼苗长至 4~5 片叶时，按不同的品种和地力情况适当定苗。针对地下虫害发生较严重的地块，可延时定苗，但最好不要超过玉米 6 片叶时。间苗和定苗可以和铲地同时进行。

③中耕除草

中耕除草能够有效疏松土壤，提升地温，增加土壤中的养分，控制土壤水分的蒸发速度，有助于防旱保墒。中耕除草可分 3 次进行，第 1 次在定苗之前，耕深约 4 cm；第 2 次在定苗后，玉米幼苗长到约 35 cm 时进行；第 3 次是在玉米拔节之前，耕深约 10 cm。如使用化学除草剂，可选在播种后至出苗前这一时间段对土壤进行处理，也可选在玉米刚出 3 片叶时进行茎叶处理。这两种方法对田间杂草都有较好的防治效果。

④蹲苗促壮

蹲苗的优势就是促使玉米的根系变粗、变长、增多，从而增强其吸水、吸肥的能力，不但能使玉米苗变得粗壮，还有力地增强了玉米植株在生长中后期的抗旱和抗倒伏能力。蹲苗通常在出苗开始至拔节前,当玉米长至 4 片叶时,结合定苗将根部土壤翻开约 3 cm,露出地下茎,晾晒 10 d 左右,然后追施肥料并进行封土。该方法可提升一定的地温,注意操作时不要损伤到植株的根系。这种方法适用于地力肥厚,土壤墒情较好,苗粗、苗壮的地块,否则可考虑不蹲苗。

⑤适当追肥

就东北春玉米而言,由于基肥十分充足,通常情况下不用施苗肥。而对于基肥不太充足的地块,必须及时进行追肥,以满足玉米苗期生长发育的需求,做到以肥调水,为其优质高产奠定良好的基础。在施肥时,应将所需的磷、钾肥一次性施入,且施入的时间要提早,不宜过晚。如出现"花白苗"的情况,可选用 0.2%的硫酸锌溶液对叶面进行喷洒。如苗叶发黄,生长缓慢,可选用 0.2%的尿素溶液对叶面进行喷洒。

⑥防治地下害虫

对玉米苗危害最大的地下害虫有蛴螬、蝼蛄、地老虎和金针虫等,如发现有虫害的苗头和迹象,应马上进行防治。防治方法如下:一是采用浇灌,即选用 50%辛硫酸乳油 8 kg/hm^2,兑水 1 200 L 进行垄沟浇灌;二是撒毒土,即选用 2%甲基异柳磷粉 25 kg/hm^2,加细土 500 kg,搅拌均匀后顺垄沟进行撒施。

(2) 穗期管理

玉米穗期管理也称中期管理,穗期即玉米从拔节至抽雄这一段时间,也是玉米发育的主要阶段,这个时期玉米生长最快,且吸收的肥水量也最多,其直接决定了玉米穗数以及粒数。在玉米的整个生长周期中,穗期玉米对肥水的需求量最大,因为这个阶段玉米茎叶生长速度较快,雌穗和雄穗正处于快速分化发育的过程,也是玉米植株营养生长与生殖生长并进的时期。因此,在玉米穗期的田间管理过程中,应该充分重视肥水管理,尽量为玉米生长提供足够的肥水和肥料,以促使玉米植株和穗部能够更好地生长,根系能够健康发育,从而培养出更多穗大粒多的玉米植株。

①施用拔节肥

当玉米长到 7~8 片叶时,就到了拔节期,也正是玉米需肥的高峰期。此时要进行二遍铲耥,同时追肥,施硝酸铵 160 kg/hm^2,也施用尿素 130 kg/hm^2,并辅以根外追施硫酸锌 160 kg/hm^2,可防止玉米秃尖。

②适时追穗肥

在玉米大喇叭口期及时追肥,对于长势较差、补种或移栽较多、遭受风(雹)灾的地块,应在苗期多追一次肥。追施尿素的量不宜过大,避免贪青。追肥可采用垄沟深追肥的方法，并适当补充微肥。对于地势低洼、受淹的地块，应采取挖排水沟、抽水等措施，尽快排水排涝，争取把玉米损失降到最低点。

③中耕培土

中耕可以疏松土壤、铲除杂草、蓄水保墒、利于根系发育，同时可去除田间杂草，并使土壤更多地接纳雨水。培土则可以刺激次生根发育，有效地防止因根系发育不良引起的根倒。拔节至小喇叭口期（6片叶至10片叶）应进行深中耕，深度6~7 cm，通过中耕灭茬松土、除草，不仅可以促进有机物质的分解，改善玉米的营养条件，促进新根大量形成，还能提高地温，对玉米的健壮生长有重要意义。

中耕和培土作业可结合进行，在玉米大喇叭口期，结合施肥进行中耕培土，连续两次，以增厚玉米根部土层，有利于气生根的形成和伸展，以及增强植株的抗倒伏能力。培土高度以7~8 cm为宜，行间深一些、根旁浅一些。排水良好的地块不宜培土太高，在潮湿、黏重地块以及大风多雨地区，培土的增产效果比较明显。

④去分蘖

玉米每个节位的叶腋处都有一个腋芽，除植株顶部5~8节的叶芽不发育以外，其余腋芽均可发育；最上部的腋芽可发育为果穗，而靠近地表基部的腋芽则形成分蘖。由于玉米植株的顶端优势现象比较明显，因此基部腋芽形成分蘖的过程受到抑制。

以夏玉米为例，其产生分蘖的原因如下：

a. 生长点受到抑制

玉米植株的顶端生长点受到不同程度的抑制，导致植株矮化而产生分蘖。例如，植株感染粗缩病，苗后除草剂产生的药害，控制植株茎秆高度的矮化剂形成的药害，苗期高温、干旱造成的影响等都可能使玉米产生分蘖。

b. 品种差异

玉米品种间存在差异，有的品种分蘖多，有的品种分蘖少。

c. 土壤肥力和水力

土壤肥力和水力越高，玉米植株分蘖越多，在生长初期的前几周内，土壤养分和水分供应充足时，分蘖能最大限度地发出，分蘖性强的杂交种每株可能形成1个或多个分蘖。

d. 种植密度影响

几乎所有玉米杂交种的植株都能适时地利用土壤中的有效养分和水分形成一个或者多个分蘖，同样的玉米品种，种植密度较小时，分蘖多一些，反之少一些。

夏玉米产生分蘖的应对措施：玉米植株出现分蘖时应该尽早拔除，拔除分蘖的时间越早越好，以减少分蘖对植株体内养分的损耗和对生长造成的影响。拔除分蘖的时间以晴天为宜，以使拔除分蘖后形成的伤口能够尽快愈合，减少被病虫害侵染的机会。但是，作为青贮玉米或青饲玉米生产的地块，玉米植株出现分蘖以后，可以不拔除。

⑤防倒伏

到孕穗时，玉米植株会逐渐长高，且玉米秆也呈现多汁柔嫩的状态，若雨后刮大风，会导致玉米植株出现倾斜或倒伏的情况，从而导致玉米减产 30%~40%，这就需要及时进行培土，来提高根系的抗倒伏能力。一般培土的时间在大喇叭口时期，要求高度约为 10 cm，还可以喷一些玉米生长的调节剂，以达到抗倒伏和增产的目的。

⑥适时浇水和排灌

根据土壤墒情，要做好适时的浇水与排灌工作。在穗期出现受旱情况，会导致玉米减产 50%。因此，玉米穗期要进行 2 次浇水，第 1 次是在大喇叭口期，第 2 次是抽雄期前后，玉米此时对水的需求量比较大。若出现雨水量过大或者积水过多的情况，还要及时进行排灌，以提高根部透气性，避免植株出现倒伏现象。

⑦补种补栽

对于洪涝灾害严重、农作物绝收的地块，要及时组织农民清除田间淤泥、沙石，进行秋季作物的补种补栽，充分利用土地资源，尽量减少农民损失。

⑧及时防治玉米病虫害

加强玉米病虫害的观测和防治，以预防为主，进行综合防治，在三龄以前将虫害消灭。防治玉米螟：在玉米大喇叭口期，防治玉米螟效果最好。防治玉米叶斑病：用 50% 多菌灵 500~800 倍液喷洒。防治玉米锈病和褐斑病：在发病初期，每亩用 20% 三唑酮乳油 75~100mL，兑水喷洒。

（3）花粒期管理

玉米的花粒期是指抽穗至成熟这一阶段，是玉米生殖生长的重要时期，持续时间一般为 50~60 d，这个阶段以提高粒重、增加粒数、提高灌浆强度、延迟灌浆时间、防止植株早衰等为中心进行田间管理。

①人工辅助授粉

玉米是同株异花作物，天然杂交率很高，不利的气候条件常常引起雌雄穗脱节而影响正常的授粉、受精过程，使穗粒数减少，最终导致减产。在玉米抽雄至吐丝期间，低温、寡照以及极端高温等不利天气均会导致雌雄穗发育不协调，特别是吐丝时间延迟，影响果穗结实。当出现上述天气时，可在散粉期间采用人工辅助授粉的方法来弥补果穗顶部迟出花丝导致的授粉不足，从而克服干旱或降雨过多等不利因素的影响，提高玉米植株结实率、减少秃顶、增加穗粒数，实现粒大粒饱，达到增产的目的。在玉米开花期进行人工授粉，能够有效避免玉米出现秃尖、缺粒的现象，并且玉米穗比较大，粒比较饱满，从而有效地实现增产。人工授粉时要边采边授，以增加雌穗受精的机会。在大田一般是不需要进行授粉的，只有遇到干旱或阴雨天气导致雄穗不能开花散粉时，才进行人工授粉。人工授粉可以在早晨开花粉散时进行，摘取 2~3 个雄花穗分枝，把花粉抖落在雌穗花系上，一般可连续进行 2~3 次。另外一种比较简单的做法是，在两个竖竿顶端横向绑定一根木棍或粗绳，在有效散粉期内，两人手持竖竿横跨几行玉米顺行行走，用横竿或粗绳来击打雄穗，帮助花粉散落。人工辅助授粉过程宜在晴天 9 时至 16 时进行。

②隔行去雄

玉米去雄有助于增产，因此要把握好去雄时间，一般在雄穗抽出但未开花和撒粉前实施，即雄穗抽出心叶 1/3~1/2 且长度约 6 cm 时是最好的去雄时间，一般在晴天 9 时至 16 时操作为好，这样植株伤口容易愈合。去雄株数一般占全田总株数的 1/3 左右，最多不超过 1/2，且地头和地边的玉米一般是不去雄的。每株玉米雄穗可产 2 500 万~3 700 万个花粉粒，1 株玉米的雄穗至少可满足 3~6 株玉米果穗花丝授粉的需要。由于花粉粒从形成到成熟需要大量的营养物质，为了减少植株营养物质的消耗，使之集中于雌穗发育，可在玉米抽雄始期（雄穗刚露出顶叶，尚未散粉之前）及时隔行（株）去雄，即每隔 1 行（株）拔除 1 行（株）的天花，让相邻 1 行（株）的天花花粉落到拔掉天花的玉米植株花丝上，使其形成异花授粉。这样能够增加果穗穗长和穗重，双穗率有所提高，植株相对变矮，田间通风透光条件得到改善，植株光合生产率提高，从而使得玉米籽粒饱满，产量提高。据试验，玉米隔行（株）去雄可增产 10%左右。靠田边、地头处不要去雄，以免影响授粉。去雄时应尽量少带叶或不带叶，以免减产。抽出的雄穗应扔于田外，因为雄穗上可能有玉米螟等病虫，不可扔于田间。

③拔大草、去空秆

在玉米种植过程中，应及时拔除田间大草，疏松土壤，去小株，掰小棒，打底叶，以提高田间自然通风透光条件，增强根活力，加速灌浆，有利于促进玉米早熟。

在玉米田内，总有一定数量的植株会形成不结果穗的空秆或低矮小株，它们不但会白白地消耗养分，而且还会影响其他植株的光合作用。针对这样的植株，一定要结合去雄和人工授粉等工作，及早将其拔掉，还要注意拔除病株、小株、弱株、杂株和分蘖，从而把有限的养分集中供应给正常的植株。每株玉米可长出几个果穗，但成熟的只有1个，最多有2个。为促使玉米早熟增产，每株玉米植株最好保留最上部的1个果穗，其余全部除掉，但要注意在掰除多余的玉米穗时，不能损伤和掰除穗位叶，否则会得不偿失。这样可以改善田间通风透光条件，减少肥料消耗，有利于植株正常生长发育，促使大穗大粒的形成，从而提高玉米产量。

④及时控制药害

在出现药害地块时，应及时采取补救措施：一是喷施解药；二是喷施植物生长剂和作物所需的中、微量元素，以促进玉米植株生长发育。

⑤防止玉米倒伏

秋季多风，往往会导致玉米出现倒伏，因此，在玉米追肥后要及时培土，以防止倒伏的发生。培土能使玉米气生根的形成，增强玉米抗倒伏能力。若玉米生长期出现倒伏现象，将会影响产量，严重时可造成绝收。玉米生长发育后期倒伏多为根倒，由于上部较重，植株很难直立，必须在暴风雨过后立即扶起，时间拖延越长，减产越严重。在扶起玉米植株时，要使茎秆与地面形成适当角度，若扶得过直，会导致伤根增加，则减产加重。根据以往经验，玉米根倒扶起的适宜角度为30°～50°，扶起的时间越早越好，扶起的同时要将玉米根部用土培好。

⑥站秆扒皮晾晒

站秆扒皮晾晒可以使玉米成熟时间提前，加快籽粒脱水速度，晾晒半个月后，玉米含水量可降低17%左右，促进早熟7 d左右，增加产量7%左右，一般在玉米蜡熟期进行站秆扒皮晾晒（籽粒有一层硬盖时进行）。如果站秆扒皮晾晒的时间比较早，会直接影响玉米灌浆，导致产量降低；如果站秆扒皮晾晒的时间比较晚，那么该操作就不会起到任何作用。

4.12 玉米机械化生产

4.12.1 玉米机械化生产概述

玉米机械化生产是指在玉米生产的全部环节，即耕整地、播种、施肥、植保、中耕、收获以及运输、脱粒等都使用机器作业。

玉米播种包括套种、单种和地膜覆盖三种方式。

田间管理包括玉米机械中耕、机械深松、机械追肥、机械植保灌溉等作业环节。

机械收获技术模式包括以下几种：

①联合收获模式：利用联合收获机一次性完成摘穗、果穗升运、集箱、秸秆粉碎还田等作业，包括机械摘穗和秸秆粉碎还田联合收获、机械摘穗和秸秆粉碎回收联合收获两种模式。

②穗茎兼收模式：利用穗茎兼收机械在收获玉米果穗（包括摘穗、果穗升运、集箱）的同时，将秸秆粉碎并集箱回收，用作黄贮饲料。畜牧养殖比较发达的地区应优先推广该技术模式。

③玉米青贮模式：利用玉米青贮收获机将玉米果穗与秸秆同时收获，然后直接粉碎用于青贮饲料。大型畜牧养殖场、规模化养殖区可采用该技术模式。

④分段收获模式：在玉米成熟期先进行人工摘穗，然后通过割秆机械和秸秆粉碎回收或秸秆粉碎还田的方式处理秸秆。

玉米机械收获后续作业环节包括浅耕灭茬、深耕整平等。

4.12.2　玉米机械化生产存在的主要问题

近年来，随着农业经济的快速发展，玉米整地、播种、收获的机械化水平相对提高，但在生产上还存在一些因素制约了玉米机械化生产的快速发展。

（1）玉米品种多而杂，造成收获难

我国目前种植的玉米品种多而杂，同一地区种植的玉米的株高、穗位高、适宜种植密度、成熟期等各有不同，导致机械难以适应，作业效率较低，收获质量较差，从而影响了玉米的机械化生产。

（2）农机农艺结合不紧密，制约整体发展

玉米种植方式有单种、套种、地膜覆盖，不同种植方式所要求的行距不同，同一地区采取的种植方式有多种，这给机械化作业带来极大不便，特别是行距的不统一对机械收获而言，不仅加大了作业难度，而且增加了收获时的损失率。

（3）土地规模偏小，限制了大型机械的应用

以海南省为例，该地除国有农场外，农民人均土地种植面积较小，在机械化作业过程中需多次调头转弯，由于受幅度限制，作业效率不高，制约机械化的进一步发展。

（4）玉米精量播种、机械收获等技术有待提高

在玉米机械化生产各环节中，播种的机械化水平较高，收获环节的机械化水平较低。虽然播种机械技术发展较为成熟，但玉米播种机具中小型机具数量较多，大型精量播种机械数量较少，现代农机装备技术应用少，且当前的播种机械重点推广复式多功能精少量播种机具。玉米收获、免耕播种等机械适应性、可靠性有待进一步提高；青贮收获、茎穗兼收机具选型配套工作有待进一步加强。因此，我们要深入研究各个主要产区的玉米种植制度，有针对性地选型、推广适应特定行距的玉米联合收获机械，突破玉米种植技术复杂、各地品种种植行距不一的障碍。以机播保机收，以机收带机播。

4.12.3 玉米机械化生产技术介绍

（1）玉米膜下滴灌栽培技术

玉米膜下滴灌栽培技术，是把工程节水和覆膜种植两项技术集合起来的一项农业节水综合栽培技术，是在地膜下放置滴灌带进行灌溉的一种灌溉形式，是把播种、施肥、铺膜、铺水带、喷化学除草剂一次性完成的机械化种植技术。

①确定播种方案

确定播种方案包括以下6个方面的内容：

a. 确定播种工艺

主要采取大小垄休耕轮作方式：大垄80 cm，小垄40 cm，第一年种植在40 cm的小垄上，隔年种植在80 cm的大垄上（增大行距，缩小株距，亩保苗数不变）。匀垄种植即一米一带传统种植法。

b. 确定播种方法和亩播种量

播种方法有精播、少播两种。精播要求每穴1粒种子，空穴率不大于1%，亩播量为1.1~1.5 kg；少播要求每穴2±1粒种子，空穴率不大于2%，亩播量为2~3 kg。

c. 确定亩施肥量、深度

采用一次性深施肥法，施肥深度为8~10 cm，要施在种子的侧下方，与种子的隔离带保持6 cm左右距离。亩施肥量根据土质和玉米品质而定，一般亩施配方肥40 kg左右，可少施或不施种肥，不进行追肥。整地时可每亩施农家肥20 kg左右。

d. 确定垄距、株距

采用大小垄休耕轮作方式种植时，行距为40 cm，株距为2~25 cm，亩保

苗 440~480 株；采用一米一带普通方式种植时，行距为 40 cm，株距为 30 cm，亩保苗 40 株左右。播种深度一般为 2.5~5 cm。

e. 确定覆膜方式

覆膜方式有两种：全覆膜和半覆膜，具体选用哪种方式要视情况而定。全覆膜幅宽 120 cm，半覆膜幅宽 90 cm。

f. 确定播种方式

播种方式分为膜上播种、膜下播种两种。膜上播种是先铺膜，后播种，先用鸭子嘴式播种器在膜上打孔，再将种子播入土中。这种方式的优点是可一次性完成全部作业，不用或很少用人工放膜，可节省劳动力，需注意的是播种后必须将孔盖实，防止跑墒。

膜下播种是先播种后铺膜，种子播在膜下，出苗后再人工破孔放苗。这种方式的优点是能提高铺膜质量，增温保墒效果好，出苗较整齐；但放苗比较耗费人工，遇高温或放苗不及时会出现烫苗现象。因此，这种方法宜适期早播，以提温保墒。采用膜下播种方式不用购置专用播种机，在原有的播种机上加装铺膜、铺管、一次性施肥、化学除草装置即可。

②播前准备

播前准备包括整地、生产资料的准备、作业机具的准备等。

a. 整地

播种前要适时整地，疏松土壤，使其精细平整、上虚下实，同时清除杂草根茬，做到无坷垃土块，如此能起到增温保墒防渍的作用。此外，可结合整地施足底肥，为高质量铺膜创造一个良好的土壤环境。

b. 生产资料的准备

播种前准备好作业所需的种子、化肥、地膜、膜下滴灌带等物料，并运至作业地点。

c. 作业机具的准备

播种前购置好机具，并按使用说明书的要求进行组装、保养和调试。

总体构造。膜下滴灌播种机组大多由播种机、铺膜机、植保装置、一次性施肥装置、水带铺设装置组成。

地膜机的构造及调整。地膜机由机架、整形装置、开沟器、挂膜轮、压膜轮、覆土铧、挡土板组成。其调整内容包括以下几个方面：

整形装置的作用是将待播地局部不平处铲高垫低，有利于雨水的充分利用，同时，可将遗留残茬和土块刮到种床两侧。调整内容有安装高度和安装角度，调整时视工作情况而定。

开沟器的作用是开出压膜沟，有铧式和圆盘式两种。铧式开沟器调整内容有左右安装位置和安装高度两项，左右位置决定膜面的宽度，靠横向移动卡子在机架上的安装位置进行调整；安装高度靠上下移动铧柱进行调整。圆盘式开沟器调整内容包括左右安装位置、安装高度、前进角度，调整时视工作情况而定。

挂膜轮的作用是用来安装地膜。地膜安装在挂膜轮上，相对于地膜机纵向中心线要左右对称，不能偏左或偏右，工作时地膜尽可能靠向地面。

压膜轮的作用是把地膜压入开沟器开出的膜沟内，其纵向安装位置是在开沟器开出的膜沟内。

覆土铧的作用是把开沟铧开出的土翻入压膜沟，压住地膜，其形式和调整内容同开沟器。膜下播种的两铧间距 85~90 cm，以既不卷膜又压住膜为准，以保证足够的膜面宽度，便于吸光增温。膜上播种时有两个圆盘式覆土器，安装角度不同，便于压膜时同时盖住种子，覆土量的大小取决于安装高度和安装角度。

挡土板与覆土铧配合使用，用来挡住覆土铧翻入的多余土量。

播种机的调整。播种机由机架、限深轮、播种装置、施肥装置、覆土镇压装置组成，其主要调整内容包括限深轮高度的调整，播种株、行距及播种深度的调整，施肥量及施肥深度的调整，覆土镇压能力的调整等。

③播后管理

播种后要做好田间管理，膜上播种的玉米，在播种后要经常检查地膜是否严实，发现有破损或压土不实的，要及时用土压严。膜下播种的玉米，在播种后要及时检查出苗情况，发现缺苗及时补种或者移栽。玉米出苗后应及时放苗，并及时定苗，留健苗、壮苗，防止捂苗、烧苗、烤苗。放苗后用湿土压严，培好苗口，并及时压严地膜两侧。

（2）夏玉米条带深旋精量播种技术

夏玉米条带深旋精量播种技术是由中国农业科学院作物科学研究所赵明研究员带领的课题组研制出的一种新型精细播种机械化技术，其研发的"HHN-2BFYC 条旋粉茬精量播种机"已获国家实用新型专利。该机具为立式条带深旋耕装置，包括连接杆变速变向箱、连接杆、旋耕轴变向箱（左箱和右箱）、半立式旋耕轴及组合旋耕刀。该装置旋耕深度深，消耗动力小，运行稳定性好，可在麦茬地、机收玉米茬地或水稻茬地上工作，一次作业可同时完成推茬清垄、深旋松土、深层施肥、精量播种等环节，有效地解决了耕层浅、犁底层坚实、前茬秸秆堆积、播种质量差等难题，尤其适用于夏玉米播种。

夏玉米条带深旋精量播种技术是以条带深旋粉茬精量播种技术为核心，集优良品种、精量播种、宽窄行种植、窄行深松改土、宽行免耕、合理施肥和适时晚收等于一体的高产栽培技术体系。

①品种选择

选用中早熟、高产、抗病、耐阴雨、抗旱、抗倒伏的品种。种子需籽粒饱满，大小一致，无虫蛀，无破损，并经过包衣处理。

②抢时早播

夏玉米直播应于6月10日前播种，最迟不能晚于6月15日，并根据当地实际情况选用麦茬覆盖免耕直播或硬茬直播方式。

③合理密植

选用小穗型玉米品种时，中肥力地块每亩留苗450株，高肥力地块每亩留苗500株。选用中大穗型玉米品种时，中肥力地块每亩留苗400株，高肥力地块每亩留苗450株。为了改善田间通风和透光情况，一般采用宽窄行种植方式，宽行80 cm、窄行40 cm；也可采用等行距种植方式，行距为50~70 cm，株距为18~20 cm。

④高效施肥

每亩施纯氮12~15 kg、纯磷5~8 kg、纯钾8~10 kg，并根据目标产量进行适当调整。氮肥高产田按攻秆肥（苗期）45%~50%，攻穗肥（大喇叭口期）50%~60%施入。

⑤病虫草害综合防治

坚持"预防为主，综合防治"和"经济、安全、有效"的原则，做好预测预报，及时防治黏虫、玉米螟、杂草等病虫草害。

⑥适时收获

当叶片变黄、籽粒变硬、乳线消失时，可适时收获。

（3）玉米机械化免耕直播技术

①选择机具与配套动力

对于新购买的机具，首先要认真阅读产品使用说明书，以全面了解机具的结构、性能、操作要领、注意事项；其次要按说明书的要求，进行认真调试和试播。对于老机具，要在作业前认真检查和保养，使机具处于良好的技术状态。

②做好前茬地块的处理

在麦收之前3~7 d浇麦黄水，具体浇水时间根据土壤质地而定，一般黏土地要早些浇，壤土稍后浇，沙土宜晚浇，以收小麦时农机能进地操作或玉米播种时土地墒情良好为标准。浇水时一般喷灌 4~5 小时。

前茬收获和秸秆处理应注意：收获小麦最好选择带有粉碎秸秆装置的联合收获机，麦茬高度应控制在 25 cm 左右，秸秆切碎长度为 15~25 cm，随后将小麦秸秆抛撒于地表，并覆盖均匀；秸秆量过大时，应把多余秸秆清出地块。

③注意种子选择与处理

玉米机械化免耕直播技术采取的是精量播种方式，对种子的要求很高。在播种前一定要选择生长期在 10 d 左右的中早熟优质良种，种子纯度≥97%，发芽率≥95%，含水率<14%，并进行药物搅拌或包衣处理。

④注意选择最佳播期

华北地区夏玉米最佳播期一般在 6 月上旬，最迟不应晚于 6 月 15 日，应与收获作业配套进行，水稻收获后当天或第二天播种玉米，形成即收即播的作业流程。

⑤注意种肥的选择

根据玉米机械化免耕直播技术的特点，种肥应选择流线好、肥效高的颗粒型复合肥或氮肥，并保证亩施肥量≥25 kg。不要选择粉状的氮肥，以免影响施肥效果，造成减产。

⑥注意播种质量

播种时应保证播量适宜、深度一致、覆土严实、镇压适度，无缺苗断垄现象，同时要确保播行平直、换接行距一致，并及时疏通堵塞，保持输肥、输种管畅通。机具作业速度要适中，不可太快或太慢。破茬开沟的深度应大于 12 cm，并保证同步深施的种肥与种子间有 4~5 cm 的土壤隔层。严格遵守播种机操作规程，如播种时不可倒车，并注意观察，防止因秸秆堵塞影响播种质量等。

4.12.4 玉米机械化收获的优势

玉米机械化收获技术是指在玉米成熟时，根据其种植方式、农艺要求，用机械来完成茎秆切割、摘穗、剥皮、秸秆处理等生产环节的技术，主要包括联合收获后秸秆直接还田、人工摘穗后秸秆还田、茎穗兼收技术等。

（1）优势

除能提高生产效率以外，使用玉米收割机的另一个好处是玉米秸秆经过粉碎直接还田，提高了秸秆综合利用率，既避免了焚烧玉米秸秆造成环境污染的问题，又增加了土地的有机质含量，达到了省工省劳又环保的目的。

（2）技术要求

由于玉米收获时籽粒含水率达到 2%~28%，甚至更高，因此收获时不能直接脱粒，一般采取分段收获的方法：第一段收获是指直接摘下带苞皮或剥皮的玉米果穗，并进行秸秆处理；第二段收获是指将玉米果穗放在地里或操场上晾晒风干后脱粒。

（3）技术性能指标

玉米机械化收获机需达到如下技术性能指标：收净率≥82%，果穗损失率<3%，籽粒破碎率<1%，果穗含杂率<5%，还田茎秆切碎合格率>95%，留茬高度≤40 cm，使用可靠性>90%。

（4）技术实施要点

实施秸秆黄贮的玉米要适时进行收获，尽量在秸秆发干变黄前收获。实施秸秆还田的玉米，尽量在籽粒成熟后间隔3~5 d再进行收获。根据地块大小和种植行距及作业质量要求选择合适的收获机具，并在作业前规划好具体的作业路线。

（5）机具操作规程

拖拉机启动前，必须将变带手柄及动力输出手柄置于空挡位置。机组在运输过程中，必须将割台和秸秆还田装置提升至运输状态，并注意道路的宽度和路面状况。接合动力要平稳，油门由小到大逐步提高，以确保运输和生产作业的安全。

（6）农机农艺应进一步融合

在农艺方面，应选用果穗为柱状、结穗位在70~130 cm、穗位秸秆抗拉强度大的玉米品种，且要求所选品种的紧实度低、成熟期籽粒降水速度快、含水率<30%。在种植时应采取平作或垄作的方式，行距统一，宽窄行或沟播种植的宽度为玉米收获机割幅的整数倍。

在机械方面，割台应选用指型/链式不分行摘穗单元；剥皮装置应选用剥皮辊布局和随运压制装置、籽粒回收和茎叶排除装置；脱粒装置应选用强揉搓性能、轴流脱粒分离装置；秸秆处理应采用预调质处理技术、打结器正时机械制造与总成精密装置；青饲方面则应采用切碎刀具自磨砺装置、低功耗高频切碎与抛送自动操控装置。

（7）收获机型

当前国内的玉米收获机主要有四种类型：第一类是多行悬挂式和牵引式玉米收获机，是延续20世纪80年代后期的产品不断改进形成的，可一次性完成多行玉米的摘穗、果穗集箱、秸秆粉碎作业。第二类是以小麦联合收割机底盘改进开发的玉米收获机，可一次性完成多行玉米的摘穗、果穗集箱、秸秆粉碎作业。第三类是专用的玉米收获机，可一次性完成多行玉米的摘穗、果穗集箱、秸秆粉碎作业。第四类是自走式玉米收获机，以 4YW-3 型和 4YZ-4 型居多，可一次性完成玉米的摘穗、剥皮、果穗集箱、籽粒回收、秸秆粉碎作业。

4.12.5 玉米机械化收获的注意事项

（1）收获前 10~15 d 应对玉米的倒伏程度、种植密度和行距、果穗的下垂程度、最低结穗高度等情况做好调查，并提前制定作业计划。

（2）作业前应进行试收获，以此调整机具，使其达到农艺要求后方可投入正式作业。

（3）作业前适当调整摘穗辊间隙，以减少籽粒破碎。为使剥皮器正常工作，要保持弹簧导管与挡片之间的间隙为 25~30 m，间隙过大会使剥皮质量下降，加快剥皮辊的磨损。一般情况下，每工作 120 小时后需检查一次间隙大小，同时注意果穗升运过程中的流畅性，以免机器堵塞。随时观察果穗箱的充满程度，以免出现果满后溢出或卸粮时卡堵等现象。

（4）正确调整秸秆还田机的作业高度，保证留茬高度小于 10 cm，以免还田刀具打土时被损坏。

（5）安装除茬机时应确保除茬刀具的入土深度，保持除茬深浅一致，以提高作业质量。

5 海南玉米高效栽培模式

5.1 选茬和整地

5.1.1 选茬

在多作种植条件下，花口的选择很重要。在海南糯玉米和甜玉米的栽培中，多数与其他作物间作或套种。因此，选择适宜的前后茬，是海南玉米高效栽培的一个重要环节。

海南有双季玉米和冬种玉米，但主要作为春播或秋播栽培。春玉米在海南常作为双季玉米、两熟或三熟制的第一季作物；而秋玉米常作为两熟制的第二季作物或三熟制的第三季作物，兼有水旱轮作或作物之间轮作的效果。

水稻茬是江西、湖南、广东、广西、福建秋玉米种植的主要茬口，由于种植户对水稻种植观的改变，将双季稻改为单季中稻种植，从而利用中稻后空闲的稻田种植鲜食秋玉米；另受季节性干旱等因素的影响，早稻茬也是种植鲜食秋玉米的主要茬口。一年种植两季鲜食玉米也是这些省份鲜食玉米种植的主要方式，一般是在春玉米收获后种植秋玉米。此外，在蔬菜口、西瓜茬口、甜瓜茬口种植鲜食秋玉米的方式也广泛存在。

5.1.2 整地

（1）不同茬口整地

①稻茬整地

在水稻茬种植秋玉米，由于涉及水田改旱地，因此对秋玉米播种前的整地质量要求较高。一般要求低割禾蔸，采取齐泥割或留 5 cm 以下的禾桩的方式，以防止出现再生苗，水稻收割后应及时把稻草搬出稻田。如果整地前田间积水严重，应搞好排水沟，做到明水能排、暗水能滤，确保水改旱后土壤疏松、不湿、不潮。

稻田秋玉米免耕栽培也是海南稻田秋玉米种植的主要方式之一，其整地要求在清茬、除草等方面与传统秋茬秋玉米栽培方式相同，而与传统稻茬秋玉米整地要求的不同点在于，其不用耕地，可按规格直接在未经翻耕犁耙的稻田打洞种植。因此，与传统稻茬秋玉米栽培相比，稻田秋玉米免拼栽培更省时、省钱、省力，且操作简便。

②玉米茬整地

在玉米茬口种植春、秋玉米时，首先要清除地上部分的主要秸秆和条草，然后施底肥翻土整地，整地要达到碎、平、细的要求，最后开沟做平面。若想要减少开沟，可直接在原有畦面上翻土、整地、施肥，将原有水沟稍作清理即可。秋玉米也可进行免耕种植，利用春玉米原有的洼、沟，不翻耕，只需浅覆土（施基肥），然后整平畦面即可。

③其他茬口整地

在蔬菜、西瓜、甜瓜等茬口种植秋玉米，虽说茬口种类较多，但大多为旱地种植，在此类茬口种植秋玉米的整地要求与玉米茬口秋玉米基本相同，不再赘述。如遇前茬作物为地膜覆盖种植，前茬作物收获、清理后，可不翻土、不整地，利用原有作物的地膜、畦、沟，直接在原有地膜上进行打洞，然后种植秋玉米，达到种植轻简化的目的。

④间作套种整地

间作玉米在前茬作物收获后可直接与间作作物免耕种植，或在整地后与间作作物同时种植。套种不用耕地，按规格直接在未经翻耕犁耙的作物行间打洞或开沟种植即可，既省工省力，又可节本。间作套种可以充分利用空间，增加植株通风透光面积，从而提高玉米产量。

（2）整地标准

海南地属热带季风气候和热带海洋气候，一年四季气温相差不大，年平均气温为22~27 ℃，地下害虫和病菌十分猖獗。因此，整地前应对土壤进行消毒，以保证全苗。同时，海南由于土地耕作层相对较浅，且多数为沙地，因此对整地要求更严格，应把地里的杂草以及秸秆清理干净，然后犁地、整平，再旋耕；整地要精细，耕后反复耙地，要耙平、耙细，以疏松土壤，提高土壤透水性和通气性，促使土壤潜在肥力活化，为种子萌发和幼苗生长创造良好的条件。

5.2 选用良种

5.2.1 选用适宜熟期的品种

为适应海南多熟制和春、秋播的要求，选用的玉米品种应以中早熟类型为主。从种植需求方面考虑，应以甜玉米和糯玉米等鲜食玉米为主，生育期可适当长一些。

此外，选用的玉米品种要因地制宜。水肥条件较好的地区，应选择耐肥、抗病、高产的品种；在海南，应选择耐旱、耐瘠或抗逆性强的品种；水田两熟制的春玉米，应选择中晚熟品种；三熟制秋玉米应选苗期长势较好，后期灌浆快、丰产性好的早中熟品种；间作套种玉米应选择苗期耐荫性较好、中后期生长旺盛、丰产性好的品种。

5.2.2 选用适于当地种植的品种

根据海南省的种植条件，应选用经过试验、示范，经过审定并进行推广的玉米品种，同时，应加强不同品种间的比较试验，选择有推广价值的新品种。例如，丁孝营等（2016）选取外引的 9 个甜玉米品种，在海南省三亚市南滨农场与当地主推的甜玉米品种进行种植比较，从中筛选出了适合海南省种植的甜玉米新品种有吉甜 6 号、丰密、超甜 38 和吉甜 10 号。

5.2.3 良种简介

（1）苏玉糯 1508
①品种来源：W31H×JN2。
②生育天数：出苗至采收期平均 82 d。
③形态特征：幼苗叶鞘绿色，叶片绿色，叶缘紫色，花药紫红色，颖壳浅紫色。株型半紧凑，株高 243.7 cm，穗位高 104.4 cm，成株叶片数 18 片。花柱浅紫色，果穗锥形，穗长 20 cm，穗粗 4.7 cm，秃尖 2.2 cm，穗行数平均 12.6 行，行粒数平均 39.3 粒，粒色紫白，白轴。百粒重（鲜籽粒）35.2 g，出籽率（鲜籽粒）69.7%。
④抗性表现：2015—2016 年抗性接种鉴定为感小斑病，中抗纹枯病，抗腐霉茎腐病。
⑤产量和品质：2015—2016 年参加南方（东南）鲜食糯玉米品种区域试

验，两年平均亩产（鲜穗）812.2 kg，比对照苏玉糯 5 号增产 12%。经扬州大学农学院测定，支链淀粉占总淀粉含量的 97%，皮渣率为 11.9%～12.1%，品尝鉴定 85.7 分。

⑥适宜种植范围：2017 年通过国家审定，适宜在海南、广东、广西、上海、浙江、江西、福建、江苏中南部作为鲜食糯玉米品种进行春播种植。

（2）美玉糯 16 号

①品种来源：HE703×HE729nct。

②生育天数：东南地区出苗至鲜穗采收期 81 d。

③形态特征：幼苗叶鞘黄绿色，叶片绿色，叶缘绿色，花药粉色，颖壳绿色。株型半紧凑，株高 229 cm，穗位高 97 cm，成株叶片数 20 片。花柱红色，果穗粗锥形，穗长 18 cm，穗行数 16～18 行，穗轴白色，籽粒紫白色、珍珠形，百粒重（鲜籽粒）29.0 g。

④抗性表现：经接种鉴定，高抗茎腐病，感小斑病、纹枯病和大斑病。

⑤产量和品质：2011—2012 年参加东南鲜食糯玉米品种区域试验，两年平均亩产（鲜穗）855.5 kg，比对照苏玉糯 5 号增产 13.1%；2013 年参与生产试验，平均亩产（鲜穗）846.4 kg，比对照苏玉糯 5 号增产 13.4%。经专家品尝鉴定，达到鲜食糯玉米二级标准，支链淀粉占总淀粉含量的 97%。

⑥适宜种植范围：2016 年通过国家审定，适宜在海南、广东、广西、上海、浙江、江西、福建、江苏中南部、安徽中南部作为鲜食糯玉米品种进行春播种植。

（3）珠玉糯 1 号

①品种来源：珠选 N208×珠选 NC06。

②生育天数：东南地区春植出苗至采收期平均 82 d。

③形态特征：株型半紧凑，株高 220.4 cm，穗位高 81.2 cm，穗长 19.7 cm，穗行数 12～14 行，穗轴白色，籽粒白色，百粒重（鲜籽粒）37.9 g。

④抗性表现：经接种鉴定，高抗腐霉茎腐病，感小斑病和纹枯病。

⑤产量和品质：2014—2015 年参加东南鲜食糯玉米品种区域试验，两年平均亩产（鲜穗）896.6 kg，比对照苏玉糯 5 号增产 26.5%。品尝鉴定 85.8 分，支链淀粉占总淀粉含量的 97.7%，皮渣率为 7.6%。

⑥适宜种植范围：2016 年通过国家审定，适宜在江苏中南部、安徽中南部、上海、浙江、江西、福建、广东、广西、海南、湖南、湖北、四川、云南、贵州作为鲜食糯玉米品种进行春播种植。

（4）桂糯 518

①品种来源：DW613×YL611。

②生育天数：东南地区出苗至采收期 82 d。

③形态特征：幼苗叶鞘淡紫色，叶片绿色，叶缘红绿色，花药紫褐色，颖壳绿色带紫色条纹。株高 215 cm，穗位高 94 cm，成株叶片数 17~18 片，花丝粉红色，果穗筒形。穗长 18 cm、穗行数 16~18 行，穗轴白色，籽粒白色、糯质，百粒重（鲜籽粒）29.7g。

④抗性表现：经接种鉴定，抗小斑病，中抗大斑病、茎腐病和纹枯病，高感花叶病和玉米螟。

⑤产量和品质：2008—2009 年参加东南鲜食糯玉米品种区域试验，两年平均亩产（鲜穗）153.0 kg，比对照苏玉糯 5 号增产 8.9%。经专家品尝鉴定，达到鲜食糯玉米二级标准。经扬州大学农学院测定，支链淀粉占总淀粉含量的 96.46%，皮渣率为 12.36%。

⑥适宜种植范围：2010 年通过国家审定，适宜在广西、广东、福建、江西、海南、江苏中南部、安徽南部作为鲜食糯玉米进行春播种植。

（5）广良甜 31 号

①品种来源：W03-3×W04-1。

②生育天数：春植生育期 79 d，秋植生育期 74 d。

③形态特征：株高 201~239 cm，穗位高 66~80 cm，穗长 19.0~19.1 cm，穗粗 5.2~5.3 cm，秃尖 0.8~0.9 cm。单苞鲜重 351~367 g，单穗净重 271~297 g，千粒重 338~340 g，出籽率 65.31%~65.49%，一级果穗率 83%~85%。果穗筒形，籽粒黄色。

④抗性表现：经接种鉴定，中抗纹枯病，高抗小斑病；田间表现为抗纹枯病和茎腐病，中抗大、小斑病。

⑤产量和品质：2014 年春季参加广东省区试，平均亩产（鲜穗）1 157.5 kg，比对照粤甜 16 号增产 19.83%；2015 年秋季复试，平均亩产（鲜穗）1 198.6 kg，比对照粤甜 16 号增产 23.69%；两年增产显著。2015 年秋季参加广东省生产试验，平均亩产（鲜穗）1 176.1 kg，比对照粤甜 16 号增产 15.26%。可溶性糖含量 34.93%~37.53%，果皮厚度测定值为 63.50~79.09 μm，适口性评分为 86.6~88.3 分。

⑥适宜种植范围：2016 年通过广东、广西、浙江、江西和海南审定，2017 年通过福建审定。

（6）广良甜 27 号

①品种来源：W03-2×W04-7。

②生育天数：春植生育期 78 d，秋植生育期 73 d。

③形态特征：株高 224~228 cm，穗位高 75~77 cm，穗长 19.6~21.2 cm，穗粗为 5.4~5.5 cm，秃尖 1.3~2.0 cm。单苞鲜重 389~398 g，单穗净重 293~297 g，千粒重 380~395 g，出籽率 68.3%~70.3%，一级果穗率 79%~82%。果穗筒形，籽粒黄色。

④抗性表现：经接种鉴定，中抗纹枯病，抗小斑病，田间表现为抗纹枯病、茎腐病和大、小斑病。

⑤产量和品质：2015 年春季参加广东省区试，平均亩产（鲜穗）1 228.1 kg，比对照粤甜 16 号增产 26.71%；2016 年秋季复试，平均亩产（鲜穗）1 220.2 kg，比对照粤甜 16 号增产 21.39%，两年增产显著。2016 年秋季参加广东省生产试验，平均亩产（鲜穗）1 199.7 kg，比对照粤甜 16 号增产 22.79%。可溶性糖含量 33.49%~39.86%，果皮厚度测定值为 61.31~74.69 μm，适口性评分为 85.9~87.8 分。

⑥适宜种植范围：2017 年通过广东、浙江、福建和海南审定。适宜在广东、浙江、福建和海南进行春播和秋播种植。

5.3　播前准备

5.3.1　保证隔离条件

玉米属异花授粉作物，串粉易影响粒色、甜度、糯性等品质性状。若甜玉米、糯玉米与普通玉米互相串粉杂交，甜、糯玉米籽粒易变成普通玉米，失去甜味和糯性，品质下降，串粉越多，品质下降越明显。因此，不同性状的玉米要互相隔离，以保持其性状。隔离方法有空间隔离、时间隔离和屏障隔离。空间隔离，不同类型玉米地应相隔 300~500 m；时间隔离，不同类型玉米错开 20 d 以上播种，使两者花期不遇；屏障隔离，即利用树林、房屋等自然屏障阻挡其他类型玉米花粉传入。

5.3.2　种子播前处理

宜选用具有光泽、粒大饱满、无霉无裂、无虫蛀、大小一致的种子，以使玉米种子发芽率达到 90% 以上。处理方法如下：

（1）选种

精选种子，剔除秕粒、虫咬粒、病粒、杂粒、草籽、杂物等。有条件的可以利用精选机进行精选，没有条件或种子量较少的农户，可人工手拣或分选。甜玉米种子顶土力较弱，精选种子有助于提高其田间成苗率。

（2）晒种

播种前 3~7 d，在晴天将选好的种子摊在地上或芦苇席上晾晒 1~3 d，可提高种子发芽率、杀死种子上的部分病原菌。高温季切忌把种子摊在水泥地或金属板上，以免温度过高烫伤种子。

（3）浸种消毒

经过挑选的种子在播种前可进行浸种消毒处理。浸种方法有冷水和温汤浸种两种。冷水浸种就是用清水浸种 12~24 h，然后取出晾干备用，浸种时水面高出种子 9~12 cm。为起防腐作用，可用 1% 的石灰水澄清液浸种，效果更好。温汤浸种就是用 50~58 ℃的温水（2 份开水兑 1 份冷水混合）浸种 6~8 h。水量高于种子 10 cm。浸种完成后，把水滴干再进行消毒。消毒可用 50% 多菌灵 1 000 倍液浸种 10 min，或用 0.02% 的高锰酸钾浸种 2~5 min，或用甲基托布津 125~160 g，兑水 100 kg，浸种 5 min。

（4）催芽

在灌溉条件好的地方，种子消毒后可以进行催芽，经过催芽萌动的种子在播种后出苗快且整齐。催芽以胚根刚刚露出为宜，催过芽的种子在播种后要及时浇水，保持土壤湿润。浸种催芽后若遇雨不能及时播种，可把浸过的种子薄薄地摊晾在芦苇席上，放在阴凉处，防止生芽过长。

（5）拌种或包衣

在购种时，用户可根据包装上说明的包衣药剂成分，选择能预防本地常发病虫害的包衣种子。对于未处理过的种子，可根据防治对象选择正规的拌种剂按标签说明处理，以有效降低玉米苗期发病率和死苗率，提高防病保苗效果。但随着现代种业包衣技术的发展，为防止种子包衣效果减弱，包衣种子不适宜浸种催芽。

5.3.3 起垄

垄作是中国南方地区玉米栽培中为克服田间积水而普遍采用的方法。因此，起垄也是一项重要的播前准备工作。例如，甜玉米以育苗移栽为主，糯玉米以直播为主。播前起垄，应先打垄，再人工清沟、平整垄面，垄宽约 60 cm，沟深约 30 cm，采用穴播的方式，一垄种植 1 行。

5.4 播种

5.4.1 适期播种

根据茬口关系、生长季节对玉米产量的影响，在海南地区，玉米主要进行冬播。最佳播种期在每年的 10 月底至 11 月上中旬，这时玉米植株可充分利用前期良好的光温资源，以及避免遭受热带风暴或台风的侵袭，同时可以避开玉米生长后期如开花、授粉期遇到 1 月至 2 月上旬的低温等恶劣天气。因此，适期播种能降低田间管理难度，减少病虫害的发生，从而获得较高产量，达到增产增收的目的。在雨季来临前收获，方便晾晒储运。在 10 月中旬至 11 月上旬，海南地区气温较高，温差较大，一般中午高温为 30~32 ℃，夜间低温为 22~24 ℃。玉米的营养生长时间一般在 11 月上旬至 12 月下旬，此时中午高温为 26~28 ℃，夜间低温为 17~20 ℃，受大陆冷空气的影响，偶尔会有 2~3 天的降温，降温幅度约为 5 ℃。玉米的杂交授粉阶段一般在 12 月下旬至翌年 1 月底，此时中午高温为 25~27 ℃，夜间低温为 18~19 ℃，偶尔也会出现 5 ℃左右的降温。在这个阶段，玉米一天的授粉时间可达 12 小时左右，从 8：00 到 20：00 均可授粉。需要注意的是，海南的气候受寒流及其他因素的影响，气温升降较快，有的品种由于花期早晚不同，需要错期播种，以避免花期不遇的情况。因此，在海南地区种植玉米时，选择合适的播种期和注意气温变化对于实现玉米高产至关重要。

王斌等（2016）基于在海南万宁开展的冬种玉米分期播种试验，发现当日平均气温≤10 ℃时，会对玉米生长造成明显的影响，叶片出现枯黄，生育进程减缓，以苗期受害最为严重。儋州、白沙和琼中低温寒害出现频次最高，临高、澄迈、屯昌、定安和海口次之，因此不推荐冬季在以上地区种植玉米；五指山、昌江、琼海和文昌低温寒害较少，较适宜冬种玉米，可选择在 10 月下旬至 11 月下旬播种；万宁、东方和乐东低温寒害极少发生，最适宜冬种玉米，但最晚播期不宜超过 12 月下旬。综合而言，11 月中下旬可作为海南冬种玉米最适宜的播期，能使玉米苗期有效避开寒害的影响。

5.4.2 合理密植

玉米的产量取决于其对光能和地力的利用率，在一定范围内，玉米植株叶面积系数越大，光能利用率越高，玉米产量也越高，因此，合理密植才能获得高产。种植密度与玉米品种、肥水和气候条件等有关。晚熟品种单株生产能力强，应适当稀植，植株矮小的早熟品种应适当密植；肥力较高的可适当密植，肥力较差的适当稀植；在低纬度和高海拔地区可适当密植。

胡春花等（2017）为研究适宜海南省土壤类型和品种特性的鲜食甜玉米高产高效春培技术，以高秆大穗型鲜食甜玉米新品种泰鲜甜1号为试验材料，对其进行不同密度、不同施肥效应的栽培试验。该试验的结果：泰鲜甜1号在海南最适宜的种植密度为3.75万~4.50万株/公顷；氮、磷、钾肥的贡献顺序为氮最大，其次是磷，最后是钾；当N、P_2O_5、K_2O分别为336 kg/hm^2、160 kg/hm^2、213 kg/hm^2，施肥比例为N：P_2O_5：K_2O=1.00：0.50：0.65时，玉米可获得最佳经济产量，此时氮、磷、钾肥的肥料利用率、肥料效益较高。该研究结果适用于高秆大穗型鲜食甜玉米品种在海南中等肥力土壤上种植。

综合考虑品种、播期、土壤肥力、栽培条件等多种因素，发现适合海南种植的玉米株型有两种：平展型和紧凑型。平展型品种宜稀植，一般亩植3 000~3 500株；紧凑型品种宜密植，一般亩植4 500~5 500株。玉米播种方式主要有等行距和宽窄行两种：等行距种植规格是行距75 cm，紧凑型品种株距为17~20 cm，平展型品种株距为25~30 cm。宽窄行种植规格是宽行140 cm，窄行40 cm，紧凑型品种株距为15 cm左右，平展型品种株距为20 cm左右。当前海南省推广种植的鲜食玉米株型为紧凑型，适宜密植，一般亩植3 500~4 000株；种植方式主要采用宽窄行种植，宽行70 cm，窄行40~50 cm，株距30 cm。

5.4.3 播种方式

玉米的种植方式有开沟点种、育苗移植、基肥栽培等。玉米在多熟制条件下，主要采用直播与育苗移栽的方式。但海南省由于温度较高，玉米种植一般采用直播栽培的方式，而较少采用育苗移栽的方式。具体方法是起畦种植，畦宽120~140 cm（包沟），畦高约20 cm，在畦面上开两行间隔50~60 cm的浅沟，将已处理好的种子每穴3~4粒播于沟中（按株距），边播边盖土，盖土1寸并压实，种子和底肥必须分开，以免烧苗，墒情不足的地块播后应及时灌水，以确保全苗。

5.5 田间管理

5.5.1 施肥

海南土地相对瘠薄,因此田间管理要做到施足底肥、早施拔节肥、重施穗肥、酌情补施粒肥。底肥能满足幼苗对养分的需要,促使玉米壮苗早发,底肥采用复合肥加磷肥 375~675 kg/hm^2,并适当配以硫酸铵或尿素,施肥时与种子隔离,以防烧种。在玉米植株 10~13 叶期以复合肥为主追一次肥,将复合肥(300~450 kg/hm^2)与尿素(150 kg/hm^2)拌匀,撒施于垄侧距玉米植株 10 cm 处后翻土覆盖。施用穗粒肥可以促进玉米植株雌穗小花分化和生殖器官的形成,以及减少小花退化量,延缓叶片衰老,为提高产量打下基础。氮肥与钾肥、磷肥及其他微肥的协同使用,能提高玉米植株的综合抗逆能力。

5.5.2 灌溉

玉米整个生长季需灌水多次,在播种后、3 叶期、追肥后、散粉前、授粉结束后、穗粒期等几个重要生长发育时期绝不能缺水。在海南降雨量较少的旱季,要备好灌溉设施,在水分管理上应该少浇勤浇。过去人们都采取沟灌方式,将水沟灌在肥力较好的平整地块,灌溉一次土地耐旱时间较长;地段不平、坡度较大的田块,灌溉时应在合适位置筑坝,以尽量保证灌水量一致。现在大多数田间都安装了喷灌系统,将喷带设计成与播种行平行排列,每条喷带只管其左右各 1 行的玉米,这样可以节约喷灌时间,有利于玉米封行后浇灌均匀。

5.5.3 防治病虫草害

海南温暖湿润的气候特点虽然非常有利于玉米生长,但同时也会导致老鼠繁殖和病虫害发生。近年来,鼠害、虫害(菜青虫、玉米螟、蚜虫)玉米茎腐病、南方锈病等经常大面积发生,严重时甚至造成玉米田绝收。针对这些危害,原则上我们要以防为主,综合防治,在管理上要早发现、早防治。

在海南省的玉米种植过程中,主要出现的病虫草害如下所示:

主要病害:大斑病、小斑病、纹枯病、茎腐病、细菌性茎腐病、南方锈病、矮花叶病、褐斑病、丝黑穗病、瘤黑粉病、灰斑病等。

主要虫害:玉米螟、甜菜夜蛾、斜纹夜蛾、银纹夜蛾、台湾稻螟、大螟、黏虫、棉铃虫、地老虎、蝼蛄、蛴螬、金针虫等。

主要杂草：一年生阔叶杂草有苋藜、蓼、鲤肠、马齿苋、铁齿茶、龙葵、苍耳、萎蒿、扁蓄、车前等；一年生禾本科杂草有马唐、牛筋草、狗尾草、狗牙根、稗草、千金子、大画眉草等；多年生杂草有问刺、刺儿菜、打碗花、芦苇、小根蒜等；莎草科杂草主要有香附子、异型莎草、碎米莎草、牛毛草等。

关于草害防除，稻秆覆盖结合除草剂减量化使用，是稻茬玉米防除草害有效且有特色的措施。杨彩宏等（2014）为了明确稻秆覆盖结合除草剂减量使用对甜玉米田杂草控制效果及产量的影响，在广东采用大田试验方法，将乙草胺、二甲戊乐灵按常量（田间常规推荐剂量）、半量（1/2 常量）、1/4 量（1/4常量）分别与稻秆覆盖相结合，研究不同处理方式对甜玉米田杂草控制效果及甜玉米产量的影响。结果表明，从甜玉米移栽至收获，若仅用稻秆覆盖，对甜玉米田杂草株数、鲜质量的防效分别为59.92%、74.10%；若将除草剂与稻秆结合使用，从对杂草的控制效果来看，将二甲戊乐灵按常量、1/4 量与稻秆结合使用的效果，均不同程度好于乙草胺相应剂量与稻秆相结合使用的效果。二甲戊乐灵1/4剂量与稻秆结合使用，对甜玉米田杂草株数、鲜质量的防效分别为69.56%、82.87%，且具有一定的增产效果，增产率为11.5%。

海南地区的光温条件和土壤湿度对杂草的生长有着极大的促进作用，杂草过多易导致玉米水肥不足，因此在玉米的种植过程中，防除杂草是一项重要的工作。常见的优势杂草包括牛筋草、红尾翎、短颖马唐、龙爪茅、香附子、异型莎草、碎米莎草、粟米草、伞房花耳草、野甘草、少花龙葵等，通常用化学防除、苗前封闭配合苗后除草的方式去除。

化学防除的除草机理是，杂草幼芽吸收化学试剂后生长受到抑制，从而达到除草的目的。在海南地区，通过喷洒除草剂进行除草时，可以选择人工背负式喷雾器，并配备适当的喷嘴和过滤器，喷洒时控制好喷雾的压力和喷量，喷头和地面高度要适度，步行均匀，按垄喷洒才能达到理想除草效果。一般宜选用 11003 型扇形喷嘴、50 筛目过滤器，喷雾压力 2 个大气压，喷液量为 300 ~ 450 L/hm^{2}的人工背负式喷雾器。化学防除的优点是高效和简单实用，因此在各南繁单位的实际种植中被广泛采用。

苗前封闭除草剂又叫"土壤处理剂"，即在种子播种后喷施除草剂（苗前用药），除草剂喷施后会在土壤上形成一定厚度的药层（1~2 cm），当杂草的幼芽及其根系在生长过程中接触到药剂时，会被除草剂杀死，也就是说苗前封闭除草能杀死或者抑制表土层中能够萌发的杂草，对土壤可以起到封闭效果，持效周期为 30~40 天。常见的除草剂有莠去津加异丙草胺或硝磺草酮、甲乙草胺等，选择无风、无雨的下午进行喷施效果会更好。苗后除草通常在玉米苗前封闭不彻底或者杂草较多的情况下进行，可以使用一些特定的苗后除草剂，比如莠去津和烟嘧磺隆等。对于特定的杂草如香附子，可以使用专门的除草剂。在使用苗后除草剂时，要注意选择安全的使用时间，玉米5叶期左右使用较为安全，喷施时避开玉米心叶，以及在杂草幼嫩阶段喷洒效果更好。

关于鼠害防治，海南鼠害较为猖獗，会造成玉米减产，严重时甚至造成玉米绝产，因此，对于鼠害一定要早发现早防治。玉米播种后到幼苗3叶期前、灌浆期，是老鼠危害最严重的时期，成行成片的玉米种子胚芽被吃造成缺苗断垄，灌浆期果穗被啃食，严重时甚至造成玉米绝产。防鼠的关键时间为玉米播种前后及成熟期，可采取将玉米地用塑料薄膜围起、清除地中鼠洞、撒灭鼠药、投放毒饵诱杀和设置捕杀器等措施。电猫的防治效果很好且比较环保，但是由于其具有较高的电压，在使用时必须确保人员和家畜等的安全。

5.5.4 应对灾害天气

（1）灾害类型

①寒潮和霜冻

寒潮是指当强冷空气向南侵袭时，引起气温在24小时内降低，并且最低气温降至5℃以下的天气现象。当24小时内气温下降，并且陆地上有3~4个地区出现7级以上的大风，沿海所有地区出现7级以上的大风时，称为强寒潮。

霜冻是指在温暖季节（平均温度高于0℃），土壤表面、植物表层或贴地气层的温度下降到足以导致作物受到伤害或者死亡的短时间的低温天气。霜冻一般发生在秋冬两季。

②低温冷害

冷害和冻害不同，冻害是指温度降低到0℃或0℃以下，使植物体内水分结冰引起的伤害。冷害是指在作物生长期内，温度降低到作物当时所处的生长发育阶段的下限温度以下（但仍在0℃以上），导致作物生理活动受到阻碍甚至作物组织遭到破坏。例如玉米发生低温冷害的典型症状为雄穗不散粉，果穗滞育，空秆率高，籽粒出现不同程度的败育现象。低温天气一般发生在秋冬春季。海南的低温冷害与季节性气候紧密相关，每年12月、1月、2月这三个月的气温明显低于其他9个月，但即使在最冷的1月，月平均气温也在18℃左右。以三亚为例，2018年低温冷害发生在2月3—6日，2020年低温冷害发生在1月8—14日，2021年低温冷害发生了2次，分别在1月12—19日和2月10日。玉米抽雄期、开花期的下限温度是19~21℃，低于下限温度玉米将停止发育。

③干热风

干热风天气是一种高温、低湿并伴有一定风力的大气干旱现象。干热风是影响中国北方小麦、棉花等作物生长的主要气象灾害之一。

④干旱和洪涝

干旱天气主要是在高气压长期控制下形成的。在春季，移动性冷高压经常自西或西北经华北东移入海，在华北和东北地区，晴朗少云，气温回升快，空气干燥，加上多风，蒸发强度大，常常形成春旱。夏季七八月份，副热带高压北进，长江流域受其控制，常有二三十天无雨，天气晴朗，蒸发很强，出现伏旱。在秋季，副热带高压南退，西伯利亚的高压增强南伸，华中地区出现秋高气爽的天气，引起秋旱。干旱实质上是大气环流、地形、土壤条件和人类活动等多种因素综合影响的结果，在中国各主要农业区都有可能发生，是重要的灾害性天气之一，全年均可能发生。2004年10月至2005年1月出现了海南建省后最严重的一次旱灾，这次旱灾导致作物繁殖田、制种田等大面积受旱，减产或绝收现象普遍。玉米受旱后叶片卷曲萎蔫，生长发育迟缓，营养体生长量不足，生殖体发育不良。

洪涝灾害是由暴雨或连阴雨造成的，其主要的天气系统是冷锋、静止锋、锋面气旋和台风。冷锋可在较大范围内出现强度较大的锋面雨；锋面气旋经过，会造成较长时间的降水；台风暴雨主要发生在夏秋季节，和其他天气系统配合，会产生特大暴雨。洪涝灾害一般在夏季发生。

⑤台风

台风是形成于热带洋面上的气旋性涡旋，是中国沿海地区主要的灾害性天气。强台风袭击时，常常带来狂风暴雨天气，容易造成人民财产的损失，对农业生产的影响也很大。但它也有有利的一面。在中国华南、华中等地的伏天，由于长期处于副热带高压的控制下，干旱少雨，而台风可以带来充沛的雨量，不但可以解除旱象，还能起到防暑降温的作用。台风雨是上述地区秋季降水的重要来源，特别是在秋旱的年份，台风雨就显得尤为重要。

海南省10月份以前是台风和暴雨的集中期，此时播种，往往会遭遇台风，面临毁种的风险；若在11月25日后播种，后期病虫害较为严重，会导致玉米产量降低。1990年的"Mike"、2003年的"尼伯特"、2013年的"海燕"，都给农作物的生产造成了不可估量的损失。

⑥冰雹

冰雹灾害发生频率较高，地域分布广，破坏性强，所以冰雹是一种严重的灾害性天气。冰雹天气一般来势凶猛，强度比较大，并伴有狂风暴雨，对农作物危害极大，轻则造成减产，重则颗粒无收，还可砸坏建筑物，危及人畜安全。冰雹灾害一般在夏季发生。

（2）应对措施

①预防干旱的措施

气象部门应该做好预警工作，并对严重干旱地区采取人工降雨措施，以保证玉米在需水关键期具有充足的水分供给；同时加强田间管理，改善土壤环境，增施有机肥和微量元素，以提高土壤抗旱能力，增强玉米的耐热性和花丝、花药的活力及玉米的抗高温、干旱能力；合理密植，优化群体结构，发挥玉米高光效性能，尽可能减轻干旱对玉米的伤害。另外，还应该重视水利工程的建设，通过推广节水灌溉的形式，加强植树造林，对干旱地区的农作物能够起到良好的保护效果。此外，选择抗旱性好的品种也尤为重要。

②防范暴雨洪涝灾害的措施

有关气象部门应该做好预警工作，给农民提供可靠的气象信息，使农民充分掌握天气情况，以及时采取防治措施。另外，相关部门应该做好防洪工程建设和防洪防御机制，加强对农田内部水的排除工作，注重排涝设施的维护，以减少洪涝灾害造成的损失。

③防御冷害的措施

防御低温冷害最主要的措施是增强农作物自身的抵抗力，可以通过对农作物进行合理的灌溉和科学施肥实现。在农作物受冷害影响的情况下，由于土壤本身的温度较低，其对肥料的吸收能力较差，所以在施肥过程中，不要采取增加肥量的方式，应增加农作物的吸收率。另外，应选择耐冷性强的品种。

④防御大风和台风的措施

在台风或大风来临前，要密切关注台风动向，提早做好灾害防护措施，对大田作物采取疏通沟渠、开好田间排水沟的措施，以确保排灌通畅，对于已经成熟的农作物应进行提早抢收。台风或大风过后，要尽早进行灾后补救措施，及时清沟排水，降低田间湿度，及时中耕培土，做好查苗、洗苗、扶苗工作；同时可喷施或浇灌促进根系生长的调节剂等，以加强根系活力，也可用0.2%磷酸二氢钾、0.3%尿素或叶面肥等进行根外追肥，以促使玉米尽快恢复正常生长；及时修复受损设施，重视病虫害的防治，加强监测台风暴雨诱发的根腐病、细菌性茎基腐病等低温高湿型病害和食叶性害虫，及时选用合适药剂进行防治。另外，应选择抗倒伏的品种。

6 海南玉米主要病虫草害及其防治措施

6.1 纹枯病

6.1.1 危害症状

玉米纹枯病是由立枯丝核菌引起的，该病原菌属半只菌亚门真菌。该病害一般不发生在玉米苗期，主要发生在玉米生长后期，即籽粒形成期至灌浆期。纹枯病除危害玉米外，还侵染高粱、小麦、水稻等其他禾本科作物。纹枯病在玉米果穗苞上和叶鞘上的病斑呈水渍状、淡褐色的圆形，在湿度较大的发病部位可明显看到生长茂盛的菌丝体，后逐步转变成褐色菌斑，成熟的菌核形状多样，但大多为灰褐色扁圆形，脱离后落入土壤中，若后期环境条件适宜，病斑则迅速变大，导致叶片枯蔫，最终植株呈绿色腐烂而死。

6.1.2 发生条件

（1）气候条件及生长环境

玉米纹枯病属于高温高湿型病害，湿度越大病情越重，影响其发病程度的重要因素包括温度、降雨量、日照等气象因子。若玉米植株长期处在阴雨、温度为 26~30 ℃、相对湿度超过 90% 的环境下，会导致纹枯病蔓延。玉米纹枯病在越冬菌核残留最多的田块、上年病重或历年病重的田块及低洼地的发病较重，而在新开垦的田块、坡地、旱地及上年发病轻的田块发病较轻。

（2）品种抗性和栽培管理

不同的玉米品种抗性不同，一般种植多年的品种比新引进的品种更易感病，矮秆 4 宽叶型、马齿型的品种更易感病。在高肥水的条件下，玉米的生长速度会加快,若种植密度过大,田间湿度增加,通风效果不好,根系发育受到影响,玉米抗性降低,则纹枯病蔓延速度加快。

6.1.3 防治措施

(1)清除菌源

玉米完成收获后,将其秸秆远离农田堆放,并将田间残茬进行烧毁或深埋等无害化处理。若准备利用秸秆堆肥,应确保肥料充分腐熟后才可施用,防止其携带病原菌。与花生、大豆等非禾本科作物轮作可以较好地减少田间菌源数量。在入冬前翻耕土地,可减少和杀灭菌源,以有效降低发病率。

(2)选用抗病品种

不同品种的玉米,其抗性差异较大,因此,防治纹枯病最经济、有效的措施是种植耐病或抗病品种。

(3)适时播种,改进栽培方式

玉米播期越早,纹枯病发病越早,病情就越严重,产量损失也就越大。因此,应适时播种,以预防病害。提倡高垄栽培,宜用宽窄行,也可在土地表面覆盖一层地膜,以减少丝核菌与土壤中茎基部的接触面积,进而提高植株的抗病能力,更有利于植株生长,减少纹枯病的发生。

(4)加强田间管理

合理改善田间小气候,雨后应及时排水、排灌。在施肥方面做到以施基肥为主,追肥、种肥为辅,以提高植物抗病能力,增强植物长势。在玉米生长中期进行田间除草,摘除病叶、老叶,加强田间通风,降低田间湿度,以减少纹枯病的发生。

(5)药剂防治

①生物防治

生物防治是高效且相对安全的。有研究发现,绿色木霉对玉米纹枯病菌丝的抑制率高达74%。

②化学防治

井冈霉素、铁锈宁、多菌灵、禾枯灵等对于防治纹枯病具有较好的作用,其中井冈霉素的防治效果最好。当田间病株率达到3%~5%时,可选用5%的井冈霉素水剂1 500倍液或40%菌核净可湿性粉剂1 000溶液等进行喷雾防治,一般间隔7 d防治1次,连续进行2次。也可在植株发病初期将适量的井冈霉素与过筛无菌细土搅拌均匀,在玉米喇叭口内点入其混合物,此做法防治效果较好,且药效持续时间较长。

6.2 茎腐病

6.2.1 危害症状

（1）玉米细菌性茎腐病

细菌性茎腐病是由细菌引起的，俗称烂腰病。细菌性茎腐病的发病时期主要在玉米喇叭口期，主要危害部位为叶鞘和中部茎秆。发病时叶鞘的上部产生病菌斑，病菌斑表现为不规则形状，颜色为红褐色或黑褐色，植株患病处呈现水渍状并逐渐加重。玉米茎腐病在湿度和温度较大的地块蔓延速度非常快，会在玉米植株上由上至下向根部快速蔓延，一般 3 d 左右出现明显发病状态，患病部位腐烂，腐烂部位上部倒折，流出带有腐臭味、黄褐色的液体。玉米营养生长时期，组织柔嫩，如果遭受暴风雨则易发病，再加上品种之间的抗病性不同，以及高湿度的环境和雨后暴晴的天气，会使玉米植株患病加重。

（2）玉米真菌性茎腐病

引起玉米真菌性茎腐病的病原菌以禾谷镰孢菌和串珠镰孢菌为主，主要侵染玉米茎基部和玉米根系，导致玉米茎基部腐烂，使玉米后期全株叶片青枯。因此，真菌性茎腐病又叫茎基腐病或青枯病。真菌性玉米茎腐病主要在玉米灌浆期出现，然后在玉米乳熟期至蜡熟期发病，此时玉米呈现出比较明显的发病特征，即玉米整个植株叶片出现青枯现象，玉米果穗大部分下垂，果穗籽粒干瘪，百粒重下降，果穗缩水变小，产量降低，并且籽粒不易脱粒和出现暗灰色粒，穗柄轻且柔韧性变强不容易剥离，个别患病较重的会出现果穗腐烂的现象。如果田间湿度较大，则玉米节间会出现黑色粒状物或白色霜霉层，导致玉米根系发育变慢，此时玉米根毛较少，且呈黑色、易腐烂，出现抓地力较弱的特征。玉米根系在乳熟期发病，会造成植株大面积死亡枯萎，虽然植株此时仍为绿色，但是根系已受危害，患病处会产生水渍状淡褐色的病斑，并逐渐向次生根蔓延，最后玉米整个根系腐烂，造成倒伏减产。

茎腐病主要以腐霉菌和镰孢菌为主，成分较为复杂；侵染方式以复合侵染和独立侵染为主。其中镰孢菌是茎腐病的主要病原菌，而镰孢菌中以禾谷镰孢菌、层出镰孢菌和轮枝镰孢菌危害最为严重。我国北方茎腐病多为真菌性茎腐病，病原菌以禾谷镰孢菌为主；而南方玉米茎腐病多为细菌性茎腐病，病原菌以串珠镰孢菌为主。在全国范围内，镰孢菌和腐霉菌共同侵染的现象也是存在的，通常是一种或几种病原菌复合在一起，侵染玉米植株。镰孢菌作为优势病原菌，主要在东北三省、陕西、河北、黄淮海夏播玉米区等地对玉米植株产生危害，而腐霉菌是广东、湖南、广西、海南、浙江等省份的优势病原菌。腐霉菌与镰孢菌的生存环境差异较大，腐霉菌适宜生存在较为潮湿的环境中，而镰孢菌适宜在较为干旱的环境中生存、繁殖。

6.2.2　发生条件

玉米茎腐病为土传病害，受环境因素影响较为明显，主要以菌丝体的形式越冬，寄生在植株病残体上（玉米根茬上）和玉米种子上（主要附着在玉米种子的种皮上），然后在春天通过风、水、昆虫、农机具等媒介进行传播，从植株表皮、气孔以及茎秆受伤部位侵入玉米植株，或者直接由种子侵入根系，造成根系腐烂。串珠镰孢菌后期侵染玉米穗部，使其产生穗腐病，使得玉米种子成为带菌种子，成为茎腐病菌丝体的越冬载体。

玉米茎腐病受海拔高度、地势、施肥水平和种植密度的影响较为明显，种植密度过大、海拔太高、遮阴寡照、冷凉高湿、地块低洼、氮肥过量等条件都会导致病情加重。玉米茎腐病在洼地发病较重，且与穗腐病的不同在于，其在岗地发病也较重，而在平地发病较轻。

从玉米品种生育期来看，晚熟品种一般发病较轻，早熟品种发病较重，相同品种播种相对较早的发病较重。从天气因素来看，当经历长期阴雨天气或暴雨骤晴的天气，并且短期内形成高温、高湿的田间环境条件，会加速玉米茎腐病的发生和扩散。这也是为什么玉米茎腐病常在湖广地区和海南发生，并且病情较重，主要是这些地区的气候条件比较适宜病菌滋生；东北地区以及河北、陕西等地发病缓慢，主要因为这些地区相对干旱，茎腐病造成的破坏相对较轻。另外，氮肥施入量过大也会导致茎腐病加重。当田间温度为 30 ℃，湿度为 70%以上时，玉米茎腐病开始发病；温度达到 34 ℃，相对湿度达到 80%时，达到急速蔓延发病的条件。玉米青枯病在南方多表现为青枯病（腐霉菌茎腐病），在北方多表现为黄枯病（镰孢菌茎腐病）。

6.2.3　防治措施

（1）合理轮作

玉米茎腐病为土传病害，病原菌寄主为玉米秸秆，一般寄生在玉米秸秆根系中越冬，因此玉米重茬是造成玉米茎腐病逐渐加重的根本原因，而将非寄主作物与玉米轮作是降低玉米茎腐病发生概率的重要方法。玉米田在收获后要及时进行翻地，且一定要深翻，以彻底清除病株残留，达到清除病原菌的目的，防止患病植株残体残留，造成田间土壤病原菌大量积累。在病情较重的地区，可结合秸秆焚烧的方式，以减少田间病原菌，进而达到防治玉米茎腐病的效果。

（2）选育抗病玉米品种

防治茎腐病最经济有效的措施就是种植抗茎腐病玉米品种，因此选育抗茎腐病玉米杂交品种是解决茎腐病危害的根本方法。

（3）加强田间管理

加强水肥管理，在玉米生育后期要做到科学用水，使田间湿度保持在一个安全的范围，避免营造出适宜病原菌生存的环境，可采取喷灌或滴灌的方式，切忌大水漫灌。大水漫灌会使地温下降，不利于玉米的生长，还会使田间湿度过大，人为制造出易发生茎腐病的环境。同时，应增施适量磷、钾肥，禁止偏施氮肥，避免氮肥过多造成玉米徒长，抗性下降。因此，做到科学合理施肥，可提高玉米综合抗性，以有效预防茎腐病。在玉米拔节期适量增施钾肥，能增强玉米自身的抗茎腐病能力。

（4）优化种植结构

在种植玉米时，应尽量保证田间合理的保苗密度，避免种植密度过大，可采取高垄栽培措施，保证田间排水通畅，从而改善田间环境，降低发病率；要合理调整玉米播种面积，实行轮作，并有计划地制定轮作方案，使种植结构合理，从而缩小茎腐病发生范围；要大力推广间作套种的种植模式，玉米可与薯类、小麦、花生、豆类、瓜菜等作物进行间作，可使田间的环境得以改善，增强田间通风透光能力，营造病原菌不易滋生的环境。

（5）药剂防治

由于茎腐病传染性较强，很快就会蔓延开来，因此药剂防治要做到适期和早控，尽量组织种植户统防统治，单独防治效果较差。玉米茎腐病应在发病初期就进行防治，此时效果较好，可选用65%代森锰锌500倍液，20%三唑酮乳油3 000倍液，50%多菌灵可湿性粉剂500倍液或是50%苯菌灵可湿性粉剂1 500倍液，70%百菌清可湿性粉剂800倍液进行喷雾防治。滴灌时施用多菌灵和戊唑醇，对玉米茎腐病可起到有效的防治作用。药剂拌种也可起到防治玉米茎腐病的作用，采用多菌灵、适乐时和满适金等杀菌剂对玉米种子进行包衣或拌种，或用50%辛硫磷乳油、20%呋福、30%氯氰菊酯等对玉米种子进行拌种，可避免被害虫啃食，防止植株受伤，从而降低病原菌侵染玉米根茎的可能性。

（6）生物防治

通过实验室方法筛选出茎腐病拮抗菌株，对茎腐病进行生物防治，可有效降低化学防治对环境的污染和对人畜的伤害，并且能够降低茎腐病病原菌的抗药性，延缓其生理变异，降低其危害性。

6.3　灰斑病

6.3.1　危害症状

感染灰斑病的植株叶片、叶鞘、苞叶部位会出现淡褐色病斑，呈水渍状，后逐渐扩展成长条斑，颜色转为灰色或灰褐色，故称为灰斑病。这些病斑通常与叶脉平行延伸，并逐渐汇合，最终导致叶片枯死。受害叶片的两面均可发现灰色霉层，即病原菌的分生孢子。这些孢子可在植株上越冬，成为第 2 年的侵染源，导致该病连年发生。

6.3.2　发生条件

（1）抗病性差异

不同品种和处于不同生育期的玉米之间存在抗病性差异，感病品种易发病。在导致玉米感染灰斑病的流行因素中，玉米本身的抗病性是主要因素。在同样环境条件和同样存在大量病菌的情况下，不同玉米品种的发病程度不同，同一品种在不同生育期，其发病程度也不同。玉米在苗期基本不发病，在拔节抽雄期开始发病，之后在灌浆期暴发。

（2）环境条件

灰斑病的发生受气候条件影响较为明显，若玉米苗期低温多雨，成株期高温高湿，长期阴雨连绵，会导致病害的发生和流行。病害多在温暖潮湿，雾日较多，连年大面积种植感病品种的地区发生。植株叶片的生理年龄会影响病害的发展，病害多从下部叶片开始发生，然后逐叶向上发展。灰斑病由病原菌以菌丝体或分生孢子侵染所致，高温、高湿条件下易发；田间通透性差、氮肥施用量少会加重发病。

（3）栽培管理

在栽培管理措施中，与灰斑病的发生关系最为密切的是播种节令、种植密度和施肥管理。免耕或少耕的田块，由于病残体的积累，发病较为严重；播种时间偏迟、栽培密度过大、玉米植株过于茂密荫蔽、不施底肥和磷钾肥、偏施氮肥，以及后期地块脱肥、管理粗放，也会导致灰斑病的发生。

6.3.3　防治措施

防治玉米灰斑病，要坚持预防为主，综合防治的原则。具体防治措施如下：

（1）加强农业防治

在灰斑病发生的区域，要优先选择抗病品种。播种时要合理密植，改善田间通风透光条件。有条件的区域可实行宽窄行种植，或与豆类等矮棵经济作物间作，以降低田间湿度，促进通风透光，同时增强土壤固氮能力，防止玉米后期脱肥。在发病严重的地块要定期轮作，并在收获后及时清理田间秸秆，以减少病原菌数量。

（2）做好肥水管理

根据玉米需肥规律，增施有机肥，并科学配比氮磷钾肥和微肥，以增强玉米长势及抗病能力。在高温雨季要及时排除田间积水，避免田间湿度过大引发病害或加重病害发生程度。

（3）做好化学防治

发病初期，可使用50%多菌灵600倍液，或75%百菌清500倍液交替进行喷雾防治，隔7 d喷药1次，连喷3次。也可在发病期间每亩使用10%苯醚甲环唑30 g兑水喷雾防治，隔5 d喷1次，连喷2~3次。防治灰斑病最直接的防治目标是，保证玉米在灌浆成熟阶段的功能叶片不枯死，不影响玉米正常的光合作用和对营养的吸收利用，这样即可确保玉米产量不降低。

6.4　大、小斑病

6.4.1　危害症状

玉米大斑病和小斑病均是由真菌引发的病害，且经常混合感染。两种病害均主要危害玉米叶片，因病斑大小和危害程度不同，分为大斑病和小斑病。大斑病、小斑病均易在温暖湿润条件下发生，大斑病的发病适宜温度为20~25 ℃，小斑病的发病适宜温度为26~29 ℃。这两种病害在玉米全生育期均可发生，但在玉米抽雄后最为易感。小斑病发病相对稍早，首先在叶片、叶鞘、苞叶处出现椭圆形褐色病斑，之后在叶脉限制范围内逐渐扩散。大斑病则先在下部叶片出现青灰色病斑，之后沿着叶脉扩散，但并不受叶脉限制。病斑发展为褐色梭形后，会逐渐融合并扩散至整个叶片，导致叶片枯死。玉米大、小斑病会严重危害叶片，影响玉米的光合作用，最终导致植株死亡。

6.4.2 发生条件

玉米大、小斑病的发生与流行，与气候条件、品种抗性、管理水平及立地条件关系密切。空气湿度高、温度适宜时发病较重，品种抗性差者发病较重，土地连作、地势低洼、排水不良、土质黏重、施肥不足等也会使大、小斑病加重。

大斑病在 18~22 ℃的温度条件下易发病，且以现场高湿时最为显著，病原为大斑凸脐蠕孢。若玉米种植现场有连续的阴雨天气，则会创造出高湿而温度较低的环境，更容易滋生大斑病。小斑病在高温高湿环境下易滋生，孢子萌发适温为 26~32 ℃，在适温时潜育期为 2~3 d，因此在南方温暖地区该病较为严重。但在阴雨多湿的情况下，大、小斑病都会严重发生。

凡秋玉米田接近重病的夏玉米田，或容易感病的秋玉米早播，或是在春玉米收获后未彻底处理病残体的田块种植，则发病严重，反之则发病较轻。轮作比连作发病轻，而两年轮作又比一年轮作发病轻。

砂土漏水漏肥严重的地块发病重，比平地发病重；排水不良、土壤潮湿，以致田块积水（或灌水时间过长）的地块发病重。玉米与矮秆作物间作，通风透光性良好，较单种玉米发病轻。

6.4.3 防治措施

防治玉米大、小斑病，首先要做好农业防治。播种时要设置合理的田间密度，增强田间通风透光度，避免高温、高湿环境。同时，由于病原菌会以菌丝或孢子的形式越冬，产生连年病害，因此，在秋季收获后要及时清理田间秸秆，并深翻土壤，破坏病原菌的越冬环境，降低病害发生概率。其次，要做好化学防治。在发病初期，可喷施井冈霉素 A、吡唑醚菌酯、木霉菌等药剂，每 7 d 喷 1 次，连喷 2 次。如初期防治效果不佳，可更换药剂，如喷施 50%退菌特可湿性粉剂 800 倍液，或 50%甲基托布津 800 倍液进行防治。

6.5 穗腐病

6.5.1 危害症状

穗腐病与其他病害相比危害更大，对玉米植株的危害在玉米生长的各个环节都有明显体现。在刚种植或还未种植的玉米种子上,若附着穗腐病的病原菌,则会使种子腐烂、发霉、坏死,玉米种子不能顺利发芽,从而导致玉米田缺苗或是断垄。在出苗期,玉米幼苗一旦感染玉米穗腐病,则会使幼苗不能吸收营养,幼苗生长发育逐渐变得缓慢,甚至停止生长,导致玉米田中幼苗长势不一。在开花期感染穗腐病的玉米,茎部逐渐开始腐烂,茎部与花枝都无法继续生长,大大降低了玉米的抽穗率。若在抽穗期感染病原菌,玉米无法结果实。

通常来讲,病菌初始侵入玉米植株时,会使植株根部生出大小不一、形状各异的病斑,通常为棕褐色,然后由玉米茎皮逐渐向内部侵蚀,最终导致茎基腐烂。茎基部第一节被彻底侵蚀后,病菌会逐渐向上发展,此时病斑扩散为红褐色的圆形病斑,也常见长条形病斑,到了发病后期,则逐渐转为暗紫色或淡红色的病菌腐块。此时,发病的茎部表面覆盖薄薄一层白色的粉状霉物质,而染病茎部的内部已经呈现完全腐烂的状态。根部、茎基部的腐烂与病变,会导致玉米不能从土壤中吸取水分和养料,叶片会发黄、枯萎,玉米穗也逐渐失去光泽。到了发病后期,病菌扩散至果穗,病穗暗淡,籽粒发霉、腐烂,苞叶也常常受到严重侵蚀,腐烂组织将苞叶黏附在果穗上,使苞叶难以被剥离。病斑具体呈现的颜色中,棕褐色与红棕色都是较为常见的,黄绿色、紫黑色较为少见。贮藏在仓库里的玉米也常常难以幸免,这是因为仓库内的温度较高,菌丝能够顺利生长,大面积扩散后将会感染全部玉米,这时会散发出明显的霉腐味。

6.5.2 发生条件

(1) 土壤条件差异

在地势平缓、土壤肥力较好,但透气与排水条件较差的地块,玉米穗腐病更容易发生。这是因为这样的地块在降水后局部气温容易升高,局部空气湿度较大,有利于菌丝的生长。

(2) 田地气候条件

从山东地区的玉米种植来看,玉米生长至孕穗与抽雄期时,往往恰逢雨季,降水量增多,日照时间减少,空气湿度与土壤湿度较大,病菌发育获得了非常有利的条件。若种植的玉米品种恰好是晚熟品种,收获时空气湿度仍然没有明显下降,将会导致玉米脱水速度变慢,玉米籽粒上更容易滋生病菌丝。

(3) 玉米品种差异

受玉米品种差异的影响,玉米植株叶片的展开形式不同,这也是病害发生的重要原因之一。其中，中间型叶片和平展型叶片的玉米，由于叶片生长较为分散、张开，玉米植株的脱水性能更好，菌丝不能得到适宜的湿度条件，也就难以扎根发病。而叶片生长紧凑的玉米品种，则因脱水性能较差更容易发病，若种植时没有控制好种植密度，过度密植会使玉米田中的湿度升高，也会增加发病率。若遇季节性高温，果穗甚至会直接发生霉变。

（4）施肥不合理

玉米田应混施复合肥，肥料比例的控制是重中之重，部分农民在肥料中加入过多的氮肥，会导致植株徒长，使植株抵抗力下降，更易受病菌侵袭。此外，也有部分农民为了追求高产量而越区种植，这时施肥结构的改变，也会导致玉米生长后期感染穗腐病的概率增加。

（5）虫害

当田间出现棉铃虫与玉米螟危害时，可直接导致玉米穗腐病的病害范围扩大、玉米田中的病情加重。据实验研究，在同等温度、同等降水量的环境中，玉米螟往往比棉铃虫的繁殖能力更强，棉铃虫对环境温度与湿度的要求明显高于玉米螟，而玉米受玉米螟危害的同时，更容易发生穗腐病。在玉米生长的中后期，正是山东地区的雨季，玉米螟加速繁殖，玉米穗腐病的发病率也随之增加，这就需要加强对虫害的防治，避免虫害催生玉米穗腐病。

6.5.3 防治措施

（1）轮作套作

将玉米与蔬菜、薯类或豆类进行轮作、间作，能够使田间植株携带的病原菌数量减少，病原菌难以长期存活，从而降低病原菌感染玉米的可能性，减少玉米穗腐病的发病率。

（2）清理病残体

对于当年染病的玉米植株要连根清理干净，并将病残体带离玉米田进行无害化处理，防止残留的菌丝与分生的病原孢子在秸秆中越冬。玉米收获后，要对玉米田进行深耕，让田地接受阳光暴晒，以杀死仍可能残留在田地中的病原菌。秸秆还田之前要对秸秆进行高温处理或使用消毒剂消毒，力求将可能残留的病原菌清除。磷肥、钾肥以及各类复合肥料应当搭配使用，避免肥料结构单一或施用氮肥过多。大量试验研究表明，锌肥对玉米穗腐病以及其他病害有较为突出的预防效果，可以在施肥时加入适当比例的锌肥来提高玉米的抗病性。

（3）生物防治

生物防治，主要是通过释放益虫消灭害虫的方式，来防止害虫携带的病原菌感染玉米。例如，适时释放玉米螟的天敌赤眼蜂，可在降低玉米螟危害的同时，减小玉米穗腐病的发病概率；也可以使用白僵菌杀死秸秆中可能存在的越冬玉米螟幼虫。生物防治是当前大力推行的防治措施，其优势在于成本低、操作简单，且对环境无污染、无公害，符合当前我国农业种植的可持续发展理念。

此外，也可以通过改变土壤结构的方式来防治玉米穗腐病。经大量实验与研究发现，农用稀土可以促进植物更快地生根发芽，同时增强植株内部多种酶的活性，从而增强植物光合作用。此举的防治意义在于，通过提高玉米幼苗中的叶绿素含量，使叶片的失水速率减慢，进而使玉米幼苗的生理生化活性得到增强。农用稀土中含有的木霉物质能够促进农作物对氮、磷、钾等微量元素的吸收，因此土壤中的养分能够更好地被玉米吸收利用，且木霉物质对于增强农作物的抗病性和抵抗力都有非常明显的效果，对玉米穗腐病也有明显的抑制作用。

（4）化学防治

在各类防治措施中，化学防治无疑是见效最快、使用最广的防治措施，也是及时抑制玉米穗腐病扩散的最有效手段之一。但化学制剂的使用对生态环境容易造成破坏，长期使用单一的化学制剂容易导致病原菌产生抗性，使药物失效。当前，对穗腐病的化学防治措施主要有：对玉米种子进行包衣处理，种植前使用药剂拌种，以及在田间喷洒对玉米穗腐病有防治效果的农药等。甲基托布津或苯醚甲环唑对防治玉米穗腐病的效果不错。除此之外，也可将混合配比好的药剂喷洒在染病植株上。

（5）选择抗病品种

在玉米种植时，可以选择具有高抗病性的自交品种，如 2010Q17，或农大108 等，对玉米穗腐病有明显的抗病效果。在种植方面，避免多年连续种植同一品种，采用多个不同品种交替种植的方式，也能够对防治玉米穗腐病有良好的效果。

6.6 锈病

6.6.1 危害症状

玉米锈病发病范围广、发病速度快，可在较短时间内快速扩散，发病特别严重的地块病株率可达 100%。玉米锈病主要危害叶片、果穗、苞叶等部位，也可受到病原菌的侵染而发病。在玉米锈病刚发生时，玉米叶片上出现淡黄色的斑点，呈聚生状、散生状。随着病情的扩展，斑点快速凸起，产生疱斑，呈红褐色，即为病原体孢子堆。当孢子破裂后，有粉状、呈淡黄褐色的物质从内部散溢出来，成为夏孢子，从而侵染玉米植株。玉米锈病发病后期，病斑上的疱斑颜色转为栗褐色，破裂后内部为冬孢子，呈黑褐色。夏孢子、冬孢子均可大面积侵染玉米植株，导致病害大范围发生。玉米植株被锈病的孢子侵染后，严重时叶片上可分布一层锈病孢子，影响叶片的光合作用及呼吸作用，最终导致叶片枯萎死亡，植株出现早衰或者折断的现象。

6.6.2 发生条件

（1）菌源量充足

玉米锈病发生的根本原因在于田间的菌源量充足。近年来，有关部门大力推广玉米秸秆还田技术，但农村大量青壮年劳动力流向城市，农村缺乏劳动力，导致玉米收获后不能及时腾茬，大量的秸秆、病原菌遗留在田间，不断积累的病原菌以冬孢子的形式越冬，第二年对玉米产生侵染，导致病害的发生。

（2）品种抗性差

导致玉米发生锈病的一个重要的因素是，种植的玉米品种抗性较差。前些年由于玉米锈病不常发生，且发生时表现为程度轻、损失小，因此在选择种植品种时未注重抗性。不同品种的玉米，对病害的抗性表现出较大的差异，一般紧凑型玉米品种易重发玉米锈病，半紧凑型、平展型玉米品种易轻发玉米锈病，生长周期短、熟期早的玉米品种以及甜玉米品种易发玉米锈病。

（3）气候条件适宜

在玉米锈病大面积发生时，一个主要的影响因素是外界的气候特点，包括湿度、温度。南方夏季降水较多、空气湿度相对较大，因此易发玉米锈病。当气温达到20 ℃、相对湿度超过90%时，玉米锈病最为严重，对于夏孢子，其萌发的温度条件在15 ℃左右。如果遇到雾多的年份，则会影响植株的光照条件，易发生、扩散玉米锈病，尤其是夏孢子，侵染扩散速度更快，可在短时间内大面积侵染玉米植株，导致其发病。

（4）田间管理措施不到位

当田间管理措施不到位时，玉米锈病也会大面积发生。一是种植密度过大。一般在温度高、湿度大的环境中，玉米易发生锈病。近年来，很多玉米产区推广密植玉米品种，以实现高产，种植密度可达 6.75 万株/公顷，植株之间互相遮蔽、透风性较差，导致田间湿度大、温度高。二是施肥不科学。不少玉米田内未施足有机肥，基肥主要施入尿素、磷肥，追肥主要施入尿素，存在施入氮肥偏多、磷钾肥偏少的问题，影响了玉米植株的健壮生长，使其抗性降低，增加了玉米锈病的发生概率。三是土壤有严重的板结现象。有的玉米田在定苗后很少进行中耕培土管理，在连续降水的条件下，土壤有严重的板结问题，会影响玉米根系正常发育，玉米植株抗性降低，导致玉米锈病发生。四是地势低洼，不利于排水。种植地的地势、土壤等实际情况，会对玉米锈病的发生概率及发病程度产生影响。对于地势低洼、通风效果不好、光照条件不佳、种植密度大、透气性较差的玉米地，易发生玉米锈病，且发病程度较为严重。7—8月如果降水较多，玉米田内积水严重，田间湿度较大，玉米锈病的病原菌孢子易萌发，且会大面积侵染玉米植株。

（5）农户防治锈病的意识淡薄

玉米锈病大面积发生的主要人为因素是，农户对玉米锈病的防治意识淡薄。前些年，玉米锈病不常发生，广大农户对玉米锈病的认识不足，加上近些年玉米密植品种的大面积推广，使玉米锈病防治难度较之前有所增加，因此阻碍了玉米锈病防治工作的开展，防治效果不佳。

6.6.3 防治措施

（1）农业防治措施

①科学选择品种

科学选择品质优、抗病能力强、适合当地气候特点的玉米品种进行种植，是预防玉米锈病、减小其发病概率最有效的措施。当前市场上对玉米锈病抗性较好、产量较高的品种包括农大108、泰玉2号、鲁单981、中原单32等，它们除对玉米锈病有较好的抗性外，对瘤黑粉病、黑穗病、弯孢菌叶斑病也有一定的抗性。

②调整播种时间

结合当地的气候特点，适当提早播种时间，以错开当地玉米锈病高发期。当前我国黄淮海地区的玉米播种期一般在2月中下旬开始，3月底前结束播种，同时要求环境温度达到12 ℃左右，有利于玉米种子的萌发。

③合理控制种植密度

为了预防玉米锈病，需要结合各地土壤肥力情况，合理控制种植密度，一般以4.5万~5.25万株/公顷，同时因品种不同，播种密度也有适当的差异。如果种植密度较大，则会影响玉米植株之间的通风透光性，易发玉米锈病，且可快速扩散蔓延；如果种植密度较小，会影响玉米的产量，降低经济效益，且使玉米无法充分利用各地的温光条件。因此，要合理控制玉米种植密度，维持田间透气性，确保玉米充分进行光合作用，减小玉米锈病的发生概率，以提高玉米产量。在生产玉米的过程中建议采取分带双行单株种植的方式，带幅控制在 1.2 m 左右，大行距、小行距分别为 90 cm、30 cm，间距在 60 cm 左右。

④科学运筹肥水管理

采取配方施肥的方式，增施磷钾肥，避免施入过多氮肥，可使玉米植株健壮生长。肥料类型可以选择酵素菌堆沤的有机肥，还可以喷施玉米健壮素等营养剂，有利于玉米植株生长，并提高抗病能力。以上蔡县的土壤肥力为例，可在玉米播种前施入基肥，基肥包括充分腐熟的农家肥 45 t/hm²、三元复合肥 750~900 kg/hm²、磷肥 750 kg/hm²，并按照苗肥轻、穗肥重的原则，看苗追肥；玉米进入大喇叭口期，选择三元复合肥 375 kg/hm² 作为穗肥进行穴施，以避免后期玉米植株出现脱肥早衰等情况。施肥时要结合中耕除草管理，施穗肥时要进行培土，为玉米植株根系的深扎创造条件，从而增强其抗病能力、抗倒伏能力。

此外，需要注意的是，玉米整个生长阶段要避免田间积水，可选择肥力较好、有着深厚耕作层、地下水位居中、有良好排水效果的沙壤土，并提前将厢沟、围沟开好，为排水、灌溉提供良好的基础条件，以促进玉米健壮生长。遇到温度高、降水较多的季节，要及时将田间沟渠内的杂草、杂物清理干净，确保顺利排水。

⑤加强田间巡查管理

田间一旦发生玉米锈病，应及时拔除玉米植株下部病叶或整株，并带出田间进行烧毁、深埋等，可减少田间病原菌的数量，避免其进一步扩散。同时，应及时中耕松土，以缓解土壤板结现象。除此之外，可将玉米与蔬菜、豆类等非寄主类作物进行轮作，有利于减少田间病原菌数量，减少玉米锈病的发生。

（2）化学防治措施

①针对性进行包衣处理

玉米种子在收获时，如果遇到降水或贮藏期间湿度较大，种子易携带玉米锈病的病原菌。通过对种子进行包衣处理，可预防玉米锈病，以降低其发病概率及减轻发病程度。玉米包衣的药剂可选择 25% 粉锈宁可湿性粉剂、2% 立克秀可湿性粉剂，用量为每 50 kg 种子拌入药剂 50~60 g。拌种时先将药剂用少量清水搅拌成糊状，之后与种子拌匀，建议随时拌、随时用。

②玉米锈病初发时的防治

在玉米锈病刚发生时，防治药剂可选择 12.5% 烯唑醇可湿性粉剂 1 500 倍液、20%粉锈宁乳油1 000倍液等，每隔7 d喷施1次，连续喷3次即可获得较好的防治效果。

③玉米锈病高发时的防治

在玉米锈病处于高发期时，可通过抑制玉米锈病病原菌孢子的萌发，从而遏制病害的扩散，避免玉米锈病大面积发生。防治药剂可选择50%退菌特可湿性粉剂800倍液、97%敌锈钠原液300倍液、20%苯醚甲环唑微乳剂（捷菌）1 500~2 000倍液、10%苯醚甲环唑水分散粒剂（世高）800~1 200倍液、43%戊唑醇悬浮剂（好力克）3 000~4 000倍液等，每隔7 d喷施1次，连续喷3次。用量应结合各药剂说明书的要求以及田间病害实际发生情况确定。如果喷药后24 h内遇到降水，则在降水后重新补喷，各类药剂可交替使用。

6.7　草地贪夜蛾

6.7.1　危害症状

草地贪夜蛾幼虫主要危害玉米的茎、叶和穗的生长点，在极端干旱条件下会破坏玉米根部。危害时期从作物出苗开始，持续到抽雄期和穗期。草地贪夜蛾幼虫主要取食幼叶和果穗，与其他害虫不同的是，它们更倾向于从侧面穿透叶片，攻击破坏分生组织并阻止穗的发育。低龄幼虫啃食叶片后，会形成十分密集的半透明膜孔。高龄幼虫啃食叶片会蛀出较大的洞，导致叶片参差不齐、新叶破烂，从而减弱玉米籽粒的灌浆能力，甚至可以切穿玉米幼苗的基部，导致整株植物死亡。幼虫白天躲在玉米花穗深处，破坏柱头和幼穗，不仅影响了雌穗的受精，还可能导致玉米感染真菌和黄曲霉毒素，籽粒质量严重下降。当前入侵我国的草地贪夜蛾为"玉米型"草地贪夜蛾，其在苗期、拔节期、大喇叭口期、抽雄期、开花抽丝期以及成熟期各个阶段均可危害玉米生长发育，尤其喜爱在大喇叭口期取食，此时幼虫聚集起来取食叶片，在叶片上形成半透明薄膜"窗孔"。幼虫还会危害心叶、茎秆、雄蕊、花丝、果穗，取食花蕾和生长点；幼虫聚集以切根、切茎方式钻蛀，从而导致植株死亡。

此外，应当关注草地贪夜蛾对非玉米类农作物的影响。草地贪夜蛾危害水稻时表现为，幼虫在秧苗中、下部取食叶片，造成叶片缺刻或落叶，受害严重的稻苗出现断秆现象。草地贪夜蛾危害甘蔗时表现为，取食甘蔗苗的叶片、生长点和茎基部，低龄幼虫在小苗心叶中取食叶肉，高龄幼虫可咬断甘蔗苗生长点形成断苗，并啃食甘蔗叶形成缺口或孔洞。草地贪夜蛾危害小麦时表现为，低龄幼虫在叶片和心叶处取食，高龄幼虫可向下移动至中部叶片、叶鞘和近地表面的分蘖着生处，与地下害虫的危害特征相似。

6.7.2 发生条件

草地贪夜蛾于 2019 年 1 月入侵云南，经过一年就已扩散蔓延至我国西南、华南、江南、长江中下游、黄淮、西北和华北地区，2020 年我国受到危害的玉米面积为 134.6 万公顷，同 2019 年相比增加 11.6%。当前入侵我国的草地贪夜蛾主要为"玉米型"，而我国是玉米生产大国，包括华北平原地区、东北三省和西南地区等玉米种植区，因此，玉米的密集种植区完全被草地贪夜蛾的潜在分布覆盖。其中，黄淮海平原夏播玉米区和华北平原春玉米区属于草地贪夜蛾的高风险区，其次为西南密集种植区和东北三省，以上地区需要重点防范；西北灌溉玉米区和南方丘陵玉米区受草地贪夜蛾的影响相对较小。

6.7.3 防治措施

（1）监测预防

监测预防是防治害虫的重要手段之一。在当前我国虫情灾害频发的环境下，传统的监测手段已经很难适应当下的病虫害防控工作的要求。吴孔明院士团队指出，我国应当构建一个现代化的迁移性昆虫监测预警体系，该体系需要三类设备：一是达到 500 m 高度的高空灯，用于高空诱集迁飞昆虫；二是垂直的高精准雷达和扫描雷达，用于获取昆虫活动参数，如迁移速度和高度，然后建立迁飞模型；三是构建迁徙轨迹预测模型，用于预警迁飞昆虫降落区域。做好源头管控是监测预防的核心，首先应当在源头使用一些绿色防控技术将虫源数量控制到最低，如雷达监测、灯诱测报、性诱测报、卵巢解剖和田间调查等；其次，在成虫起飞后实行空中监测和高空拦截，以减少到达目的地的昆虫数量，从而形成虫源地—迁飞路径—目的地和地面—空中的综合防控体系。

（2）农业防治

农业防治是通过改变耕作栽培方式、选用抗虫品种和加强栽培管理等措施，来减轻害虫发生的防治手段。

①栽培方式

选择合理的栽培方式可有效防治草地贪夜蛾，如将禾本科作物和非禾本科作物套种等。研究表明，将玉米和豆科作物套种，同时田边种植有益杂草，草地贪夜蛾幼虫虫口密度可下降 82.7%，玉米产量可提高 2.7 倍，且这种模式在整个玉米生长阶段均可以减少草地贪夜蛾幼虫的危害。

②选种育种

选种育种和培育抗性品种，可提高作物本身的抗虫、抗病能力。张丹丹等测定了 Bt-Cry1Ab 和 Bt-（Cry1Ab+Vip3Aa）2 种转基因玉米对草地贪夜蛾的抗虫效果。结果表明，Bt 玉米具有很高的抗虫水平，对草地贪夜蛾幼虫的控制率高达 90%，且存活幼虫的生长也受到了明显的抑制。

③田间管理

加强田间管理，合理施肥。草地贪夜蛾喜氮肥，过量施用氮肥则有利于草地贪夜蛾取食，从而危害作物，且会使该物种在发育速度、发育质量、蛹重和产卵量等方面均有不同程度的增加，因此要遵循科学的配方施肥，不要过量施用氮肥。

（3）理化诱控与性诱

①理化诱控

理化诱控是在害虫成虫集中迁入和大量发生期，利用成虫的趋化性和趋光性，使用性引诱剂、杀虫灯以及食物引诱剂等进行诱杀和虫情监测。通过灯引诱和性引诱结合的方式，我们可以在短时间内预测草地贪夜蛾的发生情况，并及时采取应对措施，适时用药。研究表明，草地贪夜蛾的趋光性远差于其他夜蛾科害虫，因此灯光诱杀方法效果不强，但测报灯可有效监测具有一定种群密度的害虫的发生，正确使用高空杀虫灯也可有效减少田间产卵量。

②性诱

性诱是利用雌成虫释放的性信息素对雄成虫的发生动态进行监测。草地贪夜蛾的性信息素主要由（Z）-9-十四碳烯-1-醇乙酸酯（Z9-14：OAc）、（Z）-11-十六碳烯-1-醇乙酸酯（Z11-16：OAc）、（Z）-7-十二碳烯-1-醇乙酸酯（Z7-12：OAc）和（Z）-9-十二碳烯-1-醇乙酸酯（Z9-12：OAc）等构成。由于灵敏度较高，性诱可用于早期低虫口密度下的预测预报。当害虫种群密度增大时，在田边、地脚、杂草分布处放置性诱捕器，可诱杀成虫、干扰成虫交配。张景欣等研究了性信息素诱捕对玉米草地贪夜蛾的实际田间控害效果，结果表明，经过性信息素诱捕处理后，3 个调查时段内，相对虫口减退率分别为 42.86%、88.24% 和 73.08%。此外，杨凌翔林农业生物科技有限公司在国内登记了第 1 个生物化学类草地贪夜蛾信息素产品，有效成分包括顺-7-十二碳烯乙酸酯，顺-9-十四碳烯乙酸酯和顺-11-十六碳烯乙酸酯等，主要通过挥散芯和诱捕器配套使用，可诱捕雄虫。该产品每亩悬挂 1~3 个即可防治玉米型草地贪夜蛾，一般在成虫扬飞前使用。

（4）生物防治

生物防治是指使用特殊的生物及其代谢产物来控制害虫，分为天敌昆虫防治和生物农药防治，其中天敌包括捕食性天敌和寄生性天敌。生物防治对人畜安全，对环境友好，但速效性较差，易受地域和气候条件的影响。

①引入天敌昆虫

草地贪夜蛾的天敌分为寄生性和捕食性天敌，寄生性天敌又包括寄生蜂和寄生蝇，我国已鉴定并记录的草地贪夜蛾寄生蜂有16种，寄生蝇有66种。草地贪夜蛾的捕食性天敌有44种，12科。其中，使用瓢甲科、步甲科、蝽科昆虫对草地贪夜蛾进行捕食的应用较多。

②生物源杀虫剂

防治害虫的生物源杀虫剂包括微生物源杀虫剂和植物源杀虫剂。我国农业农村部在《2021年草地贪夜蛾防控技术方案》中发布了防治草地贪夜蛾的生物农药，包括金龟子绿僵菌、苏云金杆菌、球孢白僵菌和甘蓝夜蛾核型多角体病毒等。

a. 微生物源杀虫剂

微生物源杀虫剂是指以细菌、真菌、病毒和原生动物或基因修饰过的微生物为有效成分的杀虫剂。刘华梅等选取了9种Bt菌株对草地贪夜蛾进行室内毒力测定，结果发现毒力最高的3个菌株为KN50、KN11和KNR8，LC50值分别为$0.07\mu g/g$、$0.23\mu g/g$和$0.43\mu g/g$，表现出显著的致死效果。汤云霞等测定了7种微生物源农药对玉米型草地贪夜蛾的防效，其中，60 g/L乙基多杀菌素悬浮剂处理组药后1 d的虫口减退率为93.1%，药后14 d的虫口减退率为86.3%；30亿PIB/mL甘蓝夜蛾NPV悬浮剂处理组药后1 d的虫口减退率为84.6%，药后14 d的虫口减退率为78.9%，2种药剂对于防治玉米型草地贪夜蛾均具有较好的速效性和持效性。

核型多角体病毒对草地贪夜蛾也具有较好的防效。病毒多角体通过害虫取食而进入其中肠，在碱性环境中溶解释放感染性病毒粒子，并迅速复制，导致幼虫死亡。苏湘宁等的试验表明，螟黄赤眼蜂+蠋蝽+甘蓝夜蛾核型多角体病毒和螟黄赤眼蜂+甘蓝夜蛾核型多角体病毒的防效较好，两组处理后14 d的虫口减退率分别高达83.35%和81.31%，防效不仅高于单一释放螟黄赤眼蜂，持效性也高于氯虫苯甲酰胺（处理后14 d虫口减退率为78.51%）。李永平等在筛选草地贪夜蛾的防治药剂时，发现甘蓝夜蛾核型多角体病毒在3~14 d的防效为79.93%~87.89%。张海波等研究发现，甘蓝夜蛾和甜菜夜蛾核型多角体病毒对草地贪夜蛾有很好的防治效果。

金龟子绿僵菌是广谱性的杀虫真菌剂，通过黏附在昆虫体表，产生附着孢穿透虫体，并在昆虫体内发育导致昆虫死亡。耿协洲等试验发现每亩地施用

4.0 g 氯虫苯甲酰胺+30 mL 绿僵菌或 5.5 g 氯虫苯甲酰胺+15 mL 绿僵菌与单独施用 6.0 g 氯虫苯甲酰胺的速效性和持效性相当。结果表明，两者搭配使用在减少化学农药使用量的同时，增强了药剂对环境的安全性。

b. 植物源杀虫剂

植物源杀虫剂来源于栋科、卫矛科、柏科、瑞香科、豆科、菊科等植物中的有机物质，主要包括生物碱、糖苷、有机酸、酯、酮、萜等物质。赵胜园等研究表明，0.5%苦参碱水剂、6%鱼藤酮微乳剂和0.3%印楝素乳油对草地贪夜蛾的防效不明显，但苦楝油对 4 日龄到 6 日龄草地贪夜蛾幼虫的致死率可达到80%。当前，针对草地贪夜蛾防治的植物源杀虫剂主要包括除虫菊素、鱼藤酮等，而中国农药信息网登记的防治草地贪夜蛾的植物源杀虫剂还有 0.3%、0.5%印楝素乳油、1%苦参·印楝素乳油。

（5）化学防治

尽管监测预防、农业防治和生物防治等措施对控制草地贪夜蛾的虫口密度起到了一定的作用，但是当虫口密度较大，虫害大面积发生时，不得不使用化学防治方法。化学防治是利用化学杀虫剂控制或杀灭害虫，具有杀虫范围广、作用快、效果明显、使用方便以及不受地区和季节性局限等优点。

①国内应用的主要防治药剂

我国农业农村部在《农业农村部办公厅关于做好草地贪夜蛾应急防治用药有关工作的通知》中发布了草地贪夜蛾防治的推荐药剂（单剂），如表 6-1 所示。其中，复配药剂以甲氨基阿维菌素苯甲酸盐和高效氯氟氰菊酯为主，如表 6-2 所示。

表 6-1 推荐用于草地贪夜蛾防治的单剂

类型	药剂
有机磷类	敌百虫、毒死蜱、辛硫磷、乙酰甲胺磷
拟除虫菊酯类	氯氟氰菊酯、高效氯氟氰菊酯、溴氰菊酯、甲氰菊酯
双酰胺类	四氯虫酰胺、氯虫苯甲酰胺
氨基甲酰肟类	硫双灭多威
氨基甲酸酯类	甲萘威、茚虫威
苯甲酰脲类	虱螨脲

表 6-2　推荐用于草地贪夜蛾防治的复配药剂

药剂名称	复配药剂名称
甲氨基阿维菌素苯甲酸盐	茚虫威、氟铃脲、高效氯氟氰菊酯、虫螨腈、虱 螨脲、虫酰肼
高效氯氟氰菊酯	氯虫苯甲酰胺、除虫脲、甲氨基阿维菌素苯甲酸盐

②常见的化学杀虫剂

赵胜园等在室内采用浸叶法和浸卵法测定了 21 种常用商品化学杀虫剂对草地贪夜蛾的防效。结果表明，20%甲氰菊酯乳油、15%唑虫酰胺悬浮剂、25 g/L溴氰菊酯乳油、25 g/L 高效氯氟氰菊酯乳油和 20%呋虫胺悬浮剂对草地贪夜蛾卵具有较强的毒杀作用，校正孵化抑制率可达 80%以上。1%甲氨基阿维菌素苯甲酸盐乳油、5%甲氨基阿维菌素苯甲酸盐微乳剂、75%乙酰甲胺磷可溶性粉剂、6%乙基多杀菌素悬浮剂和 20%甲氰菊酯乳油对草地贪夜蛾 2 龄幼虫具有较强的毒杀作用，校正死亡率超过 90%。该研究结果可在生产上为制定草地贪夜蛾化学防治用药方案提供技术指导。

③复配药剂的防效

胡飞等通过室内毒力测定试验发现，甲氨基阿维菌素苯甲酸盐和氯虫苯甲酰胺按照质量比 3∶7 进行复配具有明显的增效作用，药后 3 d、14 d 对草地贪夜蛾的防效分别达到 88%和 84%以上，速效性和持效性均较好。高庆远等通过室内毒力测定试验发现，甲氨基阿维菌素苯甲酸盐和四氯虫酰胺按照质量比 7∶3 进行复配，对防治草地贪夜蛾 2 龄幼虫有增效作用。商暵等通过室内毒力测定试验发现，虫螨腈与茚虫威按照质量比 1∶5、2∶5、1∶10、1∶15 复配效果较好，虫螨腈速效性好、持效性差，茚虫威速效性差、持效性好，二者复配优势互补，对防治草地贪夜蛾 3 龄幼虫均有明显的增效作用。宋洁蕾等采用浸叶法测定了 10%甲维·茚虫威悬浮剂、12%甲维·氟酰胺微乳剂、34%乙多·甲氧虫悬浮剂、40%氯虫·噻虫嗪水分散粒剂、25%氯氟·噻虫胺悬浮剂、30%氟铃·茚虫威悬浮剂、33 g/L 阿维·联苯菊乳油、40%联苯·噻虫啉悬浮剂和8%阿维·茚虫威水分散粒剂 9 种复配药剂对草地贪夜蛾的室内毒杀效果。结果表明，10%甲维·茚虫威悬浮剂、12%甲维·氟酰胺微乳剂、34%乙多·甲氧虫悬浮剂和40%氯虫·噻虫嗪水分散粒剂的毒力较强。

6.8 玉米螟和大螟

6.8.1 危害症状

玉米螟又称玉米钻心虫，是危害玉米的主要害虫之一，其幼虫主要侵蚀玉米植株心叶，让玉米出现一排排小孔，玉米抽穗后，幼虫钻入雄花内部，吸食雄花营养，导致雄花基部折断。玉米长出雌穗后，开始吸食花丝和嫩苞叶，危害嫩籽粒，成虫后吸食玉米根茎养分，让茎秆失去养分，从而倒伏。玉米螟会降低玉米总产量，玉米螟幼虫会对玉米茎秆造成破坏，导致根部难以吸取足够的营养物质，无法满足玉米生长所需，致使玉米种子十分稀疏。

大螟又称稻蛀茎夜蛾，是一种多食性害虫，可危害水稻、玉米、高粱、谷子、小麦等，也可危害禾本科和莎草科杂草。大螟危害多见于南部沿海地区及长江流域省份，且随着气候变暖、耕作制度变更和新型栽培措施的推广，其危害逐年加重。

大螟对玉米的危害症状：在苗期，3~5叶期以生长点受损形成枯心苗为主（占八成），植株矮化，甚至枯死；也有表现为叶片被害成孔洞状。一般情况下，大螟幼虫自第2叶叶舌处侵入假茎，蛀食危害，往往掰开第2叶叶鞘可以见到虫粪，偶见转株危害。成株期：大螟幼虫自地面以上靠近玉米植株第2、4节间处蛀入，取食节间或近节间处，中后期造成玉米倒折，也出现枯心苗和蛀食形成孔洞叶的现象。穗期：大螟幼虫自穗体上半部咬破苞叶进入玉米植株内部，蛀食籽粒和穗轴，一个穗内可能有多条幼虫存在。

6.8.2 发生条件

玉米螟和大螟的发生数量和危害程度与越冬虫口数量、温湿度、雨量、寄主植物的种类、品种、生育期等密切相关。

（1）越冬虫口数量

9月下旬，当气温降至10℃以下时，玉米螟以老熟幼虫在寄主秸秆、穗轴或根茬中越冬为主。在玉米秸秆中越冬居多，一般幼虫越冬虫口量大的年份，翌年田间虫卵量和作物被害率均较高。

（2）气候条件

温度和湿度是影响玉米螟发生的主要因素。调查显示，玉米螟各虫态适宜生长的温度为15~30℃，平均相对湿度为60%，该温湿度也是第一代玉米螟发生和生长的适宜温湿度，第一代玉米螟发生高峰期在 5 月中下旬至 6 月底。当温度为 20~26 ℃、相对湿度为 80% 以上时，更利于第二代玉米螟发生，第二代玉米螟发生高峰期一般在 7 月至 8 月底。

在夏季干旱条件下，玉米螟成虫寿命短、产卵少，同时也不利于蛹的形成、卵的孵化和初孵幼虫的存活。因此，在 6—8 月雨水充足时，玉米螟危害往往较大。但如果在 6—8 月成虫羽化和幼虫孵化期遇到暴雨，空气湿度过大或气温较低，则可引起虫口大量死亡，从而减轻危害。

大螟一年发生 3 代。越冬代幼虫化蛹后在 4 月中下旬开始羽化，成虫盛期大致在 5 月初，羽化的成虫在早春玉米上产卵。第一代幼虫主要危害春玉米、小麦以及麦田部分杂草，6 月中下旬第一代成虫羽化后在夏玉米田内产卵。第二代幼虫主要危害夏玉米幼苗，幼虫化蛹后于 8 月初开始羽化为成虫，产卵孵化后的幼虫主要钻蛀夏玉米茎秆和穗，9 月下旬幼虫陆续沿茎秆钻入玉米残桩基部或留在蛀孔内越冬，玉米穗轴内也有大螟幼虫。大螟幼虫在玉米田间表现为聚集分布，这是由大螟的生态特性和产卵特性决定的，轻发生地块一般在地头、地边，路边、沟边发生较重，可形成多个核心。重发生地块分布情况趋于均匀，但仍有核心分布。田间环境的改变，特别是草相的变化，比如节节麦、鹅观草等禾本科杂草在地边、沟沿常年生长，坑塘、沟渠形成的蒲草群落等，都能为大螟生活、越冬、藏匿提供有利场所。

6.8.3　防治措施

（1）玉米螟的防治措施

防治玉米螟可以采用生物防治、物理防治和化学防治等多种技术进行处理。

①生物防治技术

采用白僵菌杀死玉米螟，或在大田投放赤眼蜂，赤眼蜂主要以玉米螟为食，一天可食 200~300 只害虫。

②物理防治技术

利用玉米螟的趋光性，使用黑色的频振灯光诱杀玉米螟。

③化学防治技术

在玉米心叶期，也就是幼虫危害最盛的时候，使用 50% 巴丹 100 克/亩，兑水 100 kg 喷洒在玉米心叶内，杀死幼虫。

（2）大螟的防治措施

①农业防治

通过玉米秸秆深度粉碎还田技术，可破坏大螟幼虫越冬宿主，同时有目的地进行小麦冬灌，可减少越冬虫源量。此外，还应铲除田边杂草，特别是要及时清除节节麦、鹅观草、蒿草等大螟野生寄主，清除在坑塘河道中生长的野生菖蒲，以破坏大螟繁殖的生存场所。

②做好预测预报

利用大螟的趋光性，配合采用性诱剂，依据蛾量推测虫害的发生情况，掌握其越冬和田间发生动态，并及时发布中期或短期预报，以及时防治大螟。

③化学防治

由于玉米苗期虫害发生种类多、用药次数多，一般在大螟轻发生年度不用专门防治。但是在环境条件有利于大螟发生的情况下，应该针对大螟进行专项防治，以控制大螟的突发性危害。将玉米种子（4 kg）用福戈（8 g）进行处理后再播种，再在大喇叭口期喷施一遍福戈（4 g），可以有效防治玉米苗期到穗期的多种螟虫危害。同时，注意调查一代大螟在田间的初发情况，及时喷施1.5%甲氨基阿维菌素苯甲酸盐1 000倍液和阿维菌素微囊悬浮剂1 000倍液。对于严重发生地块，在玉米大喇叭口期及时喷施20%氯虫苯甲酰胺悬浮剂2 000倍液，以控制大螟的持续危害。

6.9　黏虫

6.9.1　危害症状

黏虫是危害玉米的主要害虫之一，其在田间发生严重时，幼虫会将玉米植株的叶子啃食殆尽，造成玉米绝收。部分田地由于种植结构不合理，使得玉米黏虫呈现爆发流行趋势，常常因为防控不及时，给玉米产量和品质造成严重影响。黏虫主要出现在每年的6月中下旬，其余月份该虫害不严重。

6.9.2　发生条件

玉米黏虫是一种会对玉米作物造成严重危害的害虫，具有迁飞性，其发生具有一定的偶发性和爆发性。这意味着在某些特定的气象条件下，黏虫数量可能会突然增加，给作物生长带来较大的威胁。其中，频繁发生降水和降水持续时间长、土壤及空气湿度增加是黏虫大量繁殖和传播的重要条件。当这些气象条件达到一定程度时，玉米地就容易受到黏虫的攻击。

为了提前预防和控制黏虫产生的危害，气象部门会发布喷药适宜条件等级预报。农民可以根据气象部门的建议，在合适的时间进行喷药，以减轻黏虫带来的损失。

6.9.3 防治措施

（1）药剂防治

在冬天收割小麦时，工作重点应放在阻止黏虫幼虫返回农田上，可在小麦周围的玉米田附近用敌百虫粉进行药封，形成隔离带。在黏虫幼虫时期，需要用菊酯乳油兑水对其进行喷雾防治，或者用氧化乐果1 500倍液进行喷雾防治。喷药部位为玉米心叶上，防治时间选择在早晚幼虫出来进食时，做到及时发现、及时防治。

（2）物理防治

物理防治措施包括：利用虫子的趋光性，采用黑光灯诱杀黏虫；按比例配成糖醋诱液，再兑入适量敌百虫粉放入器皿中，在傍晚将其放置于农田，距离地面大约1 m，并隔3~5 d更换一次诱液；把稻草捆成捆，直径为5 cm，插在玉米田间，稻草捆要比植株高，1周左右更换1次，更换下来的稻草捆要及时烧掉。若把糖醋诱液喷在稻草上会取得更好的杀虫效果。

（3）生物防治

生物防治是指利用天敌防治有害生物，该方法在农田中最为常用。为防治玉米黏虫可以选择释放赤眼蜂，也可以通过种植大豆、芝麻等作物来吸引天敌，如蜘蛛和青蛙，进而控制玉米黏虫的数量。在黏虫危害区，除考虑除虫外，还需要加强统防统治的工作。为了控制黏虫的扩散和迁徙，可采取一系列措施，如利用高秆喷雾机械进行防治。通过合理使用这样的防治手段，可以缩小黏虫侵害的范围，防止其对玉米产量造成过大的影响。

6.10　棉铃虫

6.10.1　危害症状

棉铃虫属鳞翅目夜蛾科，为杂食性害虫，以幼虫蛀食危害玉米、番茄、辣椒、棉花、向日葵等为主。1代幼虫主要危害玉米心叶，通过排出大量颗粒状虫粪，造成排行穿孔。2代幼虫主要危害刚吐丝的玉米雌穗花丝、雄穗和心叶，通过蛀食花丝，影响授粉，形成"戴帽"；蛀食心叶与1代幼虫危害症状相似；危害雄穗时，导致植株不能抽雄，影响授粉。3代幼虫主要蛀食玉米雌穗籽粒，通过排出大量虫粪，导致被害部位易被虫粪污染，产生霉变，严重影响玉米的产量和品质。

6.10.2　发生条件

在高温多雨条件下，有利于棉铃虫的发生，干旱少雨条件对其发生不利，而暴雨对虫卵的冲刷作用明显。此外，当土壤湿度过高，绝对含水量占40%，或者相对含水量达60%以上时，将显著影响蛹的存活和成虫的正常羽化。各地棉铃虫的主要发生期及主要危害世代有所不同：长江流域5—6月，以第1代、第2代危害为主；华北地区6月下旬至7月，以第2代危害为主；东北南部7月、8月上旬至9月，以第2代、第3代危害为主。

干旱地区灌水及时或水肥条件好、长势旺盛的田地，前作是麦类或绿肥的田地，以及与棉花邻作的田地，均有利于棉铃虫的发生。

6.10.3　防治措施

（1）频振式杀虫灯诱杀

利用棉铃虫的趋光性，在第1代成虫出现以前悬挂频振式杀虫灯对其进行诱杀，每盏灯控制面积为4 hm^2。据调查，利用频振式杀虫灯诱杀棉铃虫，其危害率可降低14.47%，防治效果较为明显。

（2）撒毒沙防治

在6月中下旬，可撒施毒沙防治棉铃虫，其方法是用40%甲基异柳磷乳油9 kg/hm^2，兑水45~60 kg，并拌细沙750~900 kg后，撒入玉米心叶。

（3）药剂防治

从7月上旬开始，每隔7~10 d在玉米雌穗苞叶和花丝部位喷施30%触倒乳油1 000~1 500倍液进行防治，一般连续用药2~3次即可；也可用25%氧乐氰乳油1 000倍液，或15%Bt乳剂1 000倍液进行喷雾防治，以上药剂应交替使用，以免棉铃虫产生抗药性。

（4）草环诱杀

利用棉铃虫喜欢在稻草或麦秸上产卵这一特性，在7月下旬用麦秸或稻草秆做成直径为1.5~2.0 cm的草环，于前一天浸泡在40%氧乐氰乳油与50%敌敌畏乳油按1∶1比例配制的500倍药液中，或浸泡在50%甲胺磷乳油与50%敌敌畏乳油按1∶1比例配制的500倍液药液中，次日用取药工具将草环套在玉米雌穗花丝部位，12~15 d后取下集中深埋或烧毁。

（5）剪花丝

棉铃虫喜欢在玉米雌穗花丝上产卵，应在棉铃虫第3代幼虫孵化盛期，且幼虫未蛀入玉米雌穗之前，即7月下旬至8月上旬，将已授粉完毕的玉米雌穗花丝剪除，并将所剪除的花丝集中销毁或深埋，也可达到较好的效果。

6.11　香附子

6.11.1　危害症状

海南的杂草多为单子叶杂草，以香附子最为常见和最难根治，占杂草发生数量的90%~95%。香附子是危害性很大的多年生杂草，以块茎繁殖，其地下块茎会产生根茎，根茎会长出新的块茎，新块茎再萌生出幼草，一株接着一株，连绵不断地生长，从而与玉米争夺光照、水分和养分，导致玉米出现生长不良的现象，植株较为矮小，根系不发达，叶黄秆细，双穗率显著减小，空秆率增加，果实饱满度降低，甚至使病虫害的传播概率增加，有害昆虫能够更轻易地从一个植株移动到另一个植株上。此外，在玉米田中生长的香附子还能够滋生各种害虫和病菌，成为害虫和病菌的"避难"场所。

6.11.2　发生条件

香附子具有惊人的繁殖能力，在生长季节，2~3天即可出苗，在土壤潮湿、疏松的环境中，种子和根茎都能发芽且很快生成新的植株或块茎。如果只铲除地上部分，其地下部分会继续生长，7 d左右便可达到原植株的高度。香附子的种子可以在土壤中存活5年左右的时间，可见其防治难度较大。

6.11.3　防治措施

香附子喜潮湿、不耐干、怕冻、怕阴、怕水淹。根据香附子的特点，可以遵循以防为主、综合防治的原则对其进行防治。冬季低温期是对部分香附子发生集中且以块茎繁殖为主的地块进行防治的最佳时机。在耕地或中耕松土时，可以人工捡拾地块中的香附子块茎，并将其带出田间晒干后焚烧，以有效减轻其块茎的繁殖和危害。另外，还可以利用药剂进行防治。可以使用烟嘧磺隆、硝磺草酮和莠去津三元复配药剂防治香附子，该药剂组合能够有效地抑制香附子的生长和繁殖，减轻其对农作物的危害。总之，通过农田管理措施，如人工捡拾、晒干焚烧，结合药剂防治，可以有效减轻香附子的繁殖和危害。此外，还应注意保持土壤湿润、避免过度施肥和过度灌溉等，以避免提供适宜香附子生长的环境条件。综合起来，这些措施有助于减少香附子的数量，从而提高作物的产量和质量。

7 海南玉米生理性病害及其防治措施

7.1 玉米缺素症

玉米缺素症是指玉米在生长过程中因缺乏某种营养素而导致的一些生长异常的症状，是玉米产区常见的生理病害。缺素症产生的原因有两方面：一方面是施肥不合理；另一方面是土壤养分含量不足，营养物质氮、磷、钾或微量元素供应缺乏，或受环境因素（如气温、水分）等的影响，植株出现大面积发病，造成减产，极端情况还可能导致作物绝收。

7.1.1 症状

（1）缺氮

玉米缺乏氮元素的具体表现：玉米在幼苗阶段生长较为缓慢，幼苗植株细矮瘦弱。叶期表现为叶鞘呈紫红色，且颜色不断沿着叶脉向下延展。从颜色来看，叶片从叶尖开始逐渐发黄，形状沿着叶片脉络呈现楔形，并逐渐向叶片的根部延展，呈现"V"字形，直至整个叶片枯萎衰亡。从果实来看，玉米穗弱小且颗粒不饱满，蛋白质的含量较低。

（2）缺磷

玉米缺乏磷元素的具体表现：处于苗期的玉米缺乏磷元素会导致叶片和茎的颜色表现为绿中带有紫红色，而且颜色的变化最初是从叶片的下部开始的，随后沿着叶缘向叶片的根部延展。根系因为缺少磷元素会导致玉米生长发育不良，同时积累较多的糖分导致茎部衰弱。从果实来看，玉米缺乏磷元素会导致玉米穗发育迟缓，甚至会出现空穗，果实颗粒缺乏或排列不整齐。

（3）缺钾

玉米缺乏钾元素的具体表现：玉米苗期从老叶的叶尖开始，沿叶尖向叶鞘处逐渐失绿变黄，发黄部分呈"V"字形，称之为"镶黄边"，随后叶片逐渐变褐后焦枯，直至整个叶片枯死。叶片和茎节长度比例失调，叶片显得特别长、节间短，生长缓慢，植株矮小。到玉米植株生长后期，茎秆细弱，易倒伏。果穗上部不结实、秃尖缺粒、籽粒松散。

（4）缺锌

玉米缺乏锌元素的具体表现：苗期玉米基部叶片脉间失绿，呈黄白色，形成失绿条纹，称之为"花白苗"，随后逐渐向前扩展，叶肉变薄，呈半透明状，严重的叶片全白，最后坏死。植株矮小，节间缩短，抽雄吐丝都推迟，果穗缺粒秃尖。近几年，玉米缺钾和缺锌症状往往同时发生。

（5）缺硼

玉米缺乏硼元素的具体表现：玉米根系发育不良，植株不发达、矮小，新叶狭长，幼叶展开困难，上部叶片叶脉间组织开始变薄，呈现白色透明的条纹状，叶片变薄发白，甚至枯死。雄穗不能抽出，雄花逐渐退化变小，直至萎缩，果穗退化成畸形，顶端籽粒不饱满。

（6）缺镁

玉米缺乏镁元素的具体表现：玉米幼苗上部叶片发黄，下部叶片（老叶）先是叶尖前端出现脉间失绿，随后继续向叶片基部发展，叶脉仍表现为绿色，呈现出黄绿相间的条纹，有时局部出现念珠状绿色斑点。叶尖部位及其前端部位叶缘呈紫红色，严重时造成叶尖干枯，叶脉间失绿部分出现褐色斑点或条斑。

（7）缺铁

玉米缺乏铁元素的具体表现：在玉米苗期，幼苗叶片颜色失绿，并呈条纹状分布在叶片上。成熟叶片的上半部分出现白色或者浅绿色，中部和下部的叶片出现黄色条纹。当玉米缺乏铁元素严重时，整个叶片会出现白色，并且有斑点出现。

（8）缺锰

玉米缺乏锰元素的具体表现：玉米缺锰和缺铁症状表现极为相似，表现为植株幼叶的叶脉间组织颜色由绿变黄，但是叶脉和附近部位仍为绿色，出现黄绿相间的条纹；叶片明显弯曲，根细长、呈白色，叶片有黑褐色斑点出现，严重时扩展至整个叶片，导致叶片枯萎。

（9）缺铜

玉米缺乏铜元素的具体表现：玉米植株生长缓慢、矮小；顶部和心叶逐渐变黄，严重时顶端枯死后形成丛生叶片；叶色灰黄或者红黄且带有白色斑点，叶片卷曲反转（与缺钾相似）；茎秆松软易倒伏，果穗发育不良。

（10）缺硫

玉米缺乏硫元素的具体表现：玉米植株矮化，叶丛发黄，株体颜色变淡，呈淡绿色或黄绿色，新叶重于老叶，下部叶片和茎秆常带红色，叶质变薄，成熟期延迟。与缺氮症状相似，但症状先发生于新叶的为缺硫，先发生于老叶的为缺氮。缺硫与缺铁的症状也比较容易被混淆，缺铁时新叶黄白化或出现黄绿相间的条纹；缺硫时新叶出现黄化现象，叶尖特别是叶基部有时保持浅绿，老叶基部发红。

（11）缺钙

玉米缺乏钙元素的具体表现：玉米苗期生长缓慢，叶尖、叶缘焦枯卷曲，植株的生长点和幼根正常生长发育受阻，长出的新叶叶缘出现白色斑纹，同时呈锯齿状不规则开裂。缺钙初期，新叶片分泌出透明胶状物，使幼叶的叶尖相互粘连，导致新叶无法正常伸展，生长停止。缺钙加重时，原有的老叶尖端枯萎，变成棕色；植株的根系发育不良、变少，无新根出生，老根变为褐色。

7.1.2　发生原因

（1）施肥因素

①施肥品种单一

施肥品种单一会导致作物营养比例失调。由于随着农业生产的快速发展，作物产量不断提高，因此作物从土壤中带走的养分越来越多，而每年通过施肥归还到土壤中的养分基本上只限于氮和磷。虽然近几年农民对钾肥和微肥的作用已有所认知，并开始使用钾肥和微肥，但用量微乎其微。

②有机肥用量不足

有机肥料是全元素营养肥料，它可以补充作物生长所需的各种元素。虽然近几年政府及有关业务部门都积极推广有机肥的使用，工作也取得了一定成效，但部分地方仍存在白茬地。然而长期不施有机肥或有机肥用量不足，不仅不能补充土壤中消耗的钾、锌等养分，而且还会使土壤理化性质恶化，导致土壤中原有养分的有效性降低。另外，若施用过多的磷肥，导致磷锌拮抗，也是诱发作物缺锌的一个原因。

（2）土壤因素

由于成土母质及物理理化性状不同，土壤中钾锌的含量及有效性也不同，因此对作物供钾、供锌的能力也就不同。另外由于砂性土壤中胶体含量较少，土壤中的钾容易随水流失，所以这些土壤往往缺钾较为严重。

7.1.3 防治措施

玉米缺乏不同元素会表现出不同的症状，因此只有对症下药，玉米缺素症才能得以治愈，以避免出现产量减少的情况。防治缺素症，就是根据作物表现出的缺素症状对症下药，通过采取各种方法，补充缺乏的营养元素，以消除最小养分因子。以缺钾、缺锌为例进行防治的方法如下所示：

（1）钾元素的调整

①增施有机肥

有机肥为全元素肥料，它含有各种营养元素。亩施 3 000 kg 优质有机肥，既可以满足玉米对钾的需要，又可以补充土壤中有机质的消耗，改善土壤理化性状，提高土壤中钾的有效性，减少钾元素流失。

②补施单质化学钾肥

化学钾肥是速效性肥料，尤其是对已表现出缺钾症状的土壤，能迅速发挥肥效，改善钾素的营养状况。生产中常用的化学钾肥有硫酸钾和氯化钾，一般亩用量为 5.0~10 kg，在播种前一次性做基肥施用。

③施用草木灰

草木灰速效钾含量为 7%~10%，其中 90% 以上为水溶性钾，除含钾外，还含钙、磷、镁、铁、硅等多种元素。草木灰属碱性肥料，适用于酸性和中性土壤，一般亩用量为 100 kg 左右，可做基肥沟施或穴施。

④使用生物钾肥

生物钾肥可以活化土壤中的钾元素，增加其有效性。用生物钾肥拌种效果较好，而且成本较低，亩成本在 1.0~1.5 元，可增产 8%~10%。

（2）锌元素的调整

①增施有机肥

有机肥中含有一定量的锌元素，因此能增加土壤中锌的有效性。如果有机肥用量每年都在 3 000 kg 以上，即可解决缺锌问题。

②补施单质锌肥或多元微肥

当前人们常用的单质锌肥多为硫酸锌，可作基肥、种肥或追肥。作基肥时，硫酸锌亩用量为 1 kg，多元素微肥视含量而定，可与酸性肥料混施，但不能与磷肥混施。由于锌元素在土壤中不易移动，所以应集中施在根层。锌元素的当季利用率较低，但有后效，因此可隔年施用。硫酸锌作种肥时，浸种浓度为 0.01%~0.02%，浸种 12 小时，拌种用量为每千克种子拌 4 g 硫酸锌。根外追肥时，硫酸锌喷施浓度为 0.02%~0.05%。其中以浸种和拌种效果较好，而且方便，根外追肥虽见效快，节约肥料，但营养时间短，在缺乏锌元素较严重的土壤上必须喷施多次才能达到肥效，因此，喷施只能作为一项补救措施。

综上所述，通过增施有机肥，补施化学钾肥和锌肥，以协调作物营养比例，可减轻或消除缺素症，进而提高玉米的产量和品质，以获得更高的经济效益和社会效益。

7.2 死苗和弱苗

7.2.1 症状

死苗和弱苗是指玉米发芽出现障碍，不能正常发芽，或幼苗生长迟缓、矮小，叶片黄瘦，甚至停止生长出现死苗。

7.2.2 发生原因

玉米出现死苗和弱苗的原因有以下三个方面：

（1）土壤结构和耕作问题

玉米发芽和破土对土壤结构的要求较高，当土壤结构不良或者耕作出现漏耕时，土壤会出现板结现象，土壤的通透性和土壤温度都会降低，导致种子发芽受到阻碍，无法正常发芽。土壤板结对芽鞘破土也会造成影响，导致玉米死苗。

（2）播种问题

当土壤湿度过大且播种过深时，种子会因为缺氧出现闷种死芽现象，即使种子能够发芽，也会因为茎在伸长过程中胚乳养分过度消耗造成幼苗瘦弱。当日照充足时，土壤会变得干旱且温度过高，如果播种过浅，种子就无法吸收到足够的水分，阻碍了种子正常发育，导致种子不发芽，或者即使种子可以正常发芽，但是根系不能深扎，也会形成弱苗。

（3）地下虫害

当地下存在害虫时，它们会对种子和根茎进行啃食，在土壤墒情不良的田地中，地下虫害更加严重。

7.2.3 防治措施

结合死苗和弱苗的形成原因进行分析，可以从以下两个方面对其进行防治：

（1）加强播种管理，严格控制播种深度

根据土壤实际条件，灵活选择适当的播种方式，播种深度要基本做到均匀一致，通常将播种深度控制在 4.0~6.6 cm，干旱田地可以适当增加播种深度，此外还要控制好播种量并及时间苗。

（2）加强耕田作业管理，掌握宜耕期

当土壤湿度过大时，翻耕后应利用机械将硬土块打碎。此外，还要控制好翻耕深度，如果对瘠薄田地翻耕过深，会将耕作层肥土下翻，导致土壤肥力下降；如果耕层过浅，又起不到消灭病虫害和熟化土壤的目的。因此，应根据田地实际情况，合理控制耕田深度。

7.3 玉米空秆

7.3.1 症状

空秆是指玉米植株结穗但没有籽粒或者不结穗。有关统计资料显示，当前玉米种植中空秆率正常情况下为 5%~10%，严重时会高达 15% 左右，空秆会在一定程度上导致玉米产量降低。空秆玉米病株在幼苗期株基部多为圆形，叶片通常呈紫色，且叶片顶端会呈现浓绿色，叶脉相间有白色的条痕或斑点，空秆玉米病株到了拔节期，病株矮小细弱，叶子颜色淡绿，叶子和茎的夹角较小。

7.3.2 发生原因

玉米植株出现空秆的原因主要包括以下两个方面：

（1）内部因素

内部因素即遗传因素，有些种子发育不健全，因此生命力就比较弱；有些玉米品种的抗病性和抗逆性比较弱等。

（2）种植不良因素

种植不良因素主要是指对玉米种植的密度控制不当、种植土壤养分不均衡、种植环境气候条件不适宜等。

7.3.3 防治措施

结合玉米空秆的形成原因进行分析，可以从以下三个方面对玉米空秆进行防治：

（1）在种植时适当加大种植密度。

（2）在日常管理中控制好水肥。

（3）采取人工去雄的方法，整体提升玉米的籽粒丰满性，从而提高玉米整体产量。

7.4 玉米倒伏

7.4.1 症状

玉米倒伏可以细分为根倒、茎倒和茎折三种：

（1）根倒

根倒是由于玉米植株根系发育不良，在遇到大风天气或者长期阴雨天气时出现倒伏。

（2）茎倒

茎倒是由于玉米茎秆节间纤细而过长，植株生长过高，加之植株基部强度不够，引起茎秆向一侧弯折或者倾斜。

（3）茎折

茎折主要出现在玉米抽雄之前，主要原因是玉米植株前期生长过快，茎秆组织脆嫩，对风的抵抗能力差，加之病虫害的影响。

7.4.2 发生原因

玉米出现倒伏的原因主要有以下三个方面：

（1）玉米品种自身的问题，有些玉米品种自身的抗倒伏能力较差，特别是农户自留品种的根系和茎秆较弱，极易出现倒伏现象，因此在选择玉米品种时应尽可能避免这些问题。

（2）种植布局和种植密度控制不合理，若玉米种植行距过小且株间距过密，会导致玉米光照不足，植株发育不良，从而降低了植株的抗倒伏能力。

（3）水肥管理和田间管理不当，会导致植株根系发育不良，根系扎根较浅容易出现倒伏现象。

7.4.3 防治措施

防治倒伏的措施主要包括以下五个方面：

（1）合理控制种植布局和种植密度

根据不同玉米品种和实际种植条件，合理确定种植行距和株间距，并适当进行密植。

（2）加强施肥管理，做好不同肥料的搭配

根据土壤养分水平和玉米生长的阶段合理施肥，既要满足玉米生长需求，也要避免玉米疯长，当玉米到了拔节期要注意追施氮肥，以满足玉米拔节期对养分的需求。

（3）重视培土作业

培土作业主要针对多风的田地，在玉米拔节期到大喇叭口期做好中耕和培土作业，以此促进植株根系的发育，从而增强植株的抗倒伏能力。

（4）重视蹲苗

当田地比较肥沃，土壤墒情较好，玉米出现疯长的趋势时，可以采用减少浇水和中耕断根的方法进行蹲苗，以此防止玉米疯长出现倒伏。一般蹲苗的时间不宜过长，且蹲苗应在玉米拔节之前完成，以免影响果穗分化。

（5）加强倒伏后的应对处理

若玉米已经出现了倒伏现象，应对造成倒伏的原因进行具体分析，根据倒伏的成因选择最为适宜的处理措施。当植株出现根倒时，应在雨停后尽快将植株扶直并培土，使植株直立牢固；当植株出现弯倒时，待雨停后可以用竹竿抖落植株上的雨水，以减轻雨水对植株的压力，待天晴后植株可以自然恢复直立；当植株出现茎折时，应根据茎折程度区别对待，如果茎折范围较小，可以及时将茎折植株割除，如果茎折程度比较严重，可以将田地全部植株收割后用于青贮饲料，并及时补种其他农作物，以减轻经济损失。

7.5　玉米秃尖和缺粒

7.5.1　症状

缺粒和秃尖是一种非常典型的玉米生理病害，缺粒是指玉米果穗的一侧从基部至尖部整行都没有籽粒，同时籽粒多的一侧会向没有籽粒的一侧弯曲，有的则表现为整个果穗的籽粒很少并且零星分布。秃尖是指果穗的尖部籽粒稀少，尖部的籽粒通常为黄白色或白色，并且籽粒小而干瘪。

7.5.2 发生原因

玉米出现缺粒和秃尖的原因较多，主要包括以下三个方面：

（1）内部因素，也就是遗传因素的影响。

（2）水肥管理和病虫害的影响。

（3）气候和光照的影响。当气温超过 38 ℃时，雄穗不会开放；当气温在 32~35 ℃且遇到干旱天气时，空气过于干燥就会导致花粉的活性降低甚至失活，干燥的气候也会使得雌花的花丝容易萎蔫，不利于雌花受精，雌花的发育受到影响从而造成缺粒和秃尖。玉米在生长阶段如果遇到长时间阴雨天气，光照不足时，也会造成缺粒和秃尖。

7.5.3 防治措施

针对玉米出现缺粒和秃尖的原因，应从以下三个方面采取措施进行防治：

（1）根据当地土壤条件和气候条件，选择适宜的玉米品种。

（2）根据实际情况适当进行密植，并加强种植管理和水肥管理，在玉米拔节后及时培土，以保证土壤良好的透气性，促进玉米根系发育，在遇到特殊天气时应进行人工授粉。

（3）果穗到了分化期后对养分的需求很大，此时可以根据土壤养分水平适当施用穗肥，穗肥通常以氮肥为主，施用穗肥的时间应以在抽穗前 10~15 d 为宜。

8 海南玉米施肥技术

8.1 施肥对玉米生产的作用

玉米的生长发育决定着它的产量。因此，研究肥料对玉米产量的影响与研究肥料对玉米生长发育的影响是一致的，它们都取决于玉米的需肥、吸肥特性和肥料元素的生理作用。影响玉米正常生长发育的矿质肥料元素有：氮、磷、钾、钙、镁、硫、硼、铁、铜、锰等。根据需肥量的大小，矿质元素又分为大量元素、常量元素和微量元素三类。其中氮、磷、钾为大量元素，钙、镁、硫为常量元素，其他为微量元素。

8.1.1 大量元素

（1）氮

氮是玉米生长发育过程中需求量最大的元素，主要具有以下生理作用：是蛋白质中氨基酸的主要组成成分，占蛋白质总量的7%左右，与玉米营养器官建成、生殖器官发育和蛋白质代谢密不可分；是酶以及多种辅酶和辅基的组成成分；是构成叶绿素的主要成分，而叶绿素有助于叶片进行光合作用、制造同化物；是某些植物激素如生长素、细胞分裂素、维生素等的组成成分。

玉米植株缺氮元素时，植株生长缓慢，株型细瘦、叶色黄绿，首先是下部老叶从叶尖开始变黄，然后沿中脉伸展呈"Y"字形，叶边缘仍为绿色，最后整个叶片变黄干枯。缺氮元素还会导致玉米雌穗不能发育或穗小粒少，进而影响产量。

（2）磷

磷是植物体内许多重要有机化合物的组成成分（如核酸、磷脂、腺二磷等），并以多种方式参与植物体内的生理、生化过程，对植物的生长发育和新陈代谢都有重要作用。磷元素的主要生理作用有：磷元素进入根系后很快转化为磷脂、核酸和某些辅酶等，对根尖细胞的分裂和幼嫩细胞的增殖有显著的促进作用。因此，磷元素不但有助于玉米苗期根系的生长，而且可以提高细胞原生质的黏滞性、耐热性和保水能力，降低玉米在高温下的蒸腾强度，增加玉米植株的抗旱性。磷元素直接参与糖、蛋白质和脂肪的代谢，可促进玉米植株的生长发育，提供充足的磷元素不仅能促进幼苗生长，而且在玉米生长中后期，磷元素还能促进茎、叶中的糖分向籽粒中转移，从而增加千粒重、提高产量、改善品质。另外，磷元素也参与植物氮代谢，若磷元素不足则会影响蛋白质的合成，严重时蛋白质还会分解，从而影响氮元素的正常代谢。

当玉米苗期缺磷元素时，幼苗根系变弱，生长缓慢，茎基部、叶鞘甚至全株呈紫红色，严重时叶尖枯死呈褐色；若开花期缺磷，可导致花丝抽出延迟、雌穗受精不完全，形成发育不良、粒行不整齐的果穗；若后期缺磷，则会导致果穗成熟期延迟，籽粒品质变差。

（3）钾

钾在玉米植株中完全呈离子状态，主要集中在玉米植株最活跃的部位，具有以下生理作用：对多种酶起活化剂的作用，可激活果糖磷酸激酶、丙酮酸磷酸激酶等，以增强植株呼吸作用；有利于单糖合成更多的蔗糖、淀粉、纤维素和木质素，促进茎机械组织与厚角组织发育，增加植株的抗倒伏能力；钾能促进核酸和蛋白质的合成，调节细胞内渗透压，促使胶体膨胀，使细胞质和细胞壁维持正常状态，从而保证玉米植株新陈代谢和其他生理生化活动的顺利进行；能够调节气孔的开闭，减少水分散失，提高叶片水势和保持叶片持水力，使细胞保水力增强，从而提高水分利用率，增强玉米的耐旱能力；钾还能促进雌穗发育，增加单株穗数，尤其对多果穗品种效果更显著。

玉米缺钾元素时，植株生长缓慢，叶片呈黄绿或黄色，老叶边缘及叶尖干枯呈灼烧状，节间缩短，茎秆细弱，易倒伏。严重缺钾时，则导致植株生长停滞，植株矮小，果穗出现秃尖，籽粒淀粉含量降低，千粒重减轻。

8.1.2　常量元素

（1）钙

钙是细胞壁的组成成分，与中胶层果胶质形成果胶酸钙被固定下来，不易转移和再利用，所以新细胞的形成需要补充足够的钙元素。钙元素主要有以下生理作用：钙会影响玉米体内氮的代谢，能提高线粒体的蛋白质含量，活化硝酸还原酶，促进硝态氮的还原和吸收；钙离子能降低原生质胶体的分散度，增加原生质的黏滞性，削弱原生质膜的渗透性；能与某些离子产生拮抗作用，以消除离子过多的伤害；钙是某些酶促反应的辅助因素，如淀粉酶、磷脂酶、琥珀酸脱氢酶等都用钙做活化剂；钙能抑制水分胁迫条件下玉米幼苗质膜相对透性的增大及叶片相对含水量的下降，以及减轻玉米胚根在盐胁迫条件下的膜伤害和提高胚根在盐胁迫条件下的细胞活力，提高玉米耐旱与抗盐性。

缺钙可导致玉米叶片中 SOD 活性尤其是 Cu、Zn-SOD 活性下降，细胞器被破坏，先是叶绿体类囊体解体，随后质膜、线粒体膜、核膜和内质网膜等内膜系统紊乱。玉米缺钙时，植株矮小，根系短而小，茎及根尖分生组织的细胞逐渐腐烂死亡，新生叶因分泌透明胶汁而相互粘连，使新叶生长受阻，不能伸展；叶缘变白往往出现不规则的锯齿状破裂，老叶尖端呈棕色焦枯状。

（2）镁

镁是玉米植株中叶绿素的重要构成元素，镁元素的含量与光合作用直接相关。若缺乏镁元素，玉米植株的叶绿素含量会减少，导致叶片褪绿。此外，镁还是许多酶的活化剂，有利于玉米体内的磷酸化、氨基化等代谢反应，能促进脂肪的合成。高油玉米需要充足的镁元素供应，以促使磷酸转移酶活化，促进磷的吸收、运转和同化。

玉米缺镁的症状通常发生在拔节期以后，幼苗上部叶片发黄，下部叶片（老叶）则在叶尖前端脉间失绿，并逐渐向叶基部扩展，此时叶脉仍然保持绿色，呈现黄绿色相间的条纹，有时局部也会出现念珠状绿斑。叶尖及其前端叶缘呈现紫红色，情况严重时可见叶尖干枯，脉间失绿部分出现褐色斑点或条斑。

（3）硫

硫是酶和蛋白质的组成元素，含有硫基（-SH）的酶类会影响呼吸作用、淀粉合成、脂肪和氮代谢。组成蛋白质的半胱氨酸、胱氨酸和蛋氨酸等氨基酸的含硫量可达 21%~27%。施硫能提高作物必需的氨基酸，尤其是蛋氨酸的含量，而蛋氨酸在许多生化反应中可作为甲基的供体，是蛋白质合成的起始物。硫还参与植物的呼吸作用、氮元素和碳水化合物的代谢，以及胡萝卜素和许多维生素、酶及酯的形成。

当玉米缺硫时，先是叶片叶脉间发黄，随后叶缘逐渐变为淡红色至浅红色，同时叶基部也出现紫红色。玉米缺乏硫元素总体表现为幼叶多呈现缺硫症状，而老叶保持绿色。

8.1.3 微量元素

（1）硼

硼具有以下生理作用：能与酚类化合物络合，克服酚类化合物对吲哚乙酸氧化酶的抑制作用；在木质素形成和木质部导管分化过程中，对羟基化酶和酚类化合物酶的活性起控制作用；能促进葡萄糖-1-磷酸的循环和糖的转化；能与细胞壁成分紧密结合，保持细胞壁结构的完整性；会影响RNA，尤其是尿嘧啶的合成。硼能加强作物光合作用，促进碳水化合物的形成；能刺激花粉的萌发和花粉管的伸长；能调节有机酸的形成和运转，促进光合作用，增强植株耐寒、耐旱能力。硼易于从土壤或植株的叶片中被淋溶掉，因此降雨多的地区土壤中经常缺硼。

玉米缺硼时表现为根系不发达；植株矮小，上部叶片脉间组织变薄，呈白色透明的条纹状；叶薄弱、发白，甚至枯死；生长点受抑制，雄穗抽不出来；雄花退化变小，以至萎缩；果穗退化、呈畸形，顶端籽粒空瘪。

（2）锰

锰具有以下生理作用：是维持叶绿体结构的必需元素，而且还直接参与光合作用中的光合放氧过程，主要是在光合系统Ⅱ的水氧化放氧系统中参与水的分解，以及参与植物体内许多氧化还原活动。在叶绿体中，锰可被光激活的叶绿素氧化，成为光氧化的 Mn^+，使植物细胞内的氧化还原电位提高，部分细胞成分被氧化。锰参与植物体中许多酶系统的活动，主要是作为酶的活化剂，而不是酶的成分。锰所活化的是一系列酶触反应，主要是磷酸化作用、脱羧基作用，还原反应和水解反应等，因此锰离子与植物呼吸作用、氨基酸和木质素的合成关系密切。锰也影响吲哚乙酸（IAA）的代谢，是吲哚乙酸合成作用的辅因子，植物体内锰的变化将直接影响IAA氧化酶的活性，缺锰将导致IAA氧化酶活性提高，加快IAA分解。

玉米缺锰时叶绿素含量低，从叶尖到叶基部，沿叶脉间出现与叶脉平行的黄绿色条纹，幼叶变黄，叶片柔软下垂，茎细弱，叶基部出现灰绿色斑点或条纹，籽粒不饱满，排列不齐，根细而长。

（3）锌

锌以 Zn^{2+} 的形式被植物吸收，具有以下生理作用：锌在植物体内主要是作为酶的金属活化剂，最早发现的含锌金属酶是碳酸酐酶，该酶在植物体内分布很广，主要存在于叶绿体中。锌元素可以催化二氧化碳的水合作用，促进光合作用中二氧化碳的固定，缺锌会导致碳酸酐酶的活性降低，因此，锌对碳水化合物的形成非常重要。锌在植物体内还参与生长素（吲哚乙酸）的合成，缺锌时植物体内的生长素含量有所降低，生长发育出现停滞状态，施锌有利于提高玉米生长后期穗叶的 SOD 活性，降低 MDA 含量，从而降低对氧自由基的伤害。

玉米缺锌症状在出苗 1 周后即可发生，大面积发生多在玉米 3~4 叶期。出苗初期，幼苗发红，叶片褪色或变白；中度至严重缺锌时，叶片小且呈畸形，节间缩短呈小簇生状，有些尚伴有叶片黄化症状，叶脉间黄化而呈黄绿色，但与叶脉紧邻部分则保持绿色。在玉米苗期缺锌，新叶下部黄白化形成白苗，又称花白苗；拔节后缺锌，叶片下半部出现黄白条斑，呈半透明，风吹易撕裂，称为花叶条纹病。缺锌可导致玉米节间缩短、果穗发育不良，缺粒严重。

（4）铁

玉米叶片中95%的铁元素在叶绿体中，铁是合成叶绿素所必需的元素，主要以 Fe^{2+} 的螯合物被吸收，进入植物体内则处于被固定状态而不易移动。铁主要有以下生理作用：铁是许多酶的辅基，如细胞色素、细胞色素氧化酶、过氧化物酶和过氧化氢酶等。在这些酶中，铁可以发生 $Fe^{3+}+e^- = Fe^{2+}$ 的变化，在呼吸及光合作用的电子传递中起重要作用。细胞色素也是光合电子传递链中的成员，光合电子传递链中的铁硫蛋白和铁氧蛋白都是含铁蛋白，均参与光合作用中的电子传递。铁还影响玉米的氮代谢，不但是硝酸还原酶和亚硝酸还原酶的组成成分，还会增加玉米新叶片中硝酸还原酶的活性和水溶性蛋白质的含量。

玉米缺铁会导致叶绿素合成受到抑制，上部叶片叶脉间由浅绿色变成白色，或全叶变色。缺绿病在新叶片的叶脉间和细的网状组织中出现，深绿色叶脉在浅绿色或黄的叶片衬托下更为明显，最幼嫩的叶片可能完全变成白色，且植株严重矮化。

（5）钼

钼以钼酸盐的形式被植物吸收，当植株吸收的钼酸盐较多时，可与一种特殊的蛋白质结合而被贮存。钼主要具有以下生理作用：钼是硝酸还原酶的组成成分，缺钼则导致硝酸不能被还原，呈现出缺氮病症，同时钼还参与光合作用、磷素代谢和某些重要复合物的形成。

玉米缺钼可导致种子萌发慢，有的幼苗扭曲，在生长早期可能死亡；叶较小，叶脉间失绿，有坏死斑点，且叶边缘焦枯，向内卷曲。

（6）铜

在通气良好的土壤中，铜多以 Cu^{2+} 的形式被吸收，而在潮湿缺氧的土壤中，则多以 Cu$^+$ 的形式被吸收。铜主要具有以下生理作用：铜是多酚氧化酶、抗坏血酸氧化酶的组成成分，在呼吸的氧化还原中起重要作用。铜也是质蓝素的组成成分，它参与光合电子的传递，故对光合作用有重要影响。植物缺铜时，叶片生长缓慢，呈现蓝绿色，幼叶缺绿，随之出现枯斑，最后死亡脱落。另外，缺铜会导致叶片栅栏组织退化，气孔下面形成空腔，使植株即使在水分供应充足时也会因蒸腾过度而出现萎落现象。

玉米缺铜时，顶部和心叶变黄，生长受阻，植株矮小，叶脉间失绿一直发展到基部，叶尖严重失绿或坏死，果穗很小。

（7）氯

氯以氯离子（Cl$^-$）的形态通过根系被植物吸收，地上部叶片也可以从空气中吸收氯。氯主要有以下生理作用：在植物体内氯主要维持细胞的膨压及电荷平衡，并作为钾的伴随离子参与调节叶片上气孔的开闭，影响植株的光合作用与水分蒸腾。同时氯在叶绿体中优先积累，对叶绿素的稳定起到保护作用。氯还可以活化若干酶系，在细胞遭到破坏，正常的叶绿体光合作用受到影响时，氯能使叶绿体的光合反应活化。适量的氯还能促进氮代谢中谷氨酰胺的转化，以及有利于碳水化合物的合成与转化。

玉米缺氯易感染茎腐病，患病植株易倒伏，影响产量和品质，给收获带来困难。

8.1.4 玉米对营养元素的吸收动态和数量

玉米在不同生育时期吸收氮、磷、钾的数量不同，一般来说，玉米幼苗期生长慢，植株小，吸收的养分少；拔节期至开花期生长快，正是雌穗和雄穗的形成和发育时期，吸收养分的速度快，数量多，是玉米需要营养的关键时期，该时期应为玉米植株提供充足的营养物质；生育后期，玉米植株吸收养分的速度变得缓慢，吸收量也减少。

（1）氮素的吸收动态和数量

对春玉米吸收氮素的情况进行分析发现，春玉米苗期至拔节期的 21 d 内，氮素累积量较少，占总氮量的 9.06%；拔节期至抽雄期 15 d 内，氮素累积量占总量的 34.42%；抽雄期至乳熟期的 39 d 内，氮素累积量占总氮量的 46.92%，这一阶段氮素的累积强度较大，需氮量也较多，为了保证春玉米生育后期对氮素的需求，应当在该时期适当追施化肥，使籽粒充实饱满，增加产量。

（2）磷素的吸收动态和数量

玉米各器官中磷素的累积量和分配动态与氮素相似。春玉米在生长过程中，植株体内磷素的相对含量逐渐降低，而绝对累积量逐渐增加。春玉米苗期磷素累积量很少；拔节至授粉期磷素吸收加快，累积量占总磷量的53.01%；授粉以后累积量仍占总磷量的46.87%，磷素由营养器官向生殖器官转移，茎、叶和雌穗中的磷素累积量都在授粉期达到高峰，以后磷素向籽粒中转移。

（3）钾素的吸收动态和数量

钾素在玉米各生育时期的吸收动态和数量也具有规律性。春玉米植株体内钾素含量在拔节期最高，在授粉期逐渐下降。从拔节期开始，玉米植株体内钾素含量急剧增加，至授粉期，钾素累积量占总钾量的96.07%，比氮、磷的吸收速度要快得多；在授粉期以后，植株体内钾素累积量一般增加很少或略有减少，这是钾素由根系外渗，地上部淋溶所致。因此，在缺钾地块，钾肥最好作基肥、种肥或早期追肥用。

综上所述，玉米各生育期对氮、磷、钾的需求规律为：春玉米在抽穗至开花期对三元素的需求量达到顶峰，全生育期对三元素的吸收量以氮最高，钾次之，磷最少。因此，玉米施肥必须以增施氮肥为主，相应配合施用磷、钾肥。

8.2 玉米施肥技术

由于土壤自身的养分状况不能满足玉米整个生育期的需肥量，因此必须通过施肥，以满足玉米正常生长发育对养分的需求，并根据玉米不同生育期的营养吸收规律合理施肥。

8.2.1 玉米的施肥原则

（1）施足基肥

基肥也叫底肥，包括播种前和移栽前施用的各种肥料，底肥的施用量及其占总施肥量的比例因肥料种类、土壤、播种期等不同而存在差异。玉米基肥应以有机肥料为主，基肥用量一般占总施肥量的60%~70%。基肥充足时可撒施后耕翻入土，如肥料不足，则可全部沟施或穴施。集中施肥有利于减少肥料的流失，提高肥料利用率。磷、钾肥宜全部做底肥，氮肥1/2作基肥，其余作追肥施入。春玉米施基肥最好在头一年结合秋耕施用，在春季播种前松土时可再施一部分。夏玉米基肥可在前茬作物收获后结合耕翻施入。有机肥料做基肥能够提高土壤生产能力，确保玉米持续高产。海南整年温度较高，雨季雨量充沛，土壤养分解较快；大部分土地主要以沙性土壤为主，有机质含量较低，肥料中的营养成分流失比较严重。因此，对于含沙量较大的瘠薄土地，要求播前撒施过磷酸钙 750 kg/hm²、有机肥 750~1 000 kg/hm²，含量 15-15-15 的复合肥 600~750 kg/hm²。

（2）轻施种肥与苗肥

玉米施用种肥增产效果明显，一般可增产 10% 左右，在土地瘠薄、底肥不足或未施底肥的情况下，种肥的增产效果更大，种肥以速效氮素化肥为主，酌情配施适量的磷肥、钾肥。腐熟的优质农家肥也可做种肥，在夏播玉米来不及施基肥的情况下可补充和代替部分基肥。种肥施在种子的侧下方，距种子 45 cm 处，穴施或条施均可。施种肥时应避免其与种子直接接触，以防烧苗。在海南玉米种植没有蹲苗期，出苗后 2 周左右就开始拔节，3 周左右开始穗分化。玉米是对氮敏感的作物，据试验研究，玉米进入小喇叭口期，若缺少氮素会造成叶片变黄，茎秆细弱，叶绿素含量明显降低而影响干物质生成，使得产量明显下降。根据对海南玉米种植的多年研究，认为全生育期追肥两次最好，第一次追肥时期为玉米出苗 25~30 d，第二次追肥时期为玉米授粉后。

（3）稳施拔节肥

拔节肥应稳施，以速效氮肥为主，并适量补充微肥。对基肥不足、苗势较弱的玉米，应增加化肥用量，一般每亩可追施 10~15 kg 碳铵或 3~5 kg 尿素。拔节肥通常在玉米出现 7~9 片可见叶片时开穴追施，地肥苗壮的应适当迟追、少追，地瘦苗弱的应早施、重施。拔节肥的作用是壮秆，也有一定促进雌雄穗分化的作用，特别是对于中早熟及早熟品种的夏玉米和秋玉米，施用拔节肥的增产效果显著。壮秆肥应注意施用适量，以防节间过度伸长，茎秆生长脆嫩，后期易发生倒伏。壮秆肥的施用数量约占施肥总量的 10%~15%。

（4）猛攻穗肥

穗肥的主要作用是促进雌雄穗的分化，以实现玉米粒多、穗大、高产。穗肥用量应占施肥总量的 50% 左右，以速效氮肥为主，施用的时期一般在抽雄前10~15 d，即雌穗小穗小花分化期、小喇叭到大喇叭口期之间。生产上还应根据植株生长状况、土壤肥力水平以及前期施肥情况考虑，对基肥不足、苗势差的田块，穗肥应提早施用。穗肥用量应根据苗情、地力和拔节肥施用情况而定，一般每亩施碳铵 15~20 kg，或施尿素 5~8 kg；土壤瘠薄、底肥少、植株生长较差的，应适当早施、多施；反之，可适当迟施、少施。

（5）巧施粒肥

玉米（特别是春玉米）开花授粉后，可适当补施粒肥，以便肥效在灌浆期发挥作用，促进籽粒饱满，减少秃尖长度，提高玉米的产量和品质。粒肥主要施用速效氮肥，每亩穴施碳铵 3~5 kg 即可，也可在叶面喷施 0.2% 磷酸二氢钾溶液，每亩喷液量 50 kg 左右。粒肥用量约占总用肥量的 5%。

（6）酌施微肥

①锌肥

玉米对锌非常敏感，如果土壤中有效锌含量少于 0.5~1.0 mg/kg，就需要施用锌肥。常用锌肥有硫酸锌和氯化锌，锌肥的用量因施用方法而异，基施亩用量为 0.5~2.5 kg，浸种采用浓度为 0.02%~0.05% 的溶液处理种子 12~24 h，叶面喷施用 0.05%~0.1% 的硫酸锌溶液。在玉米苗期、拔节期、大喇叭口期、抽穗期均可喷施，但在苗期和拔节期喷施效果较好。

②硼肥

硼肥作底肥，每亩可用硼砂 100~250 g 或硼镁肥 25 kg，浸种时，用 0.01%~0.05% 的硼酸溶液浸 12~24 h。

8.2.2　玉米营养诊断

玉米营养诊断是通过土壤分析、植株外形分析或其他生理生化指标测定进行的，人们可通过营养诊断结果指导施肥或进行其他栽培管理。根据玉米叶片及其他器官的表现症状，可以初步判断玉米是否缺乏某种营养元素。

8.2.3　玉米施肥现状

施肥是玉米栽培的关键技术。当前，我国部分玉米产区对于玉米施肥技术的掌握还不够充分，存在施肥方法错误、肥料配比失调、追肥时间错失、施肥技术较差等问题。这些问题的存在致使玉米的生产难以实现高产，甚至可能出现大面积的产量下降情况。因此，在玉米种植过程中，要进行科学施肥，施肥时不仅要了解玉米的生长情况，还要知晓不同地域的区域特点。此外，玉米不同生长时期需肥量不同，为确保肥料营养元素均衡，应严格控制肥料中氮、磷、钾的比例。若氮、磷、钾比例不均，将严重影响玉米产量、品质。为了有效提升玉米的产量，就需要结合不同地区玉米种植的实际情况，对肥料的使用实行科学配置，从而实现玉米的高产栽培。

（1）玉米施肥存在的问题

①氮、磷、钾肥比例失调

在玉米施肥工作中，种植户通常凭借传统经验施肥，盲目性、随机性较强，而且肥料施用结构不平衡，尤其是肥料中氮、磷、钾的比例失调问题严重。例如磷肥施用量过大，氮肥施用时间不合理，钾肥施用少或不施，这些问题都会导致土壤营养不均衡，不仅会造成肥料浪费，而且会影响玉米的产量和质量。

②施肥方法不科学

底肥对保障玉米植株生长有着重要的作用，很多种植户都比较重视底肥的施入，但是对后期追肥不太重视。对于追肥的时间，只有通过不断的试验和总结，才能找出最佳的追肥时间。不重视追肥会导致玉米在生长后期出现脱肥现象，使得作物产量受到影响。除此以外，有些种植户施肥深度过浅，导致化肥利用率不高，在追肥时采用人工撒施，再起垄掩埋或不埋、不培土，导致肥料流失严重，无法达到施肥效果。

③微量元素未受到应有的重视

土壤中本身含有微量元素，但是经过长期种植，其中微量元素含量也会不断减少，从而导致玉米植株生长缺乏养分，影响其产量与质量。因此，应根据土壤情况合理施肥，一般土壤肥力较高的地块本身供氮能力较强，而对于中低产土壤，需适当提高磷肥施用量，而且施加磷肥的增产效果比施加氮、钾肥效果更好，不仅有利于当季玉米高产，也有利于培肥地力；在连作较为严重的地块需施用钾肥。只有将各种肥料进行科学配比，才能够为玉米生长营造一个良好的条件，为其优质高产奠定基础。

④未根据玉米需肥特性和施肥特点施肥

玉米在幼苗期对磷肥与钾肥特别敏感，一般磷肥与钾肥要作基肥或种肥施用，在施用期间要注意分层施用，以确保施肥能够充分达到增产效果。由于玉米在不同生长时期对于肥料的需求量有所不同，当玉米进入抽穗期后进行施肥，对于玉米产量提升的帮助相当有限，而贪图一时的省时省力，采取一次性施肥则极易产生烧苗现象，不仅对于提升玉米的产量没有帮助，反而会因为施肥过量而引发大量玉米苗死亡的现象。除此以外，玉米苗期植株小、生长慢，吸收氮元素较少，但是拔节到开花期是营养生长和生殖生长并进期，必须施用氮肥，以满足其生长需求。

⑤未根据玉米目标产量及土壤养分含量合理施肥

根据玉米目标产量及土壤养分含量合理施肥是达到产量要求的关键，因此在施肥期间应明确土壤养分，同时还要重视增加土壤中微量元素的含量。

（2）玉米需肥规律

对玉米施肥要先了解玉米的需肥特性，只有按照玉米的需肥规律进行科学施肥，才能保证玉米能够充分吸收肥料，实现养分充足，达到壮苗促产的目的。据测算，玉米一生中对于氮的吸收最多，其次是钾，然后是磷，所以在施肥时要多施氮肥，然后是钾、磷肥。但在实际栽培过程中，玉米对于三种基本元素的吸收，又受栽培方式、产量水平、品种、土壤、气候等许多因素的影响。总的来看，玉米单位面积总产越高，对三种元素的需求也越多，基本对磷素的需求临界在3叶期，而对氮素的需求临界要比磷素推迟一些，临界期玉米对养分的需求并不大，但一定要保持均衡，比例适合，氮、磷过多或过少都会对玉米的生长产生影响，如果这一时期养分供给不当，后期再如何进行调整也改变不了玉米长势。玉米对于养分吸收最快、最大的时期是大喇叭口期，玉米在该时期对于养分的需求量达到最大，吸收也最快，此时及时施肥，能明显提高玉米产量。玉米在不同生育时期对氮、磷、钾的需求量有所不同。

①苗期

玉米在苗期，因为植株根量较少，生长速度较慢，对三种元素的吸收量也不高，且速度缓慢，在总吸收量中占据的比例不足10%。

②穗期

随着拔节到开花期玉米植株的生长速度加快，以及雌、雄穗不断形成和发育，穗期玉米植株对养分的吸收速度、吸收量及吸收强度也逐渐增加，是玉米需肥的重要阶段，该时期应确保植株养分供给充足。

③花粒期

玉米花粒期对养分的吸收速度、吸收量和吸收强度逐渐变小，一般情况下，可不用补充肥料。但在高产地块，玉米花粒期对氮的吸收量在一定程度上会有所增加，因此，需在花粒期补施一定的氮肥。

8.3 玉米科学施肥技术规程

8.3.1 山东省地方标准《夏玉米施肥技术规程》（DB37/T 1636—2022）

（1）范围

本标准规定了夏玉米施肥对肥料种类、施肥原则、施肥量确定及施肥技术等的相关要求。本标准适用于以种植小麦和玉米一年两熟作物为主体的不同地力水平的农田。

（2）规范性引用文件

下列文件中的内容通过规范性引用而构成本标准必不可少的条款：

《含有机质叶面肥料》（GB/T 17419）；

《微量元素叶面肥料》（GB/T 17420）；

《有机无机复混肥料》（GB/T 18877）；

《缓释肥料》（GB/T 23348）；

《控释肥料》（HG/T4215）；

《微生物肥料》（NY/T 227）；

《绿色食品肥料使用准则》（NY/T 394）；

《有机肥料》（NY/T 525）；

《测土配方施肥技术规范》（NY/T 1118）。

（3）术语和定义

下列术语和定义适用于本标准：

①有机肥料（manure）

有机肥料是指以动物排泄物或动植物残体等富含有机质的副产品资源为主要原料，经发酵腐熟后而成的肥料。

②无机肥料（mineral fertilizer）

无机肥料是指采用提取、机械粉碎和合成等工艺加工制成的无机盐态肥料。

③复混肥料（compound fertilizer）

复混肥料是指，在氮、磷、钾三种养分中，至少有两种养分标明量的肥料可以通过化学方法和（或）掺混方法制成。

④缓控释肥（slow and controlled release fertilizer）

缓控释肥是指，养分释放速率缓慢，释放期较长，在作物的整个生长期都可以满足作物生长需求的肥料。

⑤微生物肥料（microbial fertilizers）

微生物肥料是指以微生物的生命活动为核心，使农作物获得特定的肥料效应的肥料。

⑥叶面肥（foliar fertilizer）

叶面肥是指以叶面吸收为目的，将作物所需养分直接施用叶面的肥料。

（4）肥料选择

①有机肥料

有机肥料需符合《有机肥料》（NY/T 525）的规定，施于土壤能够培肥地力、提高肥料利用率、促进作物产量和品质提升，其一般源于植物残体和（或）动物排泄物，包括堆肥、沤肥、厩肥、沼气肥、绿肥、作物秸秆肥、泥肥、饼肥等。

②无机肥料

无机肥料需符合《绿色食品肥料使用准则》（NY/T 394）的规定，氮肥如硫酸铵、碳酸氢铵、尿素、石灰氮等；磷肥如过磷酸钙、重过磷酸钙、磷酸一铵、磷酸二铵等；钾肥如硫酸钾、氯化钾等；微量元素肥料如硼砂、硼酸、硫酸锰、硫酸亚铁、硫酸锌、硫酸铜、钼酸铵等。

③复混肥料

复混肥料需符合《有机无机复混肥料》（GB/T 18877）的规定，由化学方法或物理方法制成，包括复混肥料、复合肥料、掺混肥料和有机—无机复混肥料。

④缓控释肥

缓控释肥需符合《缓释肥料》（GB/T 23348）和《控释肥料》（HG/T4215）的规定，通过物理或化学方法，能在要求的时间段缓慢释放养分，或者按照设定时间和养分的释放，速率控制养分释放以匹配作物的养分需求规律。

⑤微生物肥料

微生物肥料需符合《微生物肥料》（NY/T 227）的规定，是一种能够增加土壤肥力、调节作物生长、提高作物抗逆性的含有特定微生物活体的生物性肥料，包括复合微生物肥料、松土生根微生物肥料、防旱微生物肥等。

⑥叶面肥

叶面肥需符合《绿色食品肥料使用准则》（NY/T 394）、《含有机质叶面肥料》（GB/T 17419）和《微量元素叶面肥料》（GB/T 17420）的规定，具有良好水溶性，可喷施于植物叶片，并能被叶片吸收利用的液体或固体肥料，包括尿素、磷酸二氢钾和微量元素混合溶液等。

（5）肥料施用原则

肥料的施用要依据玉米生长发育的营养特点和需肥规律，根据农田和玉米植株养分诊断结果，按照测土配方、安全优质、持续发展、营养元素均衡的原则，以产定肥。肥料中的氮、磷、钾等大量元素和中微量元素均衡配比后施用，并适量增加有机肥的投入量，推荐施用玉米缓控释专用肥料，减少化肥用量，有机肥料与无机肥料结合施用，以保持或提高农田土壤肥力，兼顾全程机械化生产。

（6）施肥量的确定

①确定方法

施肥量依据《测土配方施肥技术规范》（NY/T 1118）规定的养分平衡法，根据玉米的目标产量、单位产量的养分需肥量（养分系数）、土壤供肥量、当季肥料利用率等因素计算。施肥量按公式（8-1）计算：

$$F = \frac{Y \times Fd \times 0.01 - Fs}{Ff \times R} \qquad (8-1)$$

式（8-1）中：

F——施肥量，单位为 kg/hm^2；

Y——目标产量，单位为 kg/hm^2；

Fd——生产 100 kg 籽粒的养分吸收量（养分系数），单位为 kg/kg；

Fs——土壤供肥量，单位为 kg/hm^2；

Ff——肥料中养分含量，单位为 kg/kg；

R——肥料当季利用率，单位为%。

②目标产量

目标产量可采用平均单产法进行计算，即根据区域农田前三年平均单产和年递增率等因素计算，如公式（8-2）所示。

$$Y = Ya \times （1 + Ri） \qquad (8-2)$$

式（8-2）中：

Ya——区域农田前三年平均单产，单位为 kg/hm^2；

Ri——产量年递增率，一般为10%~15%。

③单位产量养分吸收量

每生产 100 kg 玉米籽粒的养分吸收量随着产量水平的变化而不同，不同产量水平下生产 100 kg 玉米籽粒对 N、P_2O_5、K_2O 的需求量如表8-1所示。

表8-1　不同产量水平下生产 100 kg 玉米籽粒的养分吸收量

产量水平/（kg·hm²）	N/kg	P_2O_5/kg	K_2O/kg
$Y < 7\ 000$	2.15	1.07	2.14
$7\ 000 \leqslant Y < 8\ 000$	2.09	1.04	2.04
$8\ 000 \leqslant Y < 9\ 000$	1.96	0.97	1.93
$9\ 000 \leqslant Y < 10\ 000$	1.88	0.94	1.80
$10\ 000 \leqslant Y < 11\ 000$	1.84	0.92	1.74
$Y \geqslant 11\ 000$	1.80	0.92	1.74

④土壤供肥量

土壤供肥量按公式（8-3）计算。

$$Fs = Y0 \times Fd \times 0.01 \qquad (8-3)$$

式（8-3）中：Y0——不施肥区单位面积产量，单位为 kg/hm²。

⑤肥料中养分含量

无机肥料、商品有机肥料的养分含量可按其说明中的标明量确认，养分含量不明的农家有机肥料可参照当地不同类型有机肥的平均养分含量。

⑥肥料当季利用率

肥料当季利用率采用差减法，根据施肥区玉米养分吸收量、不施肥区玉米养分吸收量、肥料施用量和肥料养分含量等因素计算，如公式（8-4）所示。

$$F = \frac{(Yf-Y0) \times Fd \times 0.01}{F \times Rf \times 100\%} \tag{8-4}$$

式（8-4）中：

Yf——施肥区单位面积产量，单位为 kg/hm²；

Y0——不施肥区单位面积产量，单位为 kg/hm²；

Rf——肥料中养分含量，单位为%。

肥料当季利用率是指玉米吸收利用的养分占施用肥料中该养分总量的百分比，因土壤类型、土壤状况、作物品种、肥料种类、气候条件、农艺措施的不同而有所差异。一般有机肥当季利用率约为20%，氮素化肥当季利用率为35%~45%,磷素化肥当季利用率为15%~25%，钾素化肥当季利用率为45%~50%。

（7）施肥方法

①多次施肥

施肥时应多次施用商品有机肥或农家有机肥，在整地时作为基肥施入，同时可把磷、钾肥作为基肥全部施入。此外，还需根据目标产量和玉米不同生长阶段对营养的吸收情况科学合理地追施氮肥，氮肥的施用情况如表8-2所示。

表8-2　不同产量水平下氮肥分次施用比例

产量水平/（kg·hm²）	基肥/%	穗肥/%	攻粒肥/%
Y<7 000	60	20	20
7 000≤Y<11 000	50	30	20
Y≥11 000	40	30	30

施基肥一般采用种肥同播的方式，施肥深度应大于5 cm，距玉米植株15~20 cm，覆土盖严。穗肥一般在玉米12~14叶期追施，采用沟施或穴施，施肥深度宜为10 cm，距玉米植株15~20 cm，覆土盖严。土壤缺墒时应在施肥后及时灌溉。攻粒肥一般在玉米雌穗开花期前后追施，采用穴施，施肥深度应大于

5 cm，距玉米植株 15~20 cm，注意肥水结合。灌浆期表现缺肥的玉米，可喷施叶面肥：1%~2%的尿素溶液和 1%~2%的磷酸二氢钾溶液。

②一次施肥

一次施肥是指将有机肥结合整地作为基肥施入，随后种肥同播，选择玉米缓控释专用肥料。机播时种肥分离，一般采用侧下方深施、条施的方法，种肥垂直与水平距离间隔 8~10 cm，以防烧苗。

8.3.2 黑龙江省地方标准《玉米大豆轮作下施肥技术规范》（DB23/T 2651—2020）

（1）范围

本标准规定了黑土区玉米大豆轮作下施肥技术规范的术语和定义、技术、要求。本标准适用于玉米大豆轮作下农田的施肥技术。

（2）规范性引用文件

下列文件对于本标准的应用是必不可少的：

《土壤环境质量标准》（GB 1568）；

《有机肥料》（NY 525）；

《生物有机肥》（NY 884）；

《东北地区大豆生产技术规程》（NY/T 495）；

《肥料合理使用准则》（NY/T 496）；

《测土配方施肥技术规程》（NY/T 2911）。

（3）术语和定义

玉米大豆轮作是指，在同一块田地上，有顺序地在年间轮换种植玉米和大豆的一种种植方式。

（4）轮作施肥技术

①环境条件

土壤环境应符合《土壤环境质量标准》（GB 1568）的标准。

②轮作方式

轮作方式分为玉米→大豆，玉米→玉米→大豆，玉米→大豆→大豆三种。

③轮作整地

不同轮作方式下的整地方法不同。玉米→大豆轮作：少耕或免耕（玉米茬种大豆，采用秸秆还田旋耕或免耕的方式）；玉米→玉米→大豆轮作：第 1 年玉米茬种玉米深翻，第 2 年玉米茬种大豆少耕或免耕；玉米→大豆→大豆轮作：第 1 年玉米茬种大豆浅翻深松，第 2 年大豆茬种大豆少耕或免耕。

④轮作施肥

化肥应符合《肥料合理使用准则》（NY/T 496）的要求，有机肥应符合《有机肥料》（NY 525）的要求，生物有机肥应符合《生物有机肥》（NY 884）的要求。

a. 玉米→大豆轮作

玉米施肥：施尿素 $300 \sim 400 \ kg/hm^2$、磷酸二铵 $150 \sim 200 \ kg/hm^2$、氯化钾 $80 \sim 100 \ kg/hm^2$，其中尿素 1/2 做底肥，1/2 做追肥，在玉米大喇叭口期施入；商品有机肥 $300 \sim 500 \ kg/hm^2$，或配施生物有机肥 $225 \sim 400 \ kg/hm^2$。

大豆施肥：施尿素 $30 \sim 50 \ kg/hm^2$、磷酸二铵 $80 \sim 100 \ kg/hm^2$、硫酸钾 $60 \sim 80 \ kg/hm^2$，全部做底肥施入；施商品有机肥 $200 \sim 400 \ kg/hm^2$，或配施生物有机肥 $150 \sim 200 \ kg/hm^2$。

b. 玉米→玉米→大豆轮作

玉米施肥：第 1 年施尿素 $300 \sim 400 \ kg/hm^2$、磷酸二铵 $150 \sim 200 \ kg/hm^2$、氯化钾 $80 \sim 100 \ kg/hm^2$，其中尿素 1/2 做底肥，1/2 做追肥，在玉米大喇叭口期施入；第 2 年玉米茬种玉米，施尿素 $300 \sim 400 \ kg/hm^2$、磷酸二铵 $150 \sim 200 \ kg/hm^2$、氯化钾 $80 \sim 100 \ kg/hm^2$，其中尿素 1/2 做底肥，1/2 做追肥，在玉米大喇叭口期施入；施商品有机肥 $300 \sim 500 \ kg/hm^2$，或配施生物有机肥 $225 \sim 400 \ kg/hm^2$。

大豆施肥：第 3 年玉米茬种大豆，施尿素 $30 \sim 50 \ kg/hm^2$、磷酸二铵 $80 \sim 100 \ kg/hm^2$、硫酸钾 $60 \sim 80 \ kg/hm^2$，全部做底肥施入；施商品有机肥 $200 \sim 300 \ kg/hm^2$，或配施生物有机肥 $150 \sim 200 \ kg/hm^2$。

c. 玉米→大豆→大豆轮作

玉米施肥：第 1 年施尿素 $300 \sim 400 \ kg/hm^2$、磷酸二铵 $150 \sim 200 \ kg/hm^2$、氯化钾 $80 \sim 100 \ kg/hm^2$，其中尿素 1/2 做底肥，1/2 做追肥，在玉米大喇叭口期施入；施商品有机肥 $300 \sim 500 \ kg/hm^2$，或配施生物有机肥 $225 \sim 400 \ kg/hm^2$。

大豆施肥：第 2 年玉米茬种大豆肥，施尿素 $35 \sim 55 \ kg/hm^2$、磷酸二铵 $90 \sim 110 \ kg/hm^2$、硫酸钾 $63 \sim 83 \ kg/hm^2$，全部做底肥施入；施商品有机肥 $200 \sim 300 \ kg/hm^2$，或配施生物有机肥 $150 \sim 200 \ kg/hm^2$。第 3 年种大豆，施尿素 $35 \sim 55 \ kg/hm^2$、磷酸二铵 $90 \sim 110 \ kg/hm^2$、硫酸钾 $63 \sim 83 \ kg/hm^2$，全部做底肥施入；施商品有机肥 $200 \sim 300 \ kg/hm^2$，或配施生物有机肥 $150 \sim 200 \ kg/hm^2$。

9 海南玉米灌溉技术

9.1 灌溉对玉米生产的作用

9.1.1 水分对生育进程的影响

在适宜的土壤水分范围内,玉米植株的营养器官和生殖器官能够协调生长,生育期稳定,而水分过多或干旱胁迫则会导致生育进程减慢,生育期延长。尤其在干旱胁迫下,营养器官生长缓慢,雌、雄穗发育失调,生育进程明显推迟。据研究,夏玉米掖单 2 号生育期的土壤相对湿度为 70%~80% 时,其营养器官与雌、雄穗发育良好,开花与吐丝期相差 1~2 d,生育期 105 d;土壤相对湿度为 80%~100% 时,生育期推迟 4~5 d;土壤相对湿度为 40%~50% 时,生育进程大幅度推迟,开花与吐丝间隔 10~12 d,雌、雄花期不遇,人工辅助授粉后,生育期延长至 120 d 以上。

干旱气候在玉米不同生育时期对其生长发育的影响不同:拔节前及拔节期受旱,抽雄散粉期与对照(正常供水)相近,雌穗吐丝期比对照推迟 3 d,成熟期与对照相近;孕穗期受旱,雌穗吐丝期比对照推迟 5~8 d,成熟期推迟 7 d;抽雄期受旱,雌穗在复水后才能吐丝,吐丝期比对照推迟 10 d。

9.1.2 水分对营养器官生长的影响

土壤水分状况对玉米植株营养器官的生长有明显影响。当土壤相对湿度维持在 70%~80% 时,根、茎、叶的生长量达到高值;当土壤缺水干旱或过湿时,根、茎、叶的生长受到抑制;当土壤相对湿度下降到 40%~50% 时,根条数、株高、茎粗及单株叶面积与适宜土壤湿度相比,分别减少了 52.6%、47.9%、52.3% 及 59.9%;当土壤相对湿度为 80%~100% 时,根条数减少38.9%,株高下降 23.3%,茎粗减少 20.2%,单株叶面积减少 30.3%。玉米叶面积的扩展或衰亡与水分变化相关，不同生育时期的差异亦较大。据研究，若玉米在拔节期受到水分胁迫，植株叶片生长量减少，轻、中、重度胁迫下，叶片日生长量分别比对照减少 35.36%、83.54% 和 97.93%，日衰减量分别增加了 10.31%、70.3% 和 91.57%；在大喇叭口期受到水分胁迫，叶片日生长量变化幅度与拔节期无明显差异，但日衰减量却明显增加；在开花期和灌浆期受到水分胁迫，叶片日衰减量大幅度增加，尤其在开花期衰减更重。不同生育时期水分胁迫复水后对灌浆末期绿叶面积的影响差异明显。拔节期水分胁迫复水后，叶片不仅能较快地恢复生长，而且能延迟衰老；大喇叭口期水分胁迫复水后对后期叶面积影响不大，基本上维持在自然衰减的水平上；而开花期和灌浆期水分胁迫会对叶面积造成永久性危害。

9.1.3 水分对生殖器官发育的影响

玉米生殖器官发育对水分的反应比营养器官更敏感。玉米生殖器官的发育与营养器官的生长具有同步性，土壤水分缺失或湿度过大均会导致营养器官生长缓慢，进而导致雌、雄穗发育延缓、体积减小、抽雄推迟；拔节前水分对雄穗的影响较小，干旱胁迫下雄穗轻度败育，对雌穗基本无影响；拔节期以后水分对雄穗的影响变大，小喇叭口期至大喇叭口期对雄穗影响最大，在干旱胁迫下雄穗严重败育；抽雄期在干旱胁迫下雄穗提早散粉。水分对雌穗发育的影响在小喇叭口期变大，在大喇叭口期明显变大，抽雄期影响最大，干旱胁迫明显影响果穗长度、粗度、结实小花数及穗粒数。

9.1.4 水分对干物质积累量的影响

玉米的干物质积累量取决于光合性能，而光合性能的诸因素均受土壤水分状况的影响，故玉米干物质积累量与土壤水分关系密切。

土壤相对湿度在80%以下时，拔节前单株干物质积累量无明显差异；拔节后随土壤水分的增加而增加；大喇叭口期以后更明显，当土壤相对湿度为 70%~80% 时，干物质积累量的增长速度最快，生物产量最高。由此可知，玉米在苗期耐旱性较强，耐涝性较弱；拔节后耐旱性减弱，耐涝性增强。在适宜水分条件下，玉米植株在开花期后的干物质积累量明显高于开花期前，有利于经济产量的提高；水分不足时，开花期前的干物质积累量高于开花期后，对经济产量不利。土壤含水量对干物质积累量的影响与干物质积累动态基本一致，因此，有利于干物质积累的土壤相对湿度：出苗至拔节期为 60%~70%，拔节至开花期为 70%~80%，开花至成熟期为 80%~70%。

9.1.5 水分对产量及产量构成因素的影响

玉米生育期间的土壤水分状况会直接或间接地引起产量及产量构成因素的变化。适宜的土壤水分不仅能提高干物质产量，而且能促进产量构成因素之间的协调发展，提高经济系数及经济产量。水分缺失或土壤湿度过大，会制约相关产量构成因素的发展，降低产量。据研究，在玉米生育期间，当土壤相对湿度为40%~50%时，空秆率达80%以上，穗数和穗粒数大幅度减少，千粒重降低，经济系数较小，产量较低；随着土壤含水量增加，产量构成因素明显改善，产量大幅度提高；当土壤相对湿度为70%~80%时，产量构成因素协调发展，乘积最大，产量最高；当土壤相对湿度超过80%时，产量降低。

9.2 玉米灌溉技术

从11月份到第二年3月底，是海南一年中最干旱的时候，也是南繁玉米的整个生长期。该阶段有效降雨非常少，但偶尔也会有短时强降雨。因此，为了对南繁地铁及时浇灌和排水，最好选择起垄种植。

9.2.1 灌溉方法

（1）畦面灌溉

畦面灌溉主要利用沟渠将灌溉水引入玉米畦面，靠重力和毛管作用入渗土壤，供玉米根系吸收。要使灌溉水分布均匀，必须严格整平地面，修筑临时性畦埂。畦埂的长度和宽度应根据地面坡度、土壤透性、玉米的行距、农机具作业的幅宽、引水量的大小而定。采用小畦灌溉容易控制水量，可比大畦灌溉节约用水量30%左右。畦长通常为50米左右，最长不超过80米，最短30米。灌溉时，畦面的放水时间可控制在水流到达畦长所用时间的80%~90%，畦田灌溉是当前应用最广泛的方法。

（2）沟灌

沟灌是先在玉米行间开沟，再将水引入沟内，水在流动的过程中，通过重力和毛管作用湿润土壤的一种灌溉方法。沟灌对土壤团粒结构破坏较轻，土壤不板结，可减少土壤水分蒸发，节省水量。同时灌水沟在遇到雨涝时，还可以进行排水。

玉米行距较大时，可在行间开沟灌水，大小行种植的可在大行间开沟灌溉。开沟时间通常在玉米8~9叶时进行，沟深20 cm左右，开出的沟要尽可能顺直，断面无太大变化。在沟灌时，应将灌水沟中的水深控制在沟深的2/3处，严防漫顶、串沟和沟尾大量积水。亩灌水量为26.67 m³左右，入沟流量以2~3升/秒为宜。据中国农业科学院农田灌溉研究所试验，沟灌全生育期每亩用水量为20 m³左右，每亩产量为467.3 kg，比畦面灌溉增产34.2%。

（3）隔沟交替灌溉

隔沟交替灌溉，即灌水时不像传统灌溉那样逐沟灌水，而是隔一沟灌一次，然后在下一次灌水时只灌上次没有灌过的沟，实行交替灌溉。每沟的灌水量比逐沟灌多30%~50%，这样总的灌溉量可比逐沟灌减少25%~35%。隔沟交替灌溉可以减少田间湿润土壤面积，降低株间蒸发损失，节省水量。

（4）管道灌溉

近年来，北方旱区不少地方采用管道灌溉方法，即采用塑料管、尼龙管、消防水带管等代替渠道。管道长度因条件而异，几十米至数百米皆可。管道灌溉的优点在于，可减少耗水量，使水的有效利用率达95%以上，管道可移动，水量易控制，同时节省土地，提高工效。

（5）喷灌

喷灌是利用水泵将灌溉水加压，通过喷头把水喷到空中，散成细小水滴，均匀地洒落在田间的一种灌溉方法。喷灌具有天然降雨的效果，故不会产生深层渗漏和地表径流，灌水均匀，可使土壤保持湿润和良好的结构，可改善田间小气候，并可节水20%~30%。喷灌量一般为每亩18~24 m³，全生育期可喷灌3~5次，比畦面灌溉每亩节水24~67 m³。对于面积较大的地块或坡度较大的干旱沙地，最好采用喷灌方式灌溉。选择喷灌设备时注意，选择的水泵功率要与需要灌溉的土地面积相匹配，水泵进水管口要放置在用网袋包装好的铁笼内，防止树叶和杂物将其堵塞；从球阀分接出的每组喷带不能太长，最好为30~50 m；在主管道上一定要安装排气阀，便于减小水压防止管道爆裂；每次打开的喷水球阀开关数量要合理，以喷水头高度不要高于玉米高度为好。

（6）滴灌

滴灌是将具有一定压力的灌溉水，通过滴灌系统，利用滴头或其他微水器将水源缓慢地点滴到玉米根部附近的土层内，使土壤处于适合作物生长的湿润状态的一种灌溉方法。该方法的优点是省水、方便，灌水集中而均匀，既不会破坏表土结构，又能改善农田小气候。玉米全生育期可滴灌两次，每亩用水量为20~25 m³，比喷灌节水40%，节能50%以上，每亩可增产30~61 kg，是一种理想的节水灌溉方法。

（7）膜上灌溉

膜上灌溉，即在地膜栽培的基础上，把以往的地膜旁侧灌水改为膜上灌水，水沿放苗孔和膜旁侧渗入土壤。通过调整膜畦首尾的渗水孔数及孔的大小来调整沟畦首尾的灌水量，可获得比常规畦面灌水方法高的灌水均匀度。膜上灌溉投资少，操作简便，便于控制水量，可减少土壤的深层渗漏和蒸发损失，从而显著提高水分利用率。

9.2.2　灌溉量

玉米全生育期的总灌水定额应依据需水量和一定自然条件下的有效降雨量、地下水利用量等确定。

每次灌水定额则应根据灌溉前土壤水分含量、适宜土壤水分指标、适宜土壤湿润层深度、日耗水强度、灌水间隔天数及灌溉方法等综合因素确定。玉米的适宜土壤湿润层深度是指植株根系对土壤水分吸收的土层深度。根据玉米生育期间耗水层的变化规律，各生育阶段适宜湿润层深度一般确定为：拔节前为40 cm，拔节至孕穗期为60 cm，抽雄开花期为80 cm，灌浆过程为60 cm。

9.2.3　灌溉时期

为使玉米获得高产、稳产，通常应重视在其播种期和抽雄开花期，适时灌溉拔节水、大喇叭口水和灌浆水。

（1）播种期灌水

土壤水分状况是影响玉米出苗的重要因素之一，尤其是麦田套种玉米和麦收后夏播玉米。在我国黄淮海地区，夏玉米前茬绝大多数为小麦，而小麦收获时土壤水分含量往往很低，需要灌水造墒。

播种期灌水是保证苗全、苗齐、苗匀、苗壮，以及提高群体整齐度，获得高产的基础，称为玉米高产的关键水。试验表明，欠墒播种的玉米出苗不全、不齐，群体株高整齐度为12.09，亩产量为290.3 kg；足墒播种的玉米株高整齐度为19.44，亩产量为460.97 kg。玉米播种时耕层土壤适宜水分含量随土壤质地的差异而有所不同。通常土壤相对湿度以70%~75%为宜，低于70%时应造墒播种。陕西省武功灌溉试验站的试验表明，当土壤相对湿度为41%时，玉米不能出苗；当土壤相对湿度为48%时，出苗率为10%左右；当土壤相对湿度为56%时，出苗率为60%左右；当土壤相对湿度为63%时，出苗率为90%左右；当土壤相对湿度为70%时，出苗率为97%；当土壤相对湿度为78%时，出苗率反而下降到90%左右。

播种期灌水应根据不同情况，灵活采用播前灌水或播后灌"蒙头水"的方式。播前灌水适用于春玉米、麦田套种玉米或小麦收获较早的夏播玉米。春播玉米采用冬灌或早春灌的方式，冬灌既可防止播种时土壤温度降低，又可避免各种作物春季争水的矛盾。麦田套种玉米结合浇麦黄水，做到一水两用。夏播玉米麦收后立即浇水造墒，待机播种。灌"蒙头水"的特点是，先播种后灌水，这是争取抢时早播的一种有效方法，适用于夏直播玉米或抢时播种，小麦收获后立即播种覆土，随后灌水。

（2）拔节期灌水

玉米出苗至拔节前，在底墒充足、出苗齐全的情况下，一般不灌水，以促使植株根系向纵深发展，从而增强中、后期抵御水分胁迫和抗倒伏的能力。对于麦田套种玉米，因前茬作物影响造成苗弱、缺肥、土壤欠墒的，应结合追施促苗肥及时浇水。拔节期后玉米植株耗水量增大，在降水不足的情况下应适时灌溉，以提高植株对土壤养分的吸收率，增强叶片的光合能力，促进干物质积累和茎秆发育，并为生殖器官的发育奠定基础。中国农业科学院农田灌溉研究所测定，拔节期灌水对增加株高、茎粗、叶片数、单株叶面积及干物质重均有明显效果，增产幅度为17%~2.1%。

（3）大喇叭口期灌水

玉米大喇叭口期，茎叶生长旺盛，雌穗进入小花分化期，对水分反应敏感。适时灌水可促进气生根大量发生，减少雌穗小花退化，缩短雄、雌穗抽出间隔时间，提高结实率和穗粒数。河北农业大学的试验表明，在玉米大喇叭口期，浇水的比不浇水的穗粒数增加25粒，秃尖短1 cm，产量提高15%；未浇水的气生根不能入土，果穗以下叶面积加速衰减。

（4）抽穗开花期灌水

抽穗开花期，群体叶面积达到一生中的最高峰，耗水强度达到一生中的顶峰。该时期是玉米的需水临界期，缺水易导致花粉寿命缩短，有效花粉数量减少，雌穗吐丝延迟，花丝活力降低，籽粒败育，减产严重。该时期灌水称为玉米的关键水。据研究，玉米开花期分别在轻度、中度和重度干旱胁迫7 d后复水，吐丝期分别比对照（正常灌水处理）延迟2.5 d、5.6 d和10 d以上；胁迫结束后，穗长分别比对照缩短54.7%、67.3%和76.6%；成熟时穗长仍分别比对照缩短34.5%、47.8%和60%；有效穗粒数分别比对照减少32.7%、64.6%和97.3%；单株粒重分别比对照降低31.1%、62%和97.2%。

（5）灌浆期灌水

灌浆期灌水可增加灌浆强度、延长灌浆时间、减少果穗秃尖长度、增加穗粒数及粒重。同时贮存在茎、叶中的光合产物和可溶性营养物质，需通过植株体内水分的运动，大量向穗部籽粒中输送。因此，灌浆水同粒重有着密切关系。研究表明，土壤水分含量与夏玉米灌浆速度呈抛物线关系，在土壤水分含量较低的范围内，灌浆速度随水分含量升高几乎呈直线增加，土壤相对湿度超过74%后灌浆速度增加缓慢。灌浆期干旱会加速植株中下部叶片衰减，光合面积减少，造成灌浆源缺失，并影响光合产物向库（子粒）的充分转移。玉米灌浆期经历时间较长，可视墒情分次灌水。

9.3 玉米需水规律

玉米全生育期每公顷需水量为 3 000 ~ 5 400 m^3，而不同生育时期对水分的要求不同，同时由于不同生育时期的植株大小和田间覆盖状况不同，叶面蒸腾量和棵间蒸发量的比例变化很大。生育前期植株矮小，地面覆盖不严，田间水分的消耗主要是株间蒸发；生育中、后期植株较大，由于封行，地面覆盖较好，土壤水分的消耗则以叶面蒸腾为主。在整个生育过程中，应尽量减少株间蒸发，以减少土壤水分的无益消耗。在玉米整个生育期内，水分的消耗因土壤、气候条件和栽培技术的不同有较大的差异。

9.3.1 玉米不同生育阶段对水分的反应

玉米不同生育阶段有不同的生育中心，处于生育中心的组织和器官对水分反应敏感，需求迫切。一旦该中心的生长发育完成，对水分的敏感性便明显减弱。同时，生长发育中心的组织或器官之间往往会表现出对水分敏感程度的差异。通常在不同供水条件下，变化更大的组织或器官，对水分反应更敏感。

（1）播种出苗期

玉米从播种发芽到出苗，需水量较少，占总需水量的3.1% ~ 6.1%。玉米播种后，需要吸取本身绝对干重的48% ~ 50%的水分，才能膨胀发芽。如果土壤墒情不好，种子即使勉强能够膨胀发芽，也往往会因为顶土出苗时力弱而造成严重缺苗；如果土壤水分过多，通气性不良，种子容易霉烂也会造成缺苗，在低温情况下更为严重。据陕西省武功灌溉试验站的试验结果，玉米播种期田间持水量为41%时，没有出苗；田间持水量为48%时，出苗率为10%；田间持水量为56%时，出苗率为60%；田间持水量为63%时，出苗率为90%；田间持水量为70%时，出苗率高达97%；而田间持水量为78%时，出苗率反而下降到90%。因此，在播种时，田间持水量必须保持在60%～70%，才能保证玉米有良好的出苗。

（2）幼苗期

玉米在出苗到拔节的幼苗期间，植株矮小，生长缓慢，叶面蒸腾量较少，所以耗水量也不大，占总需水量的15.6%～17.8%。这时的生长中心是根系，为了使根系发育良好，并向纵深伸展，必须使表层土保持在疏松干燥、下层土保持在比较湿润的状态，如果上层土壤水分过多，根系分布在耕作层内反而不利于培育壮苗。因此，这一阶段应控制土壤水分为田间持水量的60%左右，可以为玉米蹲苗创造良好的条件，对于根系发育、增加茎粗、减轻倒伏和提高产量都有一定的促进作用。

（3）拔节孕穗期

玉米植株开始拔节以后，生长进入旺盛阶段，茎和叶的增长量较大，雌雄穗不断分化和形成，干物质积累量增加。这一阶段是玉米由营养生长进入营养生长与生殖生长并进的时期，植株各方面的生理活动机能逐渐加强。同时，这一时期气温还不断升高，叶面蒸腾强烈。因此，玉米对水分的要求比较高，占总需水量的23.4%～29.6%。特别是在抽雄前半个月左右，雄穗已经形成，雌穗正加速小穗、小花分化，对水分的需求较大。这时如果水分供给不足，就会引起小穗、小花数目减少，因而也就减少了果穗上籽粒的数量，同时还会造成"卡脖旱"，延迟抽雄授粉，降低结实率而影响产量。据试验，抽雄期因干旱而造成的减产可高达20%以上，尤其是干旱造成植株较长时间萎蔫后，即使再浇水，也不能弥补产量的损失。水是植株进行光合作用的重要要素之一，水分不足不但会影响有机物质的合成，而且在干旱高温条件下，植株体温升高，呼吸作用增强，反而消耗了已积累的养分。因此，浇水除要素溶解肥料，保证养分运转外，还能加强植株的蒸腾作用，使植株体内热量随叶面蒸腾而散失，起到调节植株体温的作用。这一阶段应控制土壤水分为田间持水量的70%～80%。

（4）抽穗开花期

玉米抽穗开花期对土壤水分十分敏感，如水分不足，气温升高，空气干燥，抽出的雄穗在2～3 d就会出现"晒花"现象，甚至有的雄穗不能抽出，或抽出的时间延长，造成严重的减产，甚至颗粒无收。这一时期，玉米植株的新陈代谢最为旺盛，对水分的要求达到顶峰，称为玉米需水的"临界期"。这时需水量因抽穗到开花的时间较短，所占总需水量的比率比较低，为2.8%～13.8%，但每日需水量的绝对值却很高，达到3.32～3.69立方米/亩。因此，这一阶段土壤水分以保持在田间持水量的80%左右为最好。

（5）灌浆成熟期

当玉米进入灌浆和蜡熟的生育后期时，仍然需要相当多的水分，才能满足其生长发育的需要，这时需水量占总需水量的 19.2%～31.5%，是产量形成的主要阶段，需要有充足的水分作为溶媒，才能把茎、叶中所积累的营养物质顺利地运转到籽粒中去。因此，该阶段的土壤水分状况比起生育前期更具有重要的生理意义。玉米灌浆以后即进入成熟期，籽粒基本定型，植株细胞分裂和生理活动逐渐减弱，这时主要进入干燥脱水阶段，但仍需要一定的水分，占总需水量的 4%～10%，以维持植株的生命，保证籽粒最终成熟。

玉米不同生育阶段对水分反应的敏感程度与耗水强度基本一致，两者均可作为田间灌水时期及灌水量的重要依据。

9.3.2 影响玉米需水量的因素

玉米需水量的变化幅度很大，因为影响玉米需水量的因素是比较复杂的，常因品种、气候因素和栽培条件的改变而影响玉米的棵间蒸发和叶面蒸腾速度，从而使需水量发生变化。根据各种影响玉米需水量的因素来看，玉米需水量的变化主要是内在和外在因素综合影响的结果。要以最低的需水量获得最高的产量，必须充分掌握玉米的品种特性及其生育期环境条件的变化情况，运用一系列有效的农业技术措施，并结合灌溉排水来消除不利因素，以充分满足玉米整个生育期对水分的需要，尽量减少对水分的无益消耗，达到经济用水、合理用水、提高产量的目的。

9.3.3 土壤适宜水分指标

土壤适宜水分指标是田间水分管理的重要依据。由于玉米在不同生育阶段的耗水量及耗水强度不同，对水分反应的敏感性亦不同，故各生育阶段有相应的土壤适宜水分指标。根据莱阳农学院的试验结果，夏玉米播种至出苗的适宜土壤相对湿度为 70%～75%（0～20 cm 土层），低于 5%时出苗不齐，高于 80%时出苗率下降；出苗到拔节期，适宜土壤相对湿度，适宜土壤相对湿度为 60%～70%（0～40 cm 土层）；拔节至抽雄期，适宜土壤相对湿度为 70%～80%（0～60 cm 土层）；抽雄至乳熟期，适宜土壤相对湿度为 80%（0～80 cm 土层）；乳熟至成熟期，适宜土壤相对湿度为 70%～75%（0～60 cm 土层）。在玉米生育期内，只要土壤相对湿度降到 5%以下时，就应及时灌水。

9.3.4 排涝

当土壤含水量超过田间最大持水量，土壤水分处于饱和状态，根系缺氧，严重影响玉米生长发育时，应及时排涝。我国玉米栽培期多处于雨季，涝害问题时有发生，因此应注意玉米田间排涝：①因地制宜挖沟排水，遇涝能保证排出积水。②低洼易涝地块起垄种植，既有利于防涝，还比在平地种植产量更高。③增施肥料。涝害发生后，玉米易发生脱肥现象，及时追肥可以改善土壤养分供应状况，使鲜食玉米迅速恢复生长。

10 玉米的营养价值及其检测方法与影响因素

10.1 玉米的主要营养成分及营养价值

10.1.1 玉米的主要营养成分

（1）氨基酸

玉米中含有丰富的谷氨酸，它能促进脑细胞的呼吸，有利于脑组织中氨的排除，具有较好的健脑和增强记忆力的功效。

（2）蛋白质

玉米中的蛋白质含量虽略高于大米，但质量较差，其生物效价只有60，低于大米、小麦和大麦。从联合国粮食及农业组织（FAO）和世界卫生组织（WHO）提出的氨基酸模式标准可得知，玉米中的蛋白质的第一限制氨基酸为赖氨酸，第二限制为色氨酸，同时，异亮氨酸也偏低，而亮氨酸又过高，更影响了异亮氨酸的作用。因此，玉米中的蛋白质的氨基酸构成比例评分只有49分，几乎比所有谷类粮食都低，综合营养价值不够理想。

（3）糖类

玉米中的糖类含量为73.25，普通玉米中一般不含水溶性多糖，而甜玉米胚乳中含有较多的水溶性多糖，这使得甜玉米口感嫩滑、柔软、香味浓郁。糯玉米又称蜡质型玉米，最早起源于我国，是玉米第9条染色体上第59位点的糯性基因（Wx）发生隐性突变产生的。该基因能阻止直链淀粉的合成，在胚乳中形成100%的支链淀粉。在糯玉米中，糖含量决定了玉米的甜味，支链淀粉含量与黏性相关，而木质素等的存在与柔嫩度有密切关系。鲜食糯玉米采收后仍处于旺盛的生理代谢阶段，采收后的糖代谢途径主要是蔗糖和淀粉之间的相互转化，其甜味品质、黏滞性和柔嫩度都会出现不同程度的变化。

（4）维生素

玉米中的维生素含量非常高，为稻米、小麦的 5～10 倍，玉米中所含的胡萝卜素被人体吸收后，能转化为维生素 A；玉米中还含有烟酸，含量比大米高很多。烟酸在蛋白质、脂肪、糖的代谢过程中起着重要作用，能帮助人们维持神经系统、消化系统和皮肤的正常功能。人体内如果缺乏烟酸，可能引起精神上的幻视、幻听、精神错乱等症状，消化上的口角炎、舌炎、腹泻等症状，以及皮肤上的癞皮病。玉米中烟酸的含量多呈结合型，很难被人体吸收利用。本来色氨酸在人体内可以转化为烟酸，可是玉米中的色氨酸又偏少，故单纯以玉米为主食，会因烟酸严重不足而引起癞皮病。玉米脂肪中还含有丰富的 VE，它是生育酚，可以促进人体生长发育，也可以防止皮肤色素沉积和皱纹的产生，具有较强的延缓衰老和增强机体活力的作用。

（5）纤维素

玉米中含有大量纤维素，利于肠胃蠕动，能预防肠胃疾病、高血压肥胖症，其中以玉米为主要原料制成的膨化食品最受青睐。膨化食品疏松多孔，结构均匀，质地细腻柔软，蛋白质的消化率从原来的 75% 提高到 85%，儿童食用后，可以促进其生长发育，健脑益智。同时又适宜肠胃病患者和老年人食用。

（6）脂肪

玉米中含有丰富的不饱和脂肪酸，尤其是亚油酸的含量高达 60% 以上，亚油酸可以降低人体内的胆固醇，防止其沉积在血管内壁上，从而减少动脉硬化的发生，对预防高血压、心脑血管疾病有积极的作用。

（7）硒、镁元素

玉米中还含有硒和镁元素，硒能加速人体内过氧化物的分解；镁可有效阻止癌细胞的生长，也可促使人体中的"垃圾"及时排出，以有效防止肿瘤的发生。

（8）谷氨酸

玉米中还含有较多的谷氨酸，能帮助和促进脑细胞呼吸，清除脑组织内的"废物"，常食具有健脑功效。

（9）钙质

玉米中含有丰富的钙质，丰富的钙质能够促进人体细胞分裂，降低血清胆固醇，防止其在血管壁上沉积，从而起到降血压的作用。

（10）磷

玉米的含磷量也较高，可强筋健骨，尤其是老年人食用，可帮助其预防骨质疏松，使牙齿更加坚固。

经常吃玉米可有效缓解视力下降，对缓解眼疲劳、保护视力有一定作用。此外，玉米中含有大量的磷，可能会导致肾功能较差的人的肾排泄功能出现问题，所以在食用玉米时要注意避免过量食用，以免造成体内的磷积累，从而影响身体健康。

10.1.2 玉米的主要营养价值

（1）普通玉米的营养价值

普通玉米的营养成分比较全面，其化学成分主要包括蛋白质、淀粉、脂肪、纤维素、灰分等，如表 10-1 所示。

表 10-1　玉米的化学成分　　　　　　单位：%

成分	范围	平均值	成分	范围	平均值
水分	7~23	15	灰分	1.1~3.9	1.3
淀粉	64~78	70	纤维素	1.8~3.5	2~2.8
蛋白质	8~14	9.5~10	纤维素	—	5~6
脂肪	3.1~5.7	4.4~4.7	糖类 HHE	1.5~3.7	2.5

注：%均指质量分数，下同。

①玉米中的淀粉

玉米的大部分组成成分是淀粉，其含量为 64%~78%，主要存在于玉米胚乳中，胚中含量很少。玉米淀粉的颗粒比较小，仅比大米淀粉稍大，比大麦、小麦淀粉的颗粒都小。玉米胚乳中的淀粉，其化学成分也不完全是纯净的，其中还含有 0.2% 的灰分、0.9% 的五氧化二磷和 0.03% 的脂肪酸。玉米淀粉按其结构可分为直链淀粉和支链淀粉两种，普通的玉米淀粉中只含有 23%~27% 的直链淀粉和 73%~77% 的支链淀粉，糯玉米中所含的淀粉全部为支链淀粉。

②玉米中的蛋白质

玉米中含有 8%~14% 的蛋白质，略高于大米，其中有 75% 左右在玉米胚乳中，20% 左右在胚中，玉米皮和玉米冠中还含有一小部分。玉米中的蛋白质主要是醇溶蛋白和谷蛋白，分别占 40% 左右，白蛋白和球蛋白占 8%~9%。因此，从营养角度考虑，玉米蛋白不是人类理想的蛋白质资源。而在玉米胚中，蛋白质中的白蛋白和球蛋白分别占 30%，是生物学价值比较高的蛋白质。普通玉米中蛋白质中的赖氨酸、色氨酸、异亮氨酸含量偏低，所以在玉米食品加工过程中，添加赖氨酸等强化剂或加入豆类等蛋白质含量较高的物质，可以大大提高玉米食品的营养价值。

③玉米中的脂肪

普通玉米含有4.6%左右的脂肪，而现在培育出的高油玉米品种，其含油量可达12%。在这些脂肪中，有70%以上集中在玉米胚内，玉米胚的含油量为35%~40%，因此玉米胚常常作为淀粉和酒精生产的副产品用来榨油。经过精炼的玉米油是高级食用油，其不饱和脂肪酸含量高达80%以上，是人体必需的脂肪酸。玉米脂肪中约有72%的液体脂肪酸和28%的固体脂肪酸，其中有软脂酸、硬脂酸、花生酸、油酸、亚二烯酸等。玉米中还含有物理性质与脂肪相似的磷脂，它们和脂肪同样是甘油酯，玉米含磷脂质为0.28%左右。

④玉米中的灰分、维生素和纤维素

玉米中含有大约1.24%的灰分，其组成比较复杂，主要分布在玉米胚和皮中，灰分中磷、钾、氮、铁、镁、锰含量比较高。玉米中的膳食纤维含量丰富，被营养学家称为第七营养素；同时，玉米中的胡萝卜素、维生素E、维生素B1、维生素B2、烟酸、谷固醇等也十分丰富，尤其是谷固醇、维生素E的含量远远超过小麦和大米。

（2）黑玉米的营养价值

黑玉米的主要营养成分有淀粉、蛋白质和脂肪，以及糖和矿质元素。因此，黑玉米籽粒中除含有大量的黑色素外，其蛋白质、脂肪等含量均高于黄玉米，如表10-2所示。

表10-2　硬粒型黑玉米与黄玉米中的主要有机营养及微量元素含量比较

有机营养及微量元素	具体含量		
	黑玉米（太黑1号）	黄玉米（农大60）	相对含量/%
蛋白质/%	9.88	8.67	+13.96
脂肪/%	5.21	3.64	+43.13
膳食纤维/%	3.20	2.75	+16.36
铁/（mg·kg）	34.64	28.15	+23.06
锰/（mg·kg）	8.35	5.23	+59.66
铜/（mg·kg）	3.37	3.24	+4.01
锌/（mg·kg）	27.90	24.93	+11.91

从表10-2可以看出，同一类型（硬粒型）黑玉米籽粒与黄玉米籽粒中的

营养成分含量不同。黑玉米籽粒中的蛋白质含量较高，比黄玉米籽粒中的蛋白质含量高 1.21%，相对提高了 13.96%。从脂肪和膳食纤维方面看，其在黑玉米籽粒中的含量也比在黄玉米籽粒中的含量高，分别比黄玉米中所含的 3.64% 和 2.75% 提高了 43.13% 和 16.36%。玉米中所含的脂肪酸多为不饱和脂肪酸，其中亚麻酸、亚油酸等不饱和脂肪酸的含量占总脂肪酸含量的 30%。不饱和脂肪酸具有降血压、促进平滑肌收缩、扩展血管、阻碍血小板凝集和防止动脉硬化等作用。玉米中所含的膳食纤维能加速肠道蠕动，现代营养学已将膳食纤维列入人体必需的营养元素，这表明它在人体中具有重要的作用。

此外，从表 10-2 可以看出，黑玉米籽粒中含有铁、锰、铜、锌等多种微量元素。其含量均高于目前生产上推广用种黄玉米农大 60 的含量，其中铁提高了 23.06%，锰提高了 59.66%，铜提高了 4.01%，锌提高了 11.91%。

从蛋白质的氨基酸构成来看，黑玉米籽粒中所含氨基酸的种类比较齐全，在二者共同含有的 17 种氨基酸中，黑玉米就有 13 种氨基酸的含量高于黄玉米，特别是与人体生命活动密切相关的赖氨酸、精氨酸的含量，黑玉米分别比黄玉米的含量提高了 25.0% 和 66.67%（见表 10-3）。

表 10-3　硬粒型黑玉米与黄玉米的主要氨基酸比较

氨基酸种类	具体含量		相对含量/%
	黑玉米（太黑 1 号）/（mg·kg）	黄玉米（农大 60）/（mg·kg）	
亮氨酸	1.40	1.34	+4.48
蛋氨酸	1.60	0.40	+300.00
苏氨酸	0.30	0.32	−6.25
缬氨酸	0.50	0.41	+21.95
组氨酸	0.20	0.24	−16.67
赖氨酸	0.30	0.24	+25.00
异亮氨酸	0.40	0.32	+25.00
苯丙氨酸	1.70	0.50	+240.00
胱氨酸	0.10	0.14	−28.57
精氨酸	0.50	0.30	+66.67
甘氨酸	0.40	0.29	+37.93
丝氨酸	0.50	0.40	+25.00
谷氨酸	5.70	2.28	+150.00
脯氨酸	0.60	0.80	−25.00

表10-3(续)

氨基酸种类	具体含量		
	黑玉米（太黑1号）/（mg·kg）	黄玉米（农大60）/（mg·kg）	相对含量/%
天冬氨酸	1.40	0.59	+137.29
酪氨酸	0.20	0.14	+42.86
丙氨酸	1.50	0.70	+114.29

（3）甜玉米的营养价值

甜玉米的营养价值高于普通玉米，它除含糖量较高外，其赖氨酸含量是普通玉米的2倍，相当于高赖氨酸玉米的赖氨酸水平。甜玉米籽粒中的蛋白质、多种氨基酸和脂肪等的含量均高于普通玉米。甜玉米籽粒中含有多种维生素（维生素B1、维生素B2、维生素B6、维生素C、烟酸）和多种矿质元素。甜玉米所含的蔗糖、葡萄糖、麦芽糖、果糖和植物蜜糖都是人体容易吸收的营养物质。甜玉米胚乳中糖类积累较少，蛋白质比例较高，一般蛋白质含量占干物质的13%以上。

甜玉米之所以用于加工罐头食品，还在于它的胚乳性质不同。普通玉米的鲜嫩青穗，在水煮或火烤时，趁热食用鲜嫩可口，但冷却后变得生硬，即使重新加热也不能使其恢复到原来的状态。这是由于普通玉米胚乳中所含的α-淀粉在冷却后转化成了β-淀粉，而且这种变化是不可逆的。而甜玉米不含普通玉米中的这种淀粉，冷却后不会产生回生变硬现象，无论即煮即食还是经过冷藏后，都能鲜嫩如初，因此适于加工罐头和速冻食品。

（4）糯玉米的营养价值

糯玉米籽粒中的淀粉完全是支链淀粉，而普通玉米（无论是硬粒型还是马齿型）籽粒中的淀粉则是由大约72%的支链淀粉和28%的直链淀粉构成的。糯玉米淀粉在淀粉水解酶的作用下，消化率可达85%，而普通玉米的消化率仅为69%。支链淀粉遇碘呈紫红色，而且吸碘量大大低于直链淀粉，这个性质可用来鉴别糯玉米与非糯玉米。

糯玉米与普通玉米相比，其籽粒中的水溶性蛋白和盐溶性蛋白的含量都较高，而醇溶性蛋白较低，赖氨酸含量要比普通玉米高16%~74%。因此，糯玉米籽粒的蛋白质质量比普通玉米要高得多，大大改善了籽粒的食用品质，以及提高了玉米的营养价值。糯玉米的鲜嫩果穗特别适合于食用，鲜食糯玉米的籽粒黏软清香，皮薄无渣，内容物多；一般总糖含量为7%~9%，干物质含量达3%~58%，并含有大量的维生素（维生素B1、维生素B2、维生素C、肌醇、胆碱、烟酸等）和矿质元素，比甜玉米含有更丰富的营养物质，适口性更好，而且易于消化吸收。常食糯玉米，还有利于防止血管硬化，降低血液中的胆固醇含量，防止肠道疾病和癌症的发生，保健效果较好，是老弱病人和婴幼儿的良好食品。因此，糯玉米作为蔬菜、水果玉米开发利用，具有较高的经济价值，是一种极具发展潜力的新型玉米产业。

糯玉米籽粒作为粮食食用，不仅营养丰富，而且风味和口感均别具特色。随着人们生活水平的提高，解决主食单一、细多粗少、营养不全的问题已经迫在眉睫。普通玉米及其制品虽然营养丰富，但口感较差，不易消化，影响食欲。而糯玉米则能克服普通玉米的这些缺点，起到改善人们膳食结构的作用。糯玉米粉的营养价值较高，其蛋白质含量为 10.6%，氨基酸含量为 8.09% ~ 8.3%，分别比稻糯米粉高 2.75% 和 0.83% ~ 1.07%，因此可制作成人们喜爱的黏性小食品或用作食品增稠剂，以改善日常膳食结构，丰富食品种类。

（5）玉米笋的营养价值

玉米笋之所以被称为名贵的蔬菜玉米，是因为它具有较高的营养价值和独特的风味，色、香、味俱佳，色泽淡黄晶莹，形态美观，味道清香，可与玉兰片和鲜笋媲美。玉米笋的营养含量较高，而且养分齐全，其蛋白质、氨基酸、糖类、维生素和磷脂等含量都优于其他蔬菜（见表 10-4）。

表 10-4　玉米笋与几种蔬菜的营养成分比较（每 100 g 鲜重含量）

品种	脂肪/g	蛋白质/g	糖类/g	钙/mg	磷/g	维生素 B₁/mg	维生素 B₂/mg	维生素 C/mg
玉米笋	0.20	1.90	8.20	28.00	86.00	0.05	0.08	11.00
卷心菜	0.30	1.30	4.00	62.0	28.00	0.04	0.04	39.00
菠菜	0.20	2.00	2.00	70.00	34.00	0.01	0.13	31.00
茄子	0.10	2.30	300	22.00	31.00	0.03	0.04	3.00
番茄	0.30	0.60	2.00	8.00	37.00	0.03	0.02	11.00
黄瓜	0.20	0.80	2.00	25.00	37.00	0.04	0.04	14.00
胡萝卜	0.30	0.90	7.00	32.00	32.00	0.02	0.05	8.00

沈阳农业大学对 16 个玉米笋品种的营养成分进行了测定，测定结果表明，玉米笋中干物质含量为 10% 左右，蛋白质含量占干物质重的 22.3%，脂肪占 2.6%，糖类占 33.5%。玉米笋含有 18 种氨基酸，氨基酸含量一般可达干重的 14% ~ 15%，其中赖氨酸含量达 0.61% ~ 1.04%。此外，玉米笋含有少量纤维

素，对人体特别是消化系统大有好处。

（6）爆裂玉米的营养价值

爆裂玉米富含蛋白质、淀粉、纤维素、无机盐和维生素 B1、维生素 B2 等多种营养成分。美国对爆裂玉米的营养价值进行了研究，结果表明，1.5 盎司（42.5g）爆裂玉米相当于两个鸡蛋的能量；与同等质量的牛肉相比，爆裂玉米所含蛋白质是牛肉的 67%，而铁、钙的含量是牛肉的 110%。爆裂玉米个大形美、色白芳香、疏松多孔、蜂窝致密、结构均匀，质地松软。在制作爆裂玉米的过程中，营养破坏较少，尤其是维生素的损失更少。爆裂玉米中的淀粉不会发生回生老化现象，蛋白质的消化率可达 85%。

因此，食用爆裂玉米不仅可获得丰富的营养，而且经常进食有利于牙齿保健、锻炼咀嚼肌，也可磨砺胃壁，增加肠道的蠕动，促进食物的消化吸收，并对消化系统大有裨益。在爆裂玉米的制作过程中，加入糖、油、香料等调味品，可得到多种口味的玉米花，以满足消费者的需求。由此可见，爆裂玉米是一种色、香、味、形俱佳，营养丰富，容易消化和老幼皆宜的方便食品。

10.1.3　营养价值评价

玉米作为蔬菜或水果鲜食，其品质是决定品种优劣、经济价值高低最重要的因素。根据我国市场需要和加工要求，玉米品质一般包括商业品质、食用品质、营养品质和加工品质等。不同用途的玉米，对其品质指标的要求也不尽相同。

食用风味是玉米食用品质和商业品质的重要体现，当前玉米食用风味的好坏一般是通过组织专家品尝、汇总打分的方法进行评判。当前，对普通玉米营养品质的评价尚未统一标准，但对鲜食玉米，2002 年农业农村部种植业管理司制定的鲜食玉米评价标准《甜玉米》（NY/T 523—2002）、《糯玉米》（NY/T 524—2002），提出鲜食玉米品质分为外观品质和蒸煮品质。

（1）商业品质

商业品质指的是鲜食玉米的外观品质，是人们对鲜食玉米果穗籽粒外形的直观印象，是鲜食玉米品质中尤为重要的指标。商业品质直接影响人们的喜好和鲜食玉米商品的销量，在内在品质差异不大的情况下，商业品质是决定玉米价格和等级标准的重要因素。

商业品质优良的鲜食玉米的特点：果穗形状一致、大小均匀，籽粒饱满、柔嫩、排列整齐紧密，皮薄，具有乳熟期特有的光泽，苞叶完整、新鲜嫩绿，果穗青花丝、白穗轴、无秃尖、无虫蛀及霉变、无硬性损伤。

商品果穗是指非霉变果穗，要求除去苞叶、花丝、穗柄、虫咬、损伤、秃尖及秃基部分，剩下的完好净穗有效长度至少不短于 10 cm。不同品种的商品果穗率有显著差异，商品果穗率高是优良品种的基本要求。

外观品质评价主要围绕果穗、籽粒两方面，内容包括：穗型和粒型，籽粒饱满程度和排列情况，色泽，苞叶包裹情况，新鲜嫩绿度，籽粒柔嫩、皮薄情况，秃尖、虫咬、霉变、损伤情况等（见表 10-5）。

表 10-5　外观品质评价

评分	18~21 分	22~26 分	27~30 分
外观品质评价	基本具有本品种应有的特性，穗型、粒型稍有差异，饱满度稍差，籽粒排列基本整齐，有少量籽粒色泽与本品种不同，籽粒柔嫩性较差、皮较厚，秃尖 ≤ 2 cm，无虫咬、无霉变，损伤粒少于 10 粒，苞叶包被基本完整	具有本品种应有的基本特性，穗型、粒型一致，有个别籽粒不一致，籽粒饱满，排列整齐，色泽稍差，籽粒柔嫩性稍差，皮较薄，秃尖 ≤ 1 cm，无虫咬、无霉变，损伤粒少于 5 粒，苞叶包被较完整，新鲜嫩绿	具有本品种应有的特性，穗型、粒型一致，籽粒饱满，排列整齐，具有乳熟期应有的色泽，籽粒柔嫩，皮较薄，基本无秃尖，无虫咬、无霉变，无损伤粒，苞叶包被完整，新鲜嫩绿

（2）食用品质

食用品质也可称为适口性，是衡量鲜食玉米品质的首要指标。它是在产品深加工后所表现出的品质，高营养食品不但要品质好，而且要有好的适口性，才能有良好的食用价值。影响适口性的因素很多，主要有果皮厚度、甜度、糯性、脆嫩度、香味等，其中糯性和果皮厚度是鲜食糯玉米食用品质的主要影响因素。糯玉米要求籽粒黏软清香，支链淀粉含量高。一般认为，直链淀粉含量应不超过总淀粉的 5%，果皮薄嫩性好，并要求有一定的含糖量，可改善适口性。甜玉米要求籽粒含糖量高，粗纤维含量低，果皮薄嫩性好。

（3）营养品质

营养品质是指农产品本身及其延伸所表现出的品质，玉米的营养品质即籽粒中含有的营养成分及其对人、畜的营养价值，指标包括蛋白质、脂肪、淀粉、膳食纤维、矿物质元素及各类维生素等的含量。鲜食玉米采收期籽粒营养成分含量的高低不仅是鲜食玉米营养是否全面、均衡的体现，而且也对食用品质高低具有重要影响，是食用品质的内在反映。

鲜食玉米的营养品质是食用品质、商业品质、加工品质的基础。糯玉米籽粒的蛋白质品质好，具有丰富的营养价值，但目前对糯玉米营养成分的评价还没有统一的定量标准，一般以高者为好。研究表明，超甜玉米的粗脂肪、粗纤维、维生素 C、β-胡萝卜素、水解氨基酸总量及矿物质含量与杂交玉米相比均高出 1 倍，有的甚至高出许多倍，而且人体必需氨基酸含量丰富，限制性氨基酸赖氨酸和苏氨酸的含量接近或超过了杂交玉米和稻米的 2 倍。因此，超甜玉米的营养品质远远高于杂交玉米和稻米。甜玉米籽粒中的蛋白质主要是水溶性蛋白质，醇活性蛋白质则较少，另外还有少量的碱溶性蛋白质和盐溶性蛋白质。

10.2 玉米主要营养成分的检测

10.2.1 玉米的抽样

近年来鲜食玉米市场不断扩大，生产公司的品质控制和市场监管的检验检测都需对玉米进行抽样，以满足随机检测的要求。孙丽娟等在 2019 年对我国鲜食玉米标准存在的问题进行分析总结时提出，我国鲜食玉米的抽样检测标准不完善，而 2020 年出台的《专用籽粒玉米和鲜食玉米》（NY/T 523—2020）则对此问题进行了完善和修正。从我国农产品整体抽样及检验标准来看，《粮食、油料检验扦样、分样法》（GB/T 5491—1985）中对粮食在流通、仓储及销售中的扦样工具、方法及分样方法进行了规定；我国农业标准《无公害食品 产品抽样规范 第 2 部分：粮油》（NY/T 5344.2—2006）中对产地抽样也进行了细致规定；NY/T 523—2020 中的检验方法部分则是引用了这两部标准对鲜食玉米采样方法的规定。针对鲜食玉米加工产品，如鲜食玉米罐头、速冻穗及速冻粒等，我国现有《食品抽样检验通用导则》（GB/T 30642—2014）中也有相应规定。我国鲜食玉米标准中技术规程有 57 项（见表 10-6），其中生产技术规程 22 项，数量最多；其次是加工技术规程有 14 项。可以看出我国鲜食玉米技术规程包含育种栽培、生产、加工、包装、贮运、间作套种和良好农业规程等，意味着我国鲜食玉米技术规程体系相对成熟，产业链前端技术层面的标准及规范已相对完善。

表 10-6 我国鲜食玉米技术规程类型及数量

标准技术类型	数量/项
生产技术规程	22
育种及栽培技术规程	9
间作套种技术规程	4
良好农业规程	1
加工技术规程	14
包装技术规程	2
贮运技术规程	5
总计	57

我国当前的鲜食玉米标准中，针对生产、加工、包装、储藏、运输及检验分析等各个环节的技术规程占多数，虽已有少部分质量分级及检测标准，但整体来看，我国鲜食玉米标准体系结构仍然失衡，绝大部分标准集中于生产加工环节，针对鲜食玉米营养和感官品质的相关标准依旧空缺。具体存在的问题如下所示：

（1）技术规范标准内容重复

当前我国鲜食玉米标准中涉及的技术规程内容大同小异，都包含术语定义、播种前土地处理、品种选择、播种、田间管理、病虫害防治、收获贮藏以及建档管理等。除不同品种鲜食玉米对播种期要求不同外，其余部分内容重复率较高，且许多标准涵盖的内容不全面。例如内蒙古自治区地方标准《鲜食玉米生产技术规程》（DB15/T 2166—2021）和辽宁省地方标准《无公害食品鲜食玉米生产技术规程》（DB21/T 1312—2004）中都含有鲜食玉米的生产条件、播种处理、种植管理、虫害防治以及采收贮藏环节的技术规范等内容，且部分内容有所重复。以甜玉米技术规程为例，《甜玉米生产技术规程》（DB13/T 760—2006）中对甜玉米的定义为"糖类含量是普通玉米的 2～10 倍"，《甜玉米生产技术规程》（DB44/T 544—2008）将甜玉米定义为"玉米的胚乳中控制糖分转化的基因发生隐性突变的类型，其籽粒在乳熟末期的干基可溶性糖含量 ≥10%"。此外，不同地区甜玉米生产技术规程的结构差异较大，如《甜玉米生产技术规程》（DB13/T 760—2006）中除术语定义外，还包含对基础条件、产量指标、安全指标、播种技术及田间管理和收获期的相关规定；而《甜玉米生产技术规程》（DB32/T 877—2005）的结构相对简单，仅包含栽培措施一类。尽管不同地区和不同品种鲜食玉米的种植条件、播种时间及产品加工存在差异，但除去特殊品种鲜食玉米生产技术规程外，其余标准的重复不仅使得生产者和监管部门难以规范生产过程，而且会造成资源浪费。此外，不同地区技术规程标准的术语表述也存在差异。

（2）现有分级标准不完善

我国鲜食玉米分级标准有三类：①鲜穗质量分级：以玉米本身理化检验结果作为指标进行分级；②鲜穗营养品质分级：以鲜食玉米主要营养成分作为指标，从营养角度对玉米进行分级；③鲜穗及产品感官分级：以感官评价结果作为分级依据，除对简单蒸煮后的鲜穗进行感官分级外，还可对鲜食玉米延伸产品，如罐头和冷冻籽粒等进行分级。其中，鲜穗及产品感官分级的应用范围最广；鲜穗质量分级则主要依据玉米外观测量结果，如苞叶、籽粒颜色及一致性等而定，其指标衡量和等级划分方法也比较成熟。但对鲜食玉米营养品质的分级还有较大空白，存在指标体系不完善、针对性不强且代表性较差等问题。

《甜玉米鲜穗质量分级》（DB14/T 1188—2016）是当前我国唯一对鲜食玉米质量等级进行系统规定的标准，该标准通过对甜玉米进行感官评价和理化指标检验（秃尖长度、果穗长度等7项指标），将甜玉米分为优等品、一等品和二等品3个等级。但分等分级的指标较粗糙，对鲜食甜玉米本身的营养价值也未能进行明确分等分级。可以说，当前我国针对鲜食玉米的分等分级仍停留在感官评价和理化指标检验层面，用以划分等级的指标难以衡量甜玉米的营养价值，这也是当前我国鲜食玉米质量分等分级需要进一步解决和优化的难题。

农产品分等分级是质量兴农战略的重要一环，分等分级不仅有助于农产品定价流通，而且能够促进标准化农业的发展。当前我国农产品营养标准体系尚未成型，以营养品质为分级依据、率先建立分等分级标准体系对鲜食玉米产业的发展意义重大。

（3）缺乏营养检测标准

当前我国对鲜食玉米的研究大多集中在生产加工环节，而对于鲜食玉米具体营养成分的权威检测分析方法和营养价值评价方法缺乏相关研究和标准，且这样的现象并不只存在于鲜食玉米一种农产品中。

当前，我国在农产品营养标准方面的研究存在较大的空白。现有标准中只有《食品营养成分基本术语》（GB/Z 21922—2008）和吉林省地方标准《食用玉米营养品质评价》（DB22/T 2814—2017）涉及农产品的营养术语规范和营养品质评价。而真正涉及农产品营养评价的标准非常有限。

现行的标准主要以感官、营养品质和安全为评价指标，其中，对于营养品质评价指标的设置存在不足。现行标准将水分等 6 项指标列为食用玉米营养品质评价和分等分级依据，但不能全面地衡量玉米的营养品质。碳水化合物（主要是淀粉）、矿物质、维生素（尤其叶酸）以及蛋白质和氨基酸等都是玉米重要的营养成分，对玉米进行全面的营养品质评价，检测和分析这几类营养成分是必不可少的工作。当前国内对鲜食玉米营养成分的检测方法有一些相关标准，但不同的检测方法可能导致结果存在一定的误差。此外，对于鲜食玉米中维生素、矿物质等重要营养素的检测分析方法还缺乏相应的标准。

综上所述，我国鲜食玉米的营养检测标准体系存在不合理之处，包括产业链技术规程发展不平衡、安全标准与营养标准发展不平衡、地方标准发展不平衡以及缺少专有检验标准等。这些问题阻碍了相关研究者对现有标准的整理和完善，也增加了鲜食玉米市场监管的难度和障碍。因此，有必要重新梳理和完善鲜食玉米的营养检测标准体系。

10.2.2 玉米的氨基酸分析

（1）仪器、试剂与材料

主要仪器包括 L-8900 全自动氨基酸分析仪（日本日立公司）、万分之一分析天平（德国 KERN 公司）、Lab860 酸度计（德国 SCHOTT 公司）、FW80-1 高速万能粉碎机（天津市泰斯特仪器有限公司）、100～1 000μL 可调移液器［芬兰百得实验室仪器（苏州）有限公司］、高纯氮气、DZF6020 真空干燥箱（上海新苗医疗器械制造有限公司）、ZXZ-2 真空泵（浙江黄岩测试仪器厂）、KQ-600DE 数控超声波清洗器（昆明市超声波仪器有限公司）、GZX-9240MBE 电热鼓风干燥箱（上海博讯实业有限公司医疗设备厂）等，以及 30 mL 具塞玻璃试管、50 mL 棕色容量瓶、安瓿瓶、洗瓶、烧杯、量筒、抽滤装置（含水系、有机系滤膜）。

主要试剂包括酸解剂：6 mol/L 盐酸溶液（将优级纯盐酸与水等体积混合）；稀释上机用盐酸溶液：0.02 mol/L 盐酸溶液（1.67 mL 优级纯盐酸，用水定容于 1 000 mL 容量瓶中）；不同 pH 值和离子强度的洗脱用柠檬酸钠缓冲液；茚三酮溶液；氨基酸混合标准品储备液：含 17 种常规蛋白水解液分析用层析纯氨基酸，各组分浓度为 2.5 μmol/mL；混合氨基酸标准工作液：吸取 4 mL 氨基酸混标准品储备液置于 10 mL 容量瓶中，以 0.02 mol/L 的盐酸溶液定容，混匀，使各氨基酸组分浓度为 100 nmol/mL；高纯氮气。

玉米样品来自山东省海阳、莱阳、高密、岱岳、兰山、莒南、长山、惠民、博山和新泰十个地区，选取各地区具有代表性的玉米样品，用四分法缩分取 25 g 左右，粉碎并过筛，孔径为 0.25 mm（60 目），充分混匀后装入磨口瓶中，贴上标签备用。

（2）试验方法

①氨基酸含量测定方法

氨基酸含量的测定采用常规酸水解法，使玉米蛋白在 110 ℃ 和 6 mol/L 盐酸作用下，水解成单一氨基酸，再经离子交换色谱法进行分离，并以茚三酮做柱后衍生测定。首先，称取 100 mg 粉碎后的玉米样品放在 25 mL 水解管中，加入 6 mol/L 盐酸溶液 10 mL，放在冰水浴中冷冻后充氮 5 min，然后密封水解管，将其放在（110±1）℃ 恒温干燥箱中，水解 22~24 h。水解结束后自然冷却，混匀后开管。将液体无损失地转移并用蒸馏水定容至 50 mL 后摇匀，静置后取 1 mL 上清液于 5 mL 安瓿瓶中，在 50 ℃ 真空环境中蒸发至干，随后加入 1 mL 的水，重复蒸干 2~3 次。蒸干后加入 0.02 mol/L 盐酸溶液 1 mL，用 0.45 μm 滤膜过滤后得到待测样品。

取适量的氨基酸混合标准溶液 20 μL 测定，得到标准品色谱图如图 10-1 所示。用同样的方法，将待测样品上机进行分析，得到玉米样品中的氨基酸色谱图如图 10-2 所示。根据标准品单点量法，用标准品和样品的峰面积比计算样品中氨基酸的含量。

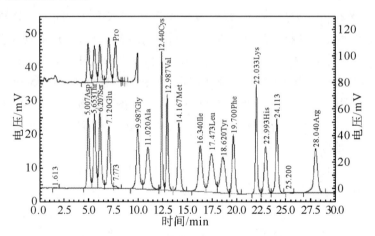

图 10-1　氨基酸混合标准品色谱图

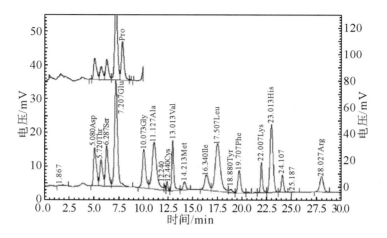

图 10-2　玉米样品中的氨基酸色谱图

②必需氨基酸分析方法

根据 WHO 和 FAO 于 1973 年提出的氨基酸比值系数法可以很好地评价蛋白质的必需氨基酸。根据该法，可以计算样品中必需氨基酸的氨基酸比值（RAA）、氨基酸比值系数（RC）和比值系数分（SRC）。

$$RAA = \frac{待测评蛋白质中某种必需氨基酸的含量}{相应的模式氨基酸的含量} \quad (10\text{-}1)$$

$$RC = \frac{RAA}{RAA\ 的均值} \quad (10\text{-}2)$$

如果待测评蛋白质的氨基酸含量与模式氨基酸一致，则各种必需氨基酸的 RC 应等于 1，RC 大于或小于 1 均表示该种必需氨基酸偏离模式氨基酸：RC>1 表示该种必需氨基酸相对过剩，RC<1 表示该种必需氨基酸相对不足，RC 最小者为第一限制性氨基酸（FLAA）。

$$SRC = 100 - CV \times 100 \quad (10\text{-}3)$$

其中，CV 为 RC 的变异系数；CV=RAA 标准差/均值。如果待测蛋白质中的必需氨基酸含量与模式氨基酸一致，则 CV=0，SRC=100；待测蛋白质中的 RC 越分散，表明这些必需氨基酸在平衡生理作用方面的贡献越小，则 CV 越大，SRC 越小，蛋白质营养价值越差。因此，SRC 越接近 100，待测蛋白质中必需氨基酸的营养价值相对越高。

（3）测定结果

①十种玉米的氨基酸组成与含量分析

通过上述实验，得到十个不同产地玉米的氨基酸含量如表 10-7 所示。总体来说，十种玉米的氨基酸种类比较齐全，总氨基酸含量按从大到小的排列顺序为：兰山玉米>岱岳玉米>莒南玉米>惠民玉米>长山玉米>博山玉米>新泰玉米>高密玉米>莱阳玉米>海阳玉米。从氨基酸总量来看，兰山玉米的营养价值最高，海阳玉米最低。

②必需氨基酸含量分析

待测样品的蛋白质中的氨基酸含量不尽相同，但其营养价值主要取决于所含必需氨基酸的种类和数量，且所含的必需氨基酸的含量越接近人体需要氨基酸的含量，其质量就越优。由表10-7可知，博山玉米的必需氨基酸含量较低，占总氨基酸的27.62%，其余产地玉米的必需氨基酸含量占总氨基酸含量的35.73%~38.96%，莱阳玉米的必需氨基酸含量最高，非常接近WHO和FAO规定的40%。从必需氨基酸与非必需氨基酸的比值来看，博山玉米为0.38，其余产地玉米的比值为0.56~0.64，与WHO和FAO规定的0.6非常接近。可见除了博山玉米，其余产地玉米均可提供优质蛋白质。按照公式（10-1）、公式（10-2）和公式（10-3）分别计算上述十种玉米的RAA、RC、SRC值，其值如表10-8所示。

如果蛋白质中必需氨基酸含量接近或符合模式氨基酸的要求，那么这种蛋白质比较适宜人体生理作用的需要，营养价值较大。根据SRC值的大小，十种玉米的营养价值从小到的的排列顺序为：莒南玉米>新泰玉米>长山玉米>惠民玉米>海阳玉米>岱岳玉米>高密玉米>莱阳玉米>博山玉米>兰山玉米。兰山玉米的SRC值最小，为50.12，其余玉米的SRC值为69.74~76.82，营养价值相对较高。其中，莒南玉米的第一限制氨基酸为苏氨酸，博山玉米的第一限制氨基酸为亮氨酸，其余产地玉米的第一限制氨基酸为赖氨酸。根据蛋白质互补法，可将第一限制氨基酸不同的蛋白质按一定比例互混，互相补充，以提高其营养价值。

③其他氨基酸含量分析

十个产地玉米中的谷氨酸含量均最高，占总氨基酸含量的16.59%~22.71%。谷氨酸钠是味精的主要成分，是玉米味道鲜美的主要原因。另外，谷氨酸能帮助促进脑细胞代谢，所以常吃些玉米尤其是鲜玉米，具有健脑作用。除博山玉米外，其他玉米中的亮氨酸含量也较高，占总氨基酸含量的11.79%~12.99%。亮氨酸可用于诊断和治疗小儿突发性高血糖症，对于代谢失调伴有胆汁分泌减少的肝病、贫血、中毒、肌肉萎缩症等都有很好的治疗作用。另外，十种玉米的脯氨酸含量也都较高，脯氨酸羟化后是胶原蛋白的主要成分，对延缓皮肤的衰老有一定的作用。

单位：%

表 10-7 十个不同产地玉米中氨基酸的含量

氨基酸名称	海阳	莱阳	高密	岱岳	兰山	莒南	长山	惠民	博山	新泰
天门冬氨酸（Asp）	0.39	0.39	0.42	0.46	0.38	0.43	0.45	0.45	0.49	0.43
*苏氨酸（Thr）	0.22	0.24	0.25	0.26	0.24	0.25	0.25	0.26	0.29	0.25
丝氨酸（Ser）	0.29	0.31	0.33	0.35	0.32	0.34	0.35	0.34	0.39	0.33
谷氨酸（Clu）	1.14	1.22	1.28	1.39	1.24	1.34	1.39	1.39	1.61	1.30
脯氨酸（Pro）	0.52	0.57	0.56	0.62	0.58	0.60	0.60	0.60	0.67	0.60
甘氨酸（Cly）	0.22	0.23	0.24	0.27	0.23	0.25	0.26	0.26	0.28	0.24
丙氨酸（Ala）	0.44	0.46	0.49	0.52	0.48	0.50	0.52	0.52	0.59	0.50
胱氨酸（Cys）	0.18	0.20	0.19	0.20	0.21	0.19	0.20	0.19	0.19	0.19
*缬氨酸（Val）	0.33	0.35	0.35	0.37	0.35	0.36	0.36	0.37	0.39	0.37
*蛋氨酸（Met）	010	0.23	0.20	0.19	0.21	0.17	0.16	0.18	0.16	0.13
*异亮氨酸（Ile）	0.24	0.26	0.26	0.27	0.25	0.27	0.27	0.27	0.29	0.26
*亮氨酸（Leu）	0.78	0.85	0.89	0.92	0.88	0.90	0.92	0.93	0.91	0.91
酪氨酸（Tyr）	0.09	0.11	0.10	0.11	0.12	0.10	0.11	0.10	0.10	0.10
*苯丙氨酸（Phe）	0.39	0.48	0.45	0.45	0.49	0.46	0.48	0.47	0.49	0.44
*赖氨酸（Lys）	0.20	0.26	0.24	0.24	0.26	0.26	0.26	0.25	0.24	0.25
组氨酸（His）	0.33	0.41	0.37	0.52	0.96	0.42	0.38	0.40	0.49	0.40
精氨酸（Arg）	0.25	0.26	0.28	0.32	0.28	0.59	0.32	0.30	0.32	0.30
氨基酸总量（E+N）	6.19	6.80	6.89	7.44	7.47	7.42	7.26	7.29	7.09	6.97
必需氨基酸 E	2.35	2.65	2.63	2.69	2.67	2.66	2.70	2.73	1.96	2.60
E/（E+N）	37.91	38.96	38.20	36.22	35.73	35.82	37.12	37.45	27.62	37.21
E/N	0.61	0.64	0.62	0.57	0.56	0.56	0.59	0.60	0.38	0.59

不同产地玉米氨基酸含量

注："＊"为必需氨基酸，"E"代表必需氨基酸的总和，"N"代表非必需氨基酸的总和，"E+N"代表氨基酸的总和。

表 10-8 十种玉米的 RAA、RC 和 SRC 值比较

对比材料	FAO 和 WHO 必需氨基酸参考模式							SRC
	异亮氨酸	亮氨酸	赖氨酸	蛋氨酸+胱氨酸	苯丙氨酸+酪氨酸	苏氨酸	缬氨酸	
FAO 和 WHO	0.40	0.70	0.55	0.35	0.60	0.40	0.50	
海阳玉米	0.24	0.78	0.20	0.37	0.48	0.22	0.33	72.68
RAA	0.60	1.11	0.36	1.06	0.80	0.55	0.66	
RC	0.82	1.52	0.49*	1.44	1.09	0.75	0.90	
莱阳玉米	0.26	0.85	0.26	0.43	0.58	0.24	0.41	70.13
RAA	0.65	1.21	0.47	1.23	0.97	0.60	0.82	
RC	0.76	1.43	0.56*	1.44	1.14	0.71	0.96	
高密玉米	0.26	0.89	0.28	0.38	0.55	0.25	0.37	72.52
RAA	0.65	1.27	0.51	1.09	0.92	0.63	0.74	
RC	0.78	1.54	0.61*	1.31	1.11	0.75	0.89	
岱岳玉米	0.27	0.92	0.32	0.39	0.56	0.26	0.52	72.54
RAA	0.68	1.31	0.58	1.11	0.93	0.65	1.04	
RC	0.75	1.46	0.65*	1.24	1.04	0.72	1.15	
兰山玉米	0.25	0.88	0.28	0.42	0.61	0.24	0.96	50.12
RAA	0.63	1.26	0.51	1.20	1.02	0.60	1.92	
RC	0.61	1.23	0.50*	1.18	1.00	0.59	1.89	

表10-8（续）

对比材料	FAO 和 WHO 必需氨基酸参考模式							SRC
	异亮氨酸	亮氨酸	赖氨酸	蛋氨酸+胱氨酸	苯丙氨酸+酪氨酸	苏氨酸	缬氨酸	
营南玉米	0.27	0.90	0.59	0.36	0.56	0.25	0.42	76.82
RAA	0.68	1.29	1.07	1.03	0.93	0.63	0.84	
RC	0.73	1.39	1.16	1.11	1.01	0.68*	0.91	
长山玉米	0.27	0.92	0.32	0.36	0.59	0.25	0.38	73.34
RAA	0.68	1.31	0.58	1.03	0.98	0.63	0.76	
RC	0.79	1.54	0.68*	1.21	1.15	0.73	0.89	
惠民玉米	0.27	0.93	0.30	0.37	0.57	0.26	0.40	72.70
RAA	0.68	1.33	0.55	1.06	0.95	0.65	0.80	
RC	0.79	1.55	0.64*	1.23	1.11	0.76	0.93	
博山玉米	0.29	0.11	0.32	0.35	0.59	0.29	0.49	69.74
RAA	0.73	0.16	0.58	1.00	0.98	0.73	0.98	
RC	0.98	0.21*	0.79	1.36	1.34	0.98	1.33	
新泰玉米	0.26	0.91	0.30	0.32	0.53	0.25	0.40	74.64
RAA	0.65	1.30	0.55	0.91	0.88	0.63	0.80	
RC	0.80	1.59	0.67*	1.12	1.08	0.77	0.98	

注："*"为第一限制氨基酸。

10 玉米的营养价值及其检测方法与影响因素 225

10.2.3　玉米浆中的氨基酸分析

传统的氨基酸分析多采用化学比色法或电泳法，耗时较长，步骤烦琐，影响因素多且灵敏度较差。王绍萍等人利用现有高效液相色谱仪，建立了玉米浆中氨基酸的分析方法。

（1）仪器、材料与试剂

主要仪器包括日本岛津产高效液相色谱仪（型号 SPD-10A. VP）、超声波清洗器（型号 LAB-LINEAQUAWAVEULTRASONICCLEANERS. 9314-1）以及电热恒温干燥箱、漩涡混合器等小型仪器设备。

试剂均为市售分析纯。氨基酸标样购自北京 SIGMA 生物公司（含有 17 种氨基酸，其中胱氨酸为 1.25 mmol/L，其余为 2.5 mmol/L）。

（2）试验方法

①样品的制备

样品水解：首先，精密吸取 0.1 mL 样品置于安瓿中，并加入 6 mol/L 的盐酸溶液 10 mL，抽真空，然后用酒精喷灯封口，在 110 ℃ 干燥箱中水解 22 h。

水解后处理：将水解的样品过滤，取滤液 1.0 mL 于蒸发试管中，在温度为 110 ℃ 以下的环境中干燥，然后加入 2.0 mL 超纯水，充分混合后密封，在 4 ℃ 的冰箱中保存待测。

标准品及样品衍生：取样品（标准品）100 μL 于衍生试管中，加入 200 μL 异硫氢酸苯酯乙腈溶液和 200 μL 三乙胺乙腈溶液，充分混合，在室温下衍生 1 h，然后加入 800 μL 己烷，待测。

②流动相的配制

甲液为 0.1 mol/L 的乙酸钠（pH 值 = 6.5）：乙腈 = 93：7；乙液为乙腈：水 = 4：1；使用时甲乙两液进行梯度混合。

③衍生剂的配制

取 0.12 mL 异硫氢酸苯酯加乙腈至 10 mL，即为 0.1 mol/L 的异硫氢酸苯酯乙腈溶液；取 0.139 mL 三乙胺加乙腈至 10 mL，即为 0.1 mol/L 的三乙胺乙腈溶液；以下取 6 mol/L 的盐酸。

④色谱条件

色谱柱为 C18 柱，150 * 4.6 mm，5 μm，流速为 1 mL/min，检测波长为 254 nm，柱温为 36 ℃。梯度程序为：

时间	0.01	16.0	16.01	20.0	20.01	26.0
B 泵	0	34	100	100	0	STOP

（3）测定结果

本方法回收率为 95.2%~114.7%。配制 0.25 μmol/mL 的标准液，测得本方法的线性范围是 0.025~1.25 μmol/mL。取此标准液 1.0 mL 重复进样 6 次，计算其精密度及重复性，其定量 RSD 小于 1.8%。样品及标准品色谱图如图 10-3 所示。

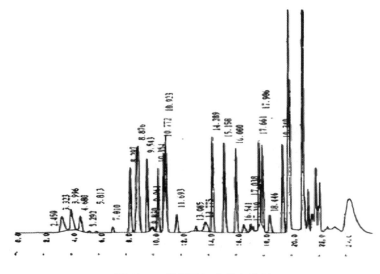

图 10-3　样品及标准品色谱图

10.2.4　鲜食甜玉米粒的多糖分析

现有研究表明，玉米多糖具有减肥降脂、清热利胆、抗便秘、调节免疫及抑癌等作用。当前对玉米多糖的研究仅限于玉米花粉、玉米须、玉米皮和成熟玉米粒中糖的提取、含量的测定及生物学活性研究，但对鲜食甜玉米中多糖含量的测定与比较研究尚不够深入。当前，多糖含量的测定方法有高效液相色谱法、苯酚-硫酸法、酶法、3，5-二硝基水杨酸比色法、手持糖量计测定等。

张康逸等人（2017）采用超声波辅助水浴提取法进行多糖的提取，建立了鲜食玉米多糖测定方法，为更有效、经济地开发利用鲜食甜玉米食品或研发多糖保健品提供了理论依据。

（1）仪器、材料与试剂

主要仪器包括 UV-2802 型紫外可见分光光度计［尤尼可（上海）仪器有限公司］、超声波清洗器（昆山市超声仪器有限公司）、电子天平［丹佛仪器（北京）有限公司］、H2050 R 型高速冷冻离心机（湖南湘仪实验室仪器开发有限公司）、玻璃仪器气流烘干器（北京中兴伟业仪器有限公司）。鲜食甜玉米粒采自河南省农业科学院示范基地。

主要试剂包括葡萄糖（天津市风船化学试剂科技有限公司）、重蒸酚（北京索莱宝科技有限公司）、浓硫酸（分析纯，上海振企化学试剂有限公司）、三氯乙酸（分析纯，国药集团化学试剂有限公司）、盐酸（分析纯，烟台市双双化工有限公司）、氢氧化钠（分析纯，天津市瑞金特化学品有限公司）。

（2）试验方法

①葡萄糖标准曲线的绘制

首先精确称取 105 ℃干燥至恒质量的葡萄糖 20 mg，加蒸馏水溶解后转移到容量瓶中，定容至 500 mL，摇匀备用。然后分别精确量取 0.4、0.5、0.6、0.7、0.8、0.9 mL 的葡萄糖标准溶液转移到比色管中，加蒸馏水至 2 mL，摇匀。随后加 10 mL 的 5%苯酚溶液，摇匀，再迅速加入 5.0 mL 浓硫酸，迅速摇匀，室温静置 20 min 后用蒸馏水做空白，在 90 nm 处测定吸光度，绘制标准曲线。

②多糖含量测定

首先，将鲜食甜玉米粒干燥粉碎（干燥前含水量 76.7%，干燥后含水量 7.1%），准确称量 1.0 g 样品至研钵中，加入 1 mL 的 15%三氯乙酸溶液研磨，然后将上清液转移到 10 mL 离心管中，再加入少量 5%三氯乙酸溶液研磨后转移上清液，随后继续用 5%三氯乙酸溶液研磨，如此重复 3 次。最后一次将残渣一起倒入，总容量不超过 10 mL。将上清液置于转速为 3 000 r/min 的离心机中离心 15 min 后转移至比色管中，向沉淀中加入少量 5%三氯乙酸摇匀，再离心 5 min 后转移上清液，如此重复 3 次，比色管中滤液最后保持在 18 mL 左右。向比色管中加入 6 mol/L 的盐酸 2 mL，摇匀后放入超声波清洗器，温度设置为 70~80 ℃，超声水浴 2 h。完成后用水冷却，加入 2 mL 的 6 mol/L NaOH 溶液，摇匀后转移到 25 mL 的容量瓶中，定容。随后取 0.2 mL 样品溶液，加水至 2.0 mL，并加入 1 mL 的 5%苯酚溶液，再迅速加入浓硫酸 5.0 mL，摇匀，室温静置 20min，稀释后用蒸馏水做空白，在 490 nm 处测吸光度，参照标准曲线计算检测溶液的含量量，进而计算甜玉米粒粉末的多糖含量。

$$甜米粒粉末多糖含量=\frac{检测溶液的含粮量×稀释倍数×换算因子}{检测溶液中样品的质量}×100\%$$

玉米中多糖相对葡萄糖的换算因子为 1.375。最后，根据鲜食甜玉米粒干燥前后的含水量计算得出鲜食甜玉米粒多糖含量。

③精密度试验

分别量取 0.6 mL 葡萄糖标准溶液和 0.2 mL 样品溶液各 6 份，转移到试管中，并进行精密度试验，测其吸光度。

④加样回收率试验

准确量取 0.2 mL 样品溶液，分别加入 0.5 mL 质量浓度为 0.10 g/mL、0.20 g/mL、0.30 g/mL、0.40 g/mL、0.50 g/mL、0.60 g/mL 的标准葡萄糖溶液，进行加样回收率试验，测其吸光度，然后计算回收率。

$$回收率 = \frac{试验测定值 - 样品含糖量}{葡萄糖加入量} \times 100\%$$

⑤稳定性试验

分别量取 0.6 mL 葡萄糖标准溶液和 0.2 mL 样品溶液置于试管中，进行稳定性试验，每隔 20 min 测其吸光度。

（3）测定结果

①葡萄糖标准曲线的绘制结果

以葡萄糖质量为横坐标，吸光度为纵坐标，绘制标准曲线。线性回归方程为 $y = 7.014x - 0.013$，$R^2 = 0.998$，当葡萄糖质量为 0.015~0.040 mg 时，与吸光度的线性关系良好，符合要求，如图 10-4 所示。

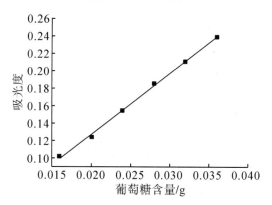

图 10-4　葡萄糖标准曲线

②鲜食甜玉米粒多糖含量的测定结果

由于原料的多糖含量未知，而葡萄糖与吸光度线性关系较好的范围是吸光度为 0.10~0.26。称取质量为 1.009 g 的原料，其中样品的稀释倍数分别设定为20倍、50倍、80倍，用蒸馏水做空白，在490 nm处测吸光度，结果如表10-9所示。

表 10-9　样品不同稀释倍数的测定结果

取样量/g	稀释倍数	吸光度
1.009	20	0.537
1.009	50	0.382
1.009	80	0.248

将稀释倍数设定为80倍，用蒸馏水做空白，在490 nm处测吸光度，参照标准曲线计算检测溶液的含糖量；样品最终定容在25 mL容量瓶中，取0.2 mL溶液进行检测，计算检测溶液中样品的质量，再以此计算得出甜玉米粒（干燥粉末）的多糖含量；最后由鲜食甜玉米粒及干燥粉末水分含量计算出鲜食甜玉米粒的多糖含量，结果如表10-10所示。

表 10-10　鲜食甜玉米粒多糖含量的测定结果

取样量/g	吸光度	检测溶液含糖量/mg	检测溶液样品质量/mg	（粉末）多糖含量/%	（粉末）多糖含量平均值/%	甜玉米粒多糖含量/%
1.009 1	0.248	0.037 2	8.07	50.70	50.65	12.70
1.032 4	0.256	0.038 4	8.26	50.60		

③鲜食甜玉米粒多糖含量的精密度试验结果

由表10-11可知，标准溶液的相对标准偏差RSD为1.736%（$n=6$），样品溶液的RSD为1.296%（$n=6$），均小于3%，表明测定结果重现性良好。

表 10-11　精密度试验结果

项目	吸光度							标准偏差	RSD/%
	1	2	3	4	5	6	平均值		
标准溶液	0.154	0.152	0.154	0.156	0.158	0.160	0.156	0.003	1.736
样品溶液	0.256	0.253	0.260	0.252	0.261	0.256	0.256	0.003	1.296

④鲜食甜玉米粒多糖含量回收率的测定结果

由表10-12可知，以葡萄糖标准溶液测定的鲜食甜玉米多糖含量回收率，其相对标准偏差 RSD 为 1.250%（$n=6$），平均回收率达 98.570%，表明该方法在测定鲜食甜玉米粒多糖含量中准确率较高。

表 10-12　回收率测定结果

样品多糖含量/mg	加入葡萄糖量/mg	实测量/mg	回收率/%	平均回收率/%	RSD/%
0.34	0.016	0.356	100.625		
0.34	0.020	0.360	98.000		
0.34	0.024	0.364	98.750		
0.34	0.028	0.367	96.786	98.570	1.250
0.34	0.032	0.371	97.813		
0.34	0.036	0.376	99.444		

⑤鲜食甜玉米粒多糖含量稳定性试验结果

由表 10-13 可知，标准溶液和样品溶液在 120 min 内的相对标准偏差 RSD 分别为 2.512%（$n=7$）和 1.675%（$n=7$），均小于 3%，表明鲜食甜玉米粒多糖测定结果在 120 min 内稳定性良好。

表 10-13　稳定性试验结果

项目	吸光度							RSD/%
	0 min	20 min	40 min	60 min	80 min	100 min	120 min	
标准溶液	0.154	0.158	0.152	0.151	0.149	0.145 4	0.153	2.512
样品溶液	0.256	0.259	0.252	0.250	0.248	0.246	0.254	1.675

10.2.5　玉米中的蛋白质分析

鲁秀恒等人（2006）采用一种新的双缩脲体系，用乙醇提取玉米中的蛋白质，用碱性硫酸铜显色，成功地建立了一种在室温下快速测定玉米中蛋白质的新方法，为我国玉米加工业蛋白质的快速测定提供了可行性参考方案。

（1）仪器、材料与试剂

主要仪器包括 721 型分光光度计、磁力搅拌器。玉米采自吉林长春地区，将玉米样品分别粉碎干燥后备用。

主要试剂包括 0.5 mol/L 硫酸铜溶液、15 mol/L 氢氧化钾溶液、乙醇。

（2）试验方法

首先，在250 mL塑料烧杯中依次加入一定量的玉米样品、50 mL乙醇、0.5 mol/L硫酸铜溶液、15 mol/L氢氧化钾溶液，然后在磁力搅拌器上搅拌5 min，随后快速用滤纸过滤取滤液或不过滤直接吸取上清液，用1 cm比色皿，于550 nm处测定吸光度。

（3）测定结果

①玉米蛋白质抽提剂的选择

玉米一般含蛋白质8%~10%，主要是玉米醇溶蛋白和玉米谷蛋白，两者共占玉米蛋白质总量的80%以上。醇溶蛋白是谷类粮食的主要蛋白质，仅溶于70%~80%的乙醇溶液，但玉米的醇溶蛋白例外，它在90%~93%的乙醇中溶解度最大。本法选取五种浓度的乙醇，加入少量碱性水溶液和一定量的硫酸铜溶液，与玉米样品混合搅拌5 min显色后测定其吸光度，结果如表10-13所示。

由表10-14可看出，在其他条件固定的情况下，用90%的乙醇提取玉米中的蛋白质，吸光度可达最大值。

表10-14　不同乙醇浓度下测定的吸光度

乙醇浓度/%	吸光度 A
90	0.228
91	0.205
92	0.184
93	0.175
94	0.150

本试验挑选六个因素，每个因素考察五个水平，即进行六因素五水平试验，各因素水平如表10-15所示。

表10-15　因素水平

序号	A 乙醇浓度 /%	B KOH用量 /mL	C CuSO4用量 /mL	D 显色时间 /min	E 搅拌时间 /min	F 取样量 /g
水平1	90	0.5	0.5	5	1	0.4
水平2	91	1.0	1.0	6	2	0.8
水平3	92	1.5	1.5	7	3	1.2

表10-15（续）

序号	A 乙醇浓度 /%	B KOH 用量 /mL	C CuSO4 用量 /mL	D 显色时间 /min	E 搅拌时间 /min	F 取样量 /g
水平 4	93	2.0	2.0	8	4	1.6
水平 5	94	2.5	2.5	9	5	2.0

根据因素水平表，本书通过正交试验得到的试验结果如表 10-16 所示。

表 10-16　正交试验方案及结果

试验序号	因素						吸光度 A
	A	B	C	D	E	F	
1	1	1	1	1	1	1	0.020
2	1	2	2	2	2	2	0.063
3	1	3	3	3	3	3	0.107
4	1	4	4	4	4	4	0.160
5	1	5	5	5	5	5	0.215
6	2	1	2	3	4	5	0.110
7	2	2	3	4	5	1	0.033
8	2	3	4	5	1	2	0.040
9	2	4	5	1	2	3	0.100
10	2	5	1	2	3	4	0.095
11	3	1	3	5	2	4	0.095
12	3	2	4	1	3	5	0.125
13	3	3	5	2	4	1	0.022
14	3	4	1	3	5	2	0.060
15	3	5	2	4	1	3	0.085
16	4	1	4	2	5	3	0.005
17	4	2	5	3	1	4	0.050
18	4	3	1	4	2	5	0.070
19	4	4	2	5	3	1	0.017
20	4	5	3	1	4	2	0.075
21	5	1	5	4	3	2	0.062
22	5	2	1	5	4	3	0.075
23	5	3	2	1	5	4	0.122

表10-16（续）

试验序号	因素						吸光度 A
	A	B	C	D	E	F	
24	5	4	3	2	1	5	0.140
25	5	5	4	3	2	1	0.032
K1	0.565	0.117	0.320	0.442	0.335	0.124	—
K2	0.378	0.346	0.350	0.375	0.360	0.300	—
K3	0.387	0.361	0.450	0.464	0.406	0.422	—
K4	0.267	0.477	0.412	0.410	0.547	0.522	—
K5	0.431	0.502	0.449	0.442	0.485	0.660	—
K1=K1/5	0.113	0.023	0.064	0.088	0.067	0.025	—
K2=K3/5	0.076	0.069	0.070	0.075	0.072	0.060	—
K3=K3/5	0.077	0.072	0.090	0.093	0.081	0.084	—
K4=K4/5	0.053	0.095	0.082	0.082	0.109	0.104	—
K5=K5/5	0.086	0.100	0.090	0.088	0.097	0.132	—
极差 R	0.060	0.077	0.026	0.018	0.042	0.107	—
优水平	A_1	B_5	C_5	D_1	E_5	F_5	—

由表 10-16 的试验结果知，5 号试验的吸光度最高，它的水平组合是 $A_1B_5C_5D_1E_5F_5$，此方案是否是最好的还不一定（当然是比较好的），我们还可以用这些试验结果来分析出最佳水平组合。从表 10-16 中可以看出，因素 A_1（90%乙醇）的平均吸光度最高（0.113），这与上述结果一致，A_1 为因素 A 的优水平，同理，B、C、D、E、F 的优水平分别是 B_5（2.5 mLKOH）、C_3 或 C_5（1.5 mL 或 2.5 mLCuSO$_4$）、D_3（显色时间 7 min）、E_5（搅拌时间 4 min）、F_5（称样量 2.0 g）。每个因素不一定都要取平均吸光度的最高水平，因为在多因素的情况下，每个因素对试验指标所起的作用是不相同的。计算每一个因素的极差，发现 F 的极差最大，B 次之，A 和 E 居中，C 和 D 对吸光度的影响相对来说要小一些。因此，对极差大的因素必须控制在能取得较大吸光度的水平上，所以取样量优先采用 2.0 g，或控制其他条件不变，专门对取样量做一验证实验。对极差小的因素可根据情况做适当调整，D 的极差最小，可考虑改用水平 D_1（显色时间 5 min）来节省时间（此条件在稳定性实验中已得到证实）；E 的极差居中，可考虑改用 E_5（搅拌 5 min）和 D_1 同步操作的方式。经过上述分析，可得到两个较好的水平组合，即 $A_1B_5C_5D_3E_4F_5$ 和 $A_1B_5C_5D_1E_5F_5$，对这两个组合做一个补充实验，并将其中一个组合其他条件固定，专门对取样量作

验证实验（分别称取 0.0 g、0.4 g、0.8 g、1.2 g、1.6 g、2.0 g、2.4 g 样品，按实验条件测吸光度），并把结果与已经做过的 25 次试验的最高水平组合做对比，结果证明，$A_1B_5C_5D_1E_5F_5$ 的吸光度最高，为 0.300，其结果如图 10-5 所示。

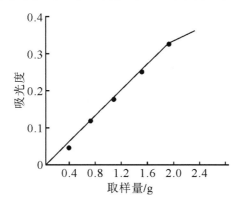

图 10-5　补充试验结果

从图 10-5 中可看出，称样量为 F_5（2.0 g）时吸光度最高，但它接近标准曲线的弯曲点，虽然它也在线性范围之内，但相对来说，误差要大一些，故而不取这个最高点的取样量值，而取下面一点 F_4（1.6 g），这一点既在线性范围之内，吸光度又在 0.2 和 0.8 之间，既可准确定量，误差又比较小，而且这一点吸光度为 0.236，也比已经做过的 25 次试验的最高水平组合的吸光度 0.215 高。因此综合看来，本实验的最佳度条件为 $A_1B_5C_5D_1E_5F_4$。

　　②稳定性试验

取 2 份玉米样品，按上述条件进行试验，分别间隔不同时间，测其吸光度，结果如表 10-17 所示。

表 10-17　稳定性试验结果

样品 1		样品 2	
显色时间/min	吸光度 A	显色时间/min	吸光度 A
5	0.198	5	0.185
10	0.200	10	0.185
15	0.200	15	0.185
20	0.200	20	0.185

表 10-17 的数据表明，该方法在 5 min 显色后，在 5~20 min 内吸光度趋于稳定，可获得准确的定量结果，故显色时间选 5 min 为宜。

③精密度试验

取 1 份玉米样品，按上述试验方法平行测定五次，其结果如表 10-18 所示。

表 10-18　精密度试验结果

$N=5$	吸光度 A	蛋白质含量/%	S/%	RSD/%
1	0.233	8.09		
2	0.236	8.13		
3	0.231	8.05	0.030	0.38
4	0.234	8.10		
5	0.232	8.07		

由表 10-18 可看出，该方法的精密度较高，标准偏差为 0.030%，相对标准偏差为 0.38%，小于 0.5%。

④样品测定

首先，建立回归直线方程：取 6 个蛋白质含量不同的玉米样品，先用凯氏法准确测定其蛋白质含量，然后用快速法分别测定各个样品的吸光度，根据所得结果，计算出吸光度与蛋白质含量的回归直线方程为 $y=-0.326+0.058x$。同时，对回归方程进行相关性检验，计算相关系数检验的统计量 $r=0.9998$，查验相关系数的临界值表，在置信度为 99.9%，自由度 $f=n-2=6-2=4$ 时，$r_{99.9,4}=0.9741$，因 $r>r_{p,f}$，所以快速法的吸光度 A 与玉米的蛋白质含量之间存在很好的线性关系。

其次，进行实际样品测定：取 4 个未知玉米样品，用快速法测定其吸光度，用回归方程计算出蛋白质含量。同时，对这 4 个样品用凯氏法测得其蛋白含量，并在每个样品中定量加入已知准确含量的蛋白质标样，求出加标回收率，所得结果如表 10-19 所示。

表 10-19　快速法和凯氏法测定的蛋白质含量结果比较

样品号	快速法测定的蛋白质含量/%	凯氏法测定的蛋白质含量/%	回收率/%
1	8.55	8.60	99.4
2	9.17	9.28	97.0
3	9.32	9.25	101
4	9.68	9.70	99.7

10.2.6 玉米浆干粉中的维生素 B6 分析

刘跃芹等人建立了高效液相色谱法测定玉米浆干粉中维生素 B6 的含量。

（1）仪器、材料与试剂

主要仪器包括 2695 型高效液相色谱仪、2414 型可变波长型紫外检测器（美国 Waters 公司）、Milli-QGradientA10 型超纯水系统（美国 Millipore 公司）等。

主要试剂包括乙二胺四乙酸二钠、盐酸均为分析纯；庚烷磺酸钠为优级纯；三乙胺和甲醇为色谱纯；水为超纯水。

（2）试验方法

①标准品溶液的配制

首先，精密称取适量维生素 B6 标准品于棕色容量瓶中，并用 0.1 mol/L 的盐酸水溶液溶解至刻度，配成 1 mg/mL 的储备液。然后精密量取储备液适量，用 0.1 mol/L 的盐酸水溶液稀释至所需浓度，浓度分别为 0.10 μg/mL、2.00 μg/mL、5.00 μg/mL、8.00 μg/mL、10.00 μg/mL、20.00 μg/mL、50.00 μg/mL、100.00 μg/mL，避光保存于 4 ℃的冰箱中。

②供试品溶液的制备

首先，精密称取 5 g 玉米浆干粉于 100 mL 棕色容量瓶中，然后加入三分之二体积的盐酸水溶液（0.1 mol/L）进行超声提取 30 min，中间旋摇一次，待温度降低至室温后，用盐酸水溶液稀释至刻度，过滤后取 1.5 mL 清澈溶液过 0.2 μm 滤膜，待测。整个操作过程需要注意避光，以避免维生素 B6 被光分解。

③标准曲线的绘制

对溶液浓度为 0.10 μg/mL、2.00 μg/mL、5.00 μg/mL、8.00 μg/mL、10.00 μg/mL、20.00 μg/mL、50.00 μg/mL、100.00μg/mL 的维生素 B6 标准品进行 HPLC 析，记录色谱图；以待测物浓度为横坐标，待测物的峰面积为纵坐标，用加权最小二乘法进行回归运算，求得的直线回归方程，即为标准曲线。

④准确度和精密度的考察

按照上述操作，分别制备低、中、高三个浓度（2.00 μg/mL、10.00 μg/mL、50.00μg/mL）的质量控制（QC）样品，每种浓度 6 个样本，连续测定三天。根据当日的工作曲线，计算 QC 样品的测得浓度，并根据结果考察该方法的准确度与精密度。

⑤提取回收率的考察

取玉米浆干粉样品,分别加入低、中、高三种浓度(2.00 μg/mL、10.00 μg/mL、50.00μg/mL)的维生素 B6 标准品中，然后按照上述操作，每种浓度配制 4 个样本；同时另取玉米浆干粉溶液，按上述操作加入维生素 B6 标准溶液，配制成浓度为 2.00 μg/mL、10.00 μg/mL、50.00μg/mL 的样本溶液，涡旋混合后进行 HPLC 分析。获得相应峰面积后，以每一浓度经两种方法处理后的峰面积比值计算提取回收率。

⑥样品中维生素 B6 的测定

按上述操作制备三个平行样品，每个分析批（一天内测试的同种样品）制备一条工作曲线，进行 HPLC 分析，然后根据峰面积进行定量计算。

⑦色谱条件

色谱柱为 Symmetry-C18 柱（3.9 mm×150 mm，5 μm）；流动相：A 相为甲醇，B 相为含 0.05 g/L EDTA 和 1.1 g/L 庚烷磺酸钠的 2.5% 乙酸溶液（pH 值 = 3.40），以 A∶B 为 1∶6 的比例等度洗脱；流速为 0.8 mL/min；柱温为 30 ℃；检测波长为 280 nm；进样体积为 10 μL；样品分析时间为 10 min。

（3）测定结果

①分析方法测定结果

测定维生素 B6 的典型标准曲线如图 10-6 所示，其标准曲线方程为 $y = 19\,509.850\,1x + 2\,246.839\,6$（$r = 0.999\,9$），线性范围为 $0.10 \sim 100.00$ μg/mL。

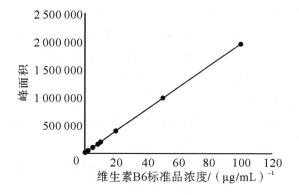

图 10-6　维生素 B6 标准曲线

维生素 B6 的准确度和精密度的测定结果如表 10-20 所示，日间和日内精密度均小于 15%，符合相关规范要求。

表 10-20　准确度与精密度试验（$n=6$）

计算法	加入量/（μg·mL）		
	2.00	10.00	50.00
Mean±SD/（μg·mL）	2.17±0.13	10.19±0.29	50.70±1.13
日内 RSD/%	4.30	1.70	1.82
日间 RSD/%	5.99	2.85	2.23

②提取回收率测定结果

维生素 B6 的低、中、高三个浓度回收率结果如表 10-21 所示。三种浓度下玉米浆干粉样品中维生素 B6 的平均提取回收率分别为 93.66%±1.38%、95.60%±2.77%、93.52%±2.46%。

表 10-21　提取回收率实验（$n=4$）

浓度/（μg·mL）	2.00	10.00	50.00
提取回收率/%	93.82	95.30	91.85
	95.53	97.23	96.87
	92.87	95.99	91.51
	92.42	90.87	93.83
SD/%	93.66±1.38	95.60±2.77	93.52±2.46
RSD/%	1.47	2.93	2.63

③样品测定结果

维生素 B6 标准品色谱图和样品色谱图如图 10-7 所示，测得玉米浆干粉中维生素 B6 的含量如表 10-22 所示，玉米浆干粉中维生素 B6 的平均含量为 41.58 mg/kg。

表 10-22　玉米浆干粉中维生素 B6 的测定结果（$n=3$）

编号	1	2	3	平均值
含量/（mg·kg）	42.23	40.67	41.83	41.58
RSD/%	1.98			

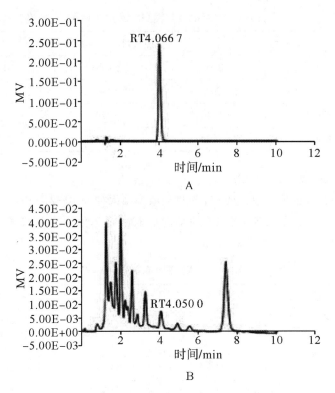

图 10-7　维生素 B6 的标准品和样品高效液相色谱图

注：A 为标准品；B 为样品。

10.2.7　紫玉米中的花青素分析

孟俊文等（2020）将紫玉米中的花青素在酸化乙醇溶液中进行超声加热提取，使花青素变为一些常见的花色素。选用高效液相色谱仪，以 1%甲酸水溶液和 1%甲酸乙腈溶液为流动相进行梯度洗脱，在 530 nm 波长处对飞燕色素、矢车菊色素、矮牵牛色素、天竺葵色素、芍药色素、锦葵色素 6 种常见花色素进行定量检测，为研究紫玉米的花青素提供参考。

（1）仪器、材料与试剂

主要仪器包括 Agilent1 200 液相色谱仪（美国 Agilent 公司），赛多利斯 BAS124S 电子天平（精度 0.000 1g），纯水机（法国 Millipore 公司），高速旋风研磨机（德国 IKA 公司），MS3basic 涡旋混匀器（德国 IKA 公司），水浴锅（上海博迅实业发展有限公司），超声波清洗器（上海生析超声仪器有限公司）。

主要材料包括芍药色素标准物质（纯度>97%），矢车菊色素标准物质

（纯度>98%），矮牵牛色素标准物质（纯度>96%），锦葵色素标准物质（纯度>97%），飞燕草色素标准物质（纯度>97%），天竺葵色素标准物质（纯度>96%），均购自北京索莱宝科技有限公司。

主要试剂包括无水乙醇（优级纯），甲酸（色谱纯），甲醇（色谱纯），盐酸（优级纯），超纯水（密理博超纯水机过滤）。

（2）试验方法

①标准溶液制备

首先，精密称取锦葵色素、矮牵牛色素、芍药色素、飞燕草色素、天竺葵色素、矢车菊色素6种标准物质各1.0 mg，然后分别用10%盐酸甲醇溶液溶解，并定容至5 mL，充分摇匀，配制成200 mg/L标准储备液，在−18 ℃条件下，贮存于密闭的棕色玻璃瓶中。

②样品前处理

将紫玉米用高速旋风谷物研磨机粉碎，准确称取5.00 g，置于50 mL具塞比色管中，加入酸化乙醇，定容至刻度，摇匀后超声提取30 min，并置于沸水浴中水解1 h，取出冷却后，用酸化乙醇提取液再次定容。静置后取上层清液，用0.45 μm水相滤膜过滤，然后封入2 mL棕色进样瓶中，于4 ℃条件下保存待测。

③色谱条件

色谱柱：Agilent−ZORBAXSB−C18（4.6 mm×250.0 mm，5 μm）；流动相为1%甲酸水溶液（A）和1%甲酸乙腈溶液（B）；流速为0.8 mL/min；柱温为35 ℃；检测波长530 nm；进样体积20 μL。梯度洗脱条件如表10-23所示。

表 10-23 梯度洗脱条件

时间/min	流动相 A/%	流动相 B/%
0	92.0	8.0
2.0	88.0	12.0
5.0	82.0	18.0
10.0	80.0	20.0
12.0	75.0	25.0
15.0	70.0	30.0
18.0	55.0	45.0
20.0	20.0	80.0
22.0	92.0	8.0
30.0	92.0	8.0

（3）测定结果

①标准曲线与检出限

分别用10%盐酸甲醇溶液配制6种花色素的混标溶液，以峰面积为纵坐标，以标准溶液质量浓度为横坐标绘制标准曲线，如表10-24所示，当6种花色素标准溶液的浓度为0.2~100.0 mg/L时，与相应的响应信号呈现良好的线性关系。同时，根据称样量1 g，定容体积50 mL，以3倍信噪比计算仪器检出限。根据标准物质的色谱分离定性，保留9.600 min的为飞燕草色素，保留11.550 min的为矢车菊色素；保留12.069 min的为矮牵牛色素，保留14.692 min的为天竺葵色素，保留15.529 min的为芍药色素，保留15.826 min的为锦葵色素，6种标准品的色谱图如图10-8所示。

表10-24　6种花色素的标准曲线方程

标准品	标准曲线方程	R^2	仪器检出限/（mg·kg）
飞燕草色素	$y=270x-12$	0.999 9	0.06
矢车菊色素	$y=284.94x-68$	0.999 8	0.06
矮牵牛色素	$y=218x-115$	0.998 9	0.08
天竺葵色素	$y=37.586x-12.5$	0.999 7	0.08
芍药色素	$y=294.06x-8$	1.000 0	0.06
锦葵色素	$y=235.11x-397$	0.990 4	0.06

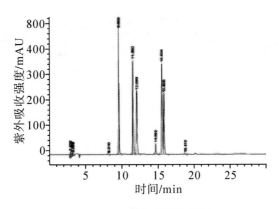

图10-8　6种标准品色谱图

②稳定性试验

取同样的紫玉米样品提取液，按同样的色谱条件，将样品分别放置0、2、4、6、8、12、24 h后进行分析，结果发现，RSD值为0.4%~3.1%，这说明样品溶液在 24 h 内稳定性良好,在 24 h 以上部分花青素会降解。

③回收率和精密度

分别向紫玉米空白试样中添加 6 种花色素的标准溶液,每种花色素的浓度各不相同,分别设计 3 个浓度水平,每个水平设计 3 个重复,与空白试样一同进行测定。结果表明,6 种花色素的平均回收率为 88%~106%,相对标准偏差为 0.5%~3.9%,回收率、精密度均能满足检测要求。

④样品测定

应用以上方法对紫玉米样品进行检测分析,结果如图 10-9 所示。结果表明,被检样品中含有 4 种花色素,分别为飞燕草色素(28 mg/kg)、矢车菊色素(830 mg/kg)、芍药色素(253 mg/kg)、锦葵色素(395 mg/kg);其他 2 种色素未被检测出,所检测的紫玉米样品中总花青素的含量可达 1 506 mg/kg。

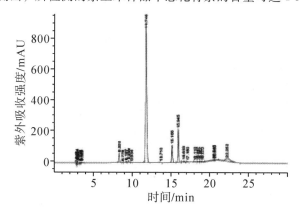

图 10-9　紫玉米色谱图

10.2.8　玉米脂肪酸值分析

(1) 仪器、材料与试剂

主要仪器包括锤式旋风磨(具有风门可调和自清理功能)、电子天平(0.01 g)。

主要试剂包括无水乙醇(分析纯)、95%乙醇(分析纯)、酚酞指示剂、无二氧化碳蒸馏水、氢氧化钾。

(2) 试验方法

①标准溶液的配制

酚酞指示剂:称取 1.0 g 酚酞溶于 100 mL 的体积分数为 95% 的乙醇中;无二氧化碳蒸馏水:将蒸馏水煮沸 10 min,然后盖上盖子,使之冷却;氢氧化钾标准储备液：0.5 mol/L（储存在聚乙烯塑料瓶中，常温下保存时间不超过2个月）；氢氧化钾标准滴定液：准确移取 20.0 mL 氢氧化钾标准储备液，置于 1 000 mL 容量瓶中，用已调节至中性的 95% 乙醇定容至 1 000 mL，并在使用之前进行调配。

②试样制备

取混合均匀的样品 80~100 g，用锤式旋风磨粉碎，直至有 95% 以上的粉末能够一次性通过 CQ16（40 目）筛，然后将筛上筛下的样品充分混匀后装入磨口瓶备用。

③试样处理

将制备的样品称重约 10.0 g，置于 250 mL 的具塞磨口瓶中，然后准确移取 50.0 mL 无水乙醇注入其中，用往返式振荡器振荡 30 min，振荡频率为 100 次/分钟，之后静置 1~2 min。静置结束后，在漏斗中放入折叠滤纸过滤，弃去最初几滴滤液，收集 10 mL 以上滤液放入比色管中。滤液应尽快测定，来不及测定时，应放置于 4~10 ℃ 条件下保存，不能超过 24 h。

（3）测定方法

首先，用移液管将 10.0 mL 的滤液放入 150 mL 的锥形瓶中，然后加入 100 mL 无二氧化碳的蒸馏水，以及滴入 3~4 滴酚酞指示剂，随用氢氧化钾标准滴定液进行滴定，直至颜色呈微红色且 30 秒不消退，最后记录下所耗氢氧化钾标准滴定液的体积。滴定应在散射日光或日光型灯光下对着光源方向进行。

（4）测定结果

①标准方法对检测结果的影响

在标准方法下，若提取液的颜色较暗，滴定终点不能确定，则采用一个圆筒作为参考，该圆筒中加入了提取液，但无二氧化碳蒸馏水还没有滴定，若被滴定液的颜色与参考液的颜色有差异，则认为已经达到了滴定的终点。如果以上参考比色法仍然不能确定终点，则可将 0.5 g 的粉末状活性炭加入滤纸中，待滤液褪色后再滴定。采用多人观测法对滴定终点进行测量，其测量结果比实际测量的精准度要高得多。

②改进检验方法对检测结果的影响

加水量不同、取样液量相同对色差变化的影响。将 50 mL 的无二氧化碳蒸馏水分别倒入装有同样样品溶液（25 mL）的三角形瓶子中，并添加指示剂。采用氢氧化钾标准液进行滴定，同时加入不同容积的无二氧化碳蒸馏水（10 mL、20 mL、30 mL、40 mL、50 mL）。通过比较色差，发现随着加水量的增加，滴定时的色差变化会越来越大。

加水量相同、取样液量不同对色差变化的影响。用移液管将 25 mL、20 mL、15 mL、10 mL 和 5 mL 的试样分别放入 150 mL 的圆锥形瓶子中，然后每支加入 100 mL 的无二氧化碳蒸馏水（标准法添加 50 mL），并加入 3~4 滴酚酞指示剂，再用氢氧化钾标准滴定液进行滴定。结果表明，随着样品浸出量的减小，滴定终点的色差也会变大。因此，用 10 mL 的浸提物进行浸提是较为理想的。

加水量相同、取样液量相同、加水时间不同对色差变化的影响。从以上比较实验可知，在滴定时，可以采用无二氧化碳的蒸馏水稀释样品，以减少样品溶液的浓度。该实验选取不同的加水时间：一种是在滴定之前，一次性加入 100 mL 的水；另一种是按照标准的方法，先加入 50 mL 的水进行滴定，滴定结束后再加入 50 mL 的水。结果表明，在滴定之前加入 100 mL 的无二氧化碳蒸馏水时，检测结果的精确度较低，导致对终点的判断不准确。而在滴定前先加入 50 mL 的水进行滴定，滴定结束后再加入 50 mL 的无二氧化碳蒸馏水时，检测结果的精确度更高。

③不同浓度的标准溶液测定结果的比较

试验结果表明，由于玉米脂肪酸的浸出物呈乳黄色，在测定其脂肪酸值时应采用不同的方法。如果使用 0.01 mol/L 的标准溶液进行滴定，则颜色变化不敏感，不易观测。同时，玉米中脂肪酸含量较高、会消耗较多标准溶液、滴定时间间隔较长，这些都会导致测量值出现偏差。

为了缩短滴定时间并使液体最终颜色有明显改变，可以添加 KOH 乙醇溶液和酚酞指示剂。该方法不会影响玉米脂肪酸含量的测量。当使用 0.02 mol/L 标准溶液时，操作方便，结果易于观测，具有良好的重现性，这表明使用两种不同的标准溶液进行测量会产生一定的偏差。同时，KOH 的标准溶液也不能太高，否则会增加平行误差。

④氢氧化钾标准滴定液放置时间对脂肪酸值的影响

根据 GB/T 20570—2015 标准，使用氢氧化钾标准滴定液测量玉米中的脂肪酸值时，测定的脂肪酸值平均为 55.4 mg/100 g，在氢氧化钾标准滴定液放置 2 d 和 3 d 后，脂肪酸值仍在容许的误差范围（低于 2 mg/100 g）内，但放置 5 d 之后，脂肪酸值超出容许误差范围。氢氧化钾标准滴定液放置几天后，测定的玉米中的脂肪酸值会升高，主要原因是酒精易挥发，易引起溶液中的饱和沉淀，从而降低氢氧化钾的含量。结果表明，在室温下放置 10 d 后，氢氧化钾标准滴定液的底部会出现明显的白色沉淀。

⑤重复比较法

采用重复比较法测定玉米中的脂肪酸值时，样品的用量不发生变化，该方

法具有较高的精确度。采用不同方法对玉米中的脂肪酸值进行检测的结果如表
10-25 所示。

表 10-25　不同方法检测的玉米中的脂肪酸值

样品号	标准方法		改进后的方法		
	平行试验	双试验差	平行试验	平均值	双试验差
1	35.9	1.7	32.4	32.1	0.6
	34.2		31.8		
2	32.6	1.1	28.9	28.4	0.9
	31.5		28.0		
3	38.5	1.8	35.0	34.6	0.9
	36.7		34.1		
4	24.5	1.6	19.9	20.0	0.3
	26.1		20.2		
5	42.3	1.8	36.7	37.2	1.1
	44.1		37.8		
6	49.7	1.5	40.3	40.7	0.8
	51.2		41.1		
7	30.1	0.7	22.9	23.2	0.5
	29.4		23.4		
8	40.9	1.9	39.8	40.4	1.2
	42.8		41.0		

10.2.9　玉米须中微量元素不同处理方法检测

（1）仪器、材料与试剂

主要仪器包括 DRE 电感耦合等离子体原子发射光谱仪（美国 Leeman 公
司）、MDS-8 微波消解仪（上海新仪微波化学科技有限公司）、B211D 电子天
平（德国赛多利斯公司）。

主要试剂包括硝酸（高级纯）；标准储备液：Mn、Mg、Sr、Zn、Fe、Ca 的
标准液均为 1 000 μg/mL（国家钢铁材料测试中心钢铁研究总院）；混合标准液：
将标准储备液用 2% 硝酸逐级稀释，分别混合浓度至 0 μg/mL、5.00 μg/mL、
10.00 μg/mL。

（2）试验方法

首先，用电子天平准确称量玉米须样品0.10 g置于消解罐中，加6 mL混酸［体积比为V（HNO_3）：V（H_2O）＝4：2］放入微波消解仪中使样品完全消解，直至溶液澄清透明无浑浊，然后将消解液移出并定容至50 mL的容量瓶中，待测，同时做空白实验。玉米须用去离子水洗净，在120 ℃烘箱中烘干至恒重，然后用电子天平准确称量玉米须样品置于4.00 g烧杯中，加水1 000 mL并煮沸，并在其沸腾5、10、20、30、40、60、90、120、150、180 min后抽取水样品。同样称取5份4.00 g玉米须分别置于烧杯中，各加入10、20、30、40、50 mL的白醋，并加水至1 000 mL，沸腾30 min后抽取水样品。用ICP-AES法对各个样品进行测定，Mn、Mg、Sr、Zn、Fe、Ca这6种元素的分析波长分别为257.6、279.6、407.8、248.3、393.4和213.9 nm。每个试样重复测定3次。

准确度试验：对微波消解后的样品空白溶液重复测定10次，取3倍标准偏差所对应的浓度为各元素的检出限。然后用ICP-AES法对玉米须中的6种微量元素分别做加标回收试验，相对标准偏差小于5%表明实验的精密度良好。

（3）测定结果

①样品的ICP-AES测定

玉米须中Mn、Mg、Sr、Zn、Fe、Ca的含量分别为23.40、1 227、16.30、50.20、228.1和2 710 μg/g，表明玉米须中含有大量人体必需的微量元素。对玉米须水煮样品进行测定时发现，煮沸30 min后Mn、Mg、Sr、Zn、Fe、Ca的提取量最高，分别为5.100、449.5、8.000、5.050、6.235、1 628 μg/g，因此选取30 min为样品最佳提取时间。对玉米须醋煮样品进行测定时发现，加入30 mL的白醋时，各微量元素的提取量最高，Mn、Mg、Sr、Zn、Fe、Ca的提取量分别为14.48、1 205、9.925、25.25、23.25、2 512 μg/g。由此可见，醋煮法明显优于水煮法，表明玉米须中微量元素的提取量与提取液的酸性强弱有关。

②检出限与精密度

Mn、Mg、Sr、Zn、Fe、Ca的检出限分别为0.000 3、0.064 8、0.000 2、0.003 5、0.000 3、0.001 7；相对标准偏差分别为0.56%、0.99%、3.55%、1.06%、1.23%、3.01%，均小于5%，表明实验精密度良好。

③加标回收试验

加标回收试验的结果如表 10-26 所示。结果表明，Mn、Mg、Sr、Zn、Fe、Ca 的加标回收率均大于 90%。

表 10-26　加标回收试验结果

元素	样品含量 /（μg·mL）	加入量 /（μg·mL）	测定总量 /（μg·mL）	回收率 /%
Mn	0.047	0.050	0.095	96.00
Mg	2.450	2.500	4.905	98.20
Sr	0.033	0.050	0.080	94.00
Zn	0.100	0.100	0.200	99.80
Fe	0.455	0.500	0.959	100.6
Ca	5.410	5.000	10.30	97.80

10.3　玉米营养品质的影响因素

10.3.1　影响玉米品质的遗传因素

玉米营养品质主要受遗传因素的影响，不同品种的营养成分具有显著差异。例如甜玉米，甜玉米营养品质受遗传因素影响较大，基本是低亲遗传，含糖量性状属于数量性状遗传，符合加性显性遗传模式，加性效应起主要作用。

甜玉米的葡萄糖、果糖、蔗糖含量是普通玉米的 2~8 倍；氨基酸含量比普通玉米和糯玉米高 23.2% 和 12.7%，8 种必需氨基酸总量比普通甜玉米和糯玉米高 23.5% 和 6.6%，赖氨酸和色氨酸比普通玉米高 2 倍以上；蛋白质含量达 13% 以上，比普通玉米高 3%~4%，其中主要是水溶性蛋白，还有少量的碱溶性蛋白、醇溶性蛋白和盐溶性蛋白；粗脂肪含量为 9.9%，比普通玉米高 1 倍左右；富含多种维生素，其中维生素 C 含量一般为 0.7 mg/100 g，比普通玉米高 1 倍，维生素 B 含量为 0.2 mg/100 g，维生素 B2 含量为 1.7 mg/100 g。此外，甜玉米还含有多种挥发性芳香物质、矿物质、膳食纤维、谷维素、甾醇等（刘晓涛，2009）。孟利等（2014）以甜玉米 520 为主要原料，采用氨基酸分析仪、气相色谱法、离子色谱法测定甜玉米中氨基酸、脂肪酸、可溶性糖的种类及含量。结果表明，甜玉米中含蛋白质 12.08%，脂肪酸 6.66%，灰分

2.41%，可溶性糖总量为 11.98%（湿基），果糖占总碳水化合物的 85.86%。此外，甜玉米 520 还含有丰富的亮氨酸、含硫氨基酸、苯丙氨酸+酪氨酸，相对缺乏组氨酸、异亮氨酸、赖氨酸及苏氨酸，含较丰富的脂肪酸，其中不饱和脂肪酸为亚油酸和亚麻酸。

甜玉米含糖量与穗行数、穗粗和百粒重等农艺性状具有显著相关性，其中对含糖量直接作用最大的性状是穗行数，其次是株高，单穗重通过行粒数对含糖量的间接作用最大，穗位高通过株高对含糖量的间接作用最大。随着生育进程的推进，甜玉米蔗糖含量下降，淀粉和蛋白质含量不断增加。

甜玉米主要分为普通甜玉米、超甜玉米和加强甜玉米 3 大类。

普通甜玉米由单隐性基因 su1 控制，此基因可使籽粒含糖量提高到 10% 左右，通常是普通玉米的 2 倍多，其中 1/3 是蔗糖，2/3 为还原糖；籽粒的水溶性多糖（WSP）含量也极高，达籽粒干重的 25%，是普通玉米的 10 倍左右，它使玉米籽粒同时具有甜味和糯性，食用风味好；此外，淀粉含量比普通玉米少一半，仅占 35% 左右，而蛋白质、维生素含量较高，易于人体吸收利用。

超甜玉米主要有 bt1、bt2、sh1、sh2、sh4 等单隐性基因突变类型，其中较典型的是隐性突变基因 sh2，其籽粒含糖量较高，大部分为蔗糖，乳熟期总糖含量可达 25%~35%，其中蔗糖含量为 22%~30%，比普通甜玉米高出 10 倍以上，而其 WSP 含量并不增加，碳水化合物总含量有所减少，不具有普通甜玉米的特有风味，干籽粒中的蛋白质含量比普通甜玉米高 30%，可以作为一种高蛋白产品。

加强甜玉米是在普通甜玉米 su1 的遗传背景上加入了一个修饰基因，是使籽粒品质得到进一步提高的甜玉米新类型。其乳熟期籽粒的总糖含量可达 30%以上，接近 sh2 超甜玉米的总糖含量，WSP 含量与普通甜玉米相当，另外还含有 2%~5% 的麦芽糖。加强甜玉米兼有普通甜玉米和超甜玉米的优点，即含糖量高，风味好，同时收获时间长。

10.3.2 影响玉米品质的生态因素

影响玉米品质的生态因素主要包括温度、光照、CO_2 和水分。

（1）温度

①种子萌发和出苗的三基点温度

种子萌发是指种子从吸胀作用开始的一系列有序的生理过程和形态发生过程。种子萌发对温度的要求，表现出最低、最高、最适的三基点温度。例如糯玉米种子萌发所需的最低温度为 6~10 ℃；最适温度为 25~35 ℃，最高温度为

36~40 ℃，低于 10 ℃或高于 40 ℃都不利于种子发芽；因此，当 5~10 cm 土层温度稳定在 10 ℃以上时，通常是糯玉米播种的适宜时期。王荣焕等（2004）认为，种子的萌发速度主要取决于吸水速度和温度。在低温条件下，酶的活性降低，在高温条件下，蛋白质会缓慢变性，只有在适温时，两者协调，种子才能有最高的发芽率。

不同成熟度的种子，其萌发能力有很大差别，授粉 30 d 后种子就有发芽能力，但种子发芽率与幼苗品质皆以完熟种子为好，一般大粒玉米种子发芽发根力较强。在田间条件下，土壤持水量为 70%~75%时，种子发芽迅速；而在土壤水分和通气良好的条件下，种子出苗速度取决于温度，一般地温为 10~12 ℃播种，播后 10 d 左右种子会出苗。

②生育期的积温效应

玉米生育期与品种、播期和温度等因素有关。在一定范围内，随着温度的升高，玉米生长发育速度加快；温度下降，生长发育速度减慢。通常以 10 ℃作为玉米生物学的起点温度，大于 10 ℃为玉米生长发育的有效温度，小于 10 ℃则为无效温度。

玉米从生长、授粉、结实到上市的过程需要一定的积温。早熟玉米品种需要有效积温 1 800~2 000 ℃·d，鲜食玉米需要有效积温 1 550~1 600 ℃·d，从授粉到上市需要有效积温 650~750 ℃·d；中熟玉米品种需要有效积温 2 200~2 500 ℃·d，鲜食玉米需要有效积温 1 600~1 700 ℃·d，从授粉到上市需要有效积温 75~850 ℃·d；晚熟玉米品种需要有效积温 2 500~2 800 ℃·d，鲜食玉米需要有效积温 1 750~1 800 ℃·d，从授粉到上市需要有效积温 850~950 ℃·d。

作物都有一个生长发育的下限温度（或称生物学起点温度），这个下限温度一般用日平均气温表示。当气温低于下限温度时，作物便停止生长发育，但不一定死亡；高于下限温度时，作物才能生长发育。高于生物学下限温度的日平均气温值叫作活动温度。活动积温和有效积温的不同在于，活动积温包含了低于生物学下限温度的那部分无效积温；温度越低，无效积温所占的比例就越大。当有效积温较为稳定时，才能更确切地反映作物对热量的要求，因此在制订作物物候期预报时，使用有效积温较好。但用于鉴定某地区的热量，以合理安排作物布局和农业气候区划时，使用活动积温最为方便。

种子萌发过程需要较稳定的有效积温，植株的新陈代谢也时时刻刻受到温度的影响，因此温度在作物的生育时期和地理分布方面起着关键性作用。不同熟期玉米品种的完整生育期需要一定的积温，当植株受到低温胁迫时，会影响其正常生长发育，从而降低作物的产量。低温对植物的胁迫主要分为两类：冷害胁迫（<15 ℃）和冻害胁迫（<0 ℃）。不同作物的耐冷性不同，这主要由于耐冷基因的表达改变了作物的生理、代谢、发育等水平。

不同玉米品种的生育期、播种至成熟的活动积温和品种的叶片数，这几者之间呈显著的正相关关系，都能用来表示玉米品种的熟期类型，其中播种至成熟的活动积温和生育期是表示玉米熟期类型的主要指标。将两年重复种植的56个不同玉米品种根据这几个指标进行聚类分析，可分为四类。通过分析这四类熟期玉米品种生育期及各主要生育阶段的活动积温，发现随着玉米熟期的推迟，其生育期及各主要生育阶段的活动积温也随之增加。不同熟期玉米品种对活动积温需求的不同，主要体现在出苗到吐丝阶段。

随着播期的推迟，不同熟期玉米品种的拔节期、吐丝期和成熟期相应推迟。早熟品种随着播期的推迟，生育期逐渐缩短；中熟和中晚熟品种随着播期的推迟，生育期先缩短后延长；总体表现为播期每推迟 1 d，生育期缩短 0.34 d 左右。不同熟期玉米品种的温光利用率随着播期的推迟均呈下降趋势。在可安全成熟的播期范围内，不同熟期玉米品种在全生育期的温光利用率表现为：中晚熟品种>中熟品种>早熟品种。此外，播期对不同熟期玉米品种的生育期及其主要生育阶段的生育天数和所需活动积温的影响较大，不同熟期玉米品种的生育期及其主要生育阶段的生育天数年度间差异较大，早熟品种全生育期对活动积温的需求年度间相对稳定。

随着播期的推迟，不同熟期玉米品种叶片全部展开所需要的天数和活动积温逐渐减少。每展开 1 片叶需要的天数最少为 3 d，最多为 7.6 d；需要天数较少的展开叶为第 1 片叶和最后 1 片叶，需要天数最多的展开叶为第 4~9 片叶。每展开 1 叶需要的活动积温最低为 8.3 ℃·d，最高为 140.4 ℃·d；需要活动积温较低的为第 1 片叶和最后 1 片叶，需要活动积温较高的为第 3~9 片叶。播期对不同熟期，尤其是较短熟期玉米品种的展开叶数的变化速率有明显的调节作用。叶片的展开速率以拔节期为界限分为两个阶段，拔节期前速率逐渐减慢，拔节期后则逐渐加快。

同时，温度也是影响玉米籽粒形成与灌浆的重要条件。

灌浆期间最适宜的日平均温度为 22~24 ℃，若经常出现低温（小于 15 ℃）或高温（大于 35 ℃）天气，则会严重影响籽粒的发育，导致败育粒增多。

温度对籽粒蛋白质含量（浓度）的影响主要表现在：影响根系对氮的吸收强度和数量，影响蛋白酶活性和蛋白酶降解度，影响光合作用的形成及碳水化合物的积累，影响组织衰老和籽粒灌浆期的持续。

一般认为，玉米籽粒的营养成分含量与环境条件的关系表现为：低纬度条件下、高温度，籽粒蛋白质含量较高，脂肪含量偏低。

（2）光照

①光周期

玉米是短日照作物，但对短日照要求又不是很严格。在 8~12 h 的光照条件下，玉米植株能够加速发育，在较长的光照（一般在 18 h 以上）或连续光照条件下，也能发育结实，只是稍有延缓，可见玉米又是不典型的短日照植物。一般早熟品种对光照时间反应不敏感；晚熟品种对光照反应较敏感，即在短日照条件下发育较快，在长日照条件下发育延迟，而且在低温长日照条件下，发育延迟现象更为显著。

中国玉米分布辽阔且四季皆宜，但由于不同地区日照、温度不同，其发育速度是不同的，生育期也会产生相应变化，这就要求人们在引种时必须注意环境条件。北种南引，生育期缩短，导致玉米性状不良，如东北的糯玉米引到海南种植，生育期缩短，植株较矮小，果穗较小；南种北引，往往出现植株营养生长期延长、发育推迟的现象，过迟则导致玉米不能正常成熟，如重庆糯玉米渝糯系列引到吉林地区种植，会出现生育期延迟的现象，霜降时籽粒不成熟。

对短日照敏感的玉米品种：一般在光照较充足、积温较高的地区栽种的品种都是对短日照条件敏感的品种，如鲜玉糯 2 号。

对短日照钝感的玉米品种：一般在日照较为不充分、积温较低的地区栽种的品种都是对短日照条件钝感的品种，如垦黏系列。

在同一地区不同季节播种，对光周期敏感作物的生长期有影响。玉米在不同生育时期都有一个适宜的日照时数，特别是乳熟至成熟期，此时营养物质正在向籽粒转移，若光照不足，对籽粒品质会造成影响。

②光照强度

光照强度是指单位面积接收到的可见光的光通量，简称照度，是用来表示光照强弱和物体表面积被照明程度的量。光照强度对作物的光合作用影响很大，可用照度计来测量。

光是作物进行光合作用的主要能量来源，光照可显著改变作物的生长环境，最终影响作物产量。玉米是高光效 C_4 作物，其生长发育过程中需要较高的光照强度，正常光照一般达不到光饱和点。在强光照条件下，玉米植株能够合成较多的光合产物，供各器官生长发育，茎秆粗壮结实，叶片肥厚挺拔；而在弱光照条件下则相反。光质与玉米的光合作用及器官发育有密切关系，一般长波光对穗分化发育有抑制作用，短波光对其有促进作用；而且短波光对雄穗发育的促进作用比雌穗大。长波光对雌穗发育的抑制作用比雄穗更明显。

光照强度对玉米的生长发育影响较大，刘仲发（2011）以稀植大穗品种 JK519 和紧凑耐密品种 CSl 为例，发现稀植大穗品种 JK519 对弱光胁迫反应较为敏感，遮阴处理后玉米株高和穗位高均显著下降，叶面积指数降低；基部节间缩短、直径变小，单位节间干重减少；茎秆穿刺强度在 30% 和 60% 遮阴条件下分别下降 36.4% 和 66.0%，田间倒伏率严重。而紧凑耐密品种 CS1 在遮阴 30% 胁迫下穗位高、LAI 下降不明显，节间缩短，但直径和单位节间干重变化不大，穿刺强度仅下降 5.9%，田间倒伏较轻；在遮阴 60% 胁迫下，穿刺强度明显下降，倒伏加重。同时，两个品种随遮阴程度的增加，最终玉米产量、收获穗数、单穗粒数和千粒重均有明显下降。

（3）CO_2

大气中的 CO_2 浓度变化，会影响全球的气候和农业生态环境。玉米的光合作用、蒸腾作用及叶温都与大气中的 CO_2 浓度密切相关。CO_2 浓度增加，会提高玉米的光合能力，玉米植株净光合速率加快，夜间呼吸速率相对减慢，对于物质积累有利。并且随着 CO_2 浓度增加，叶片气孔开度小，蒸腾减弱，使得叶温升高，大大提高了水分利用率，同时，玉米中的赖氨酸、蛋白质含量也会有所增加。

（4）水分

水分是玉米进行生命活动需要量最多的物质，是影响玉米品质的重要因素，水分在玉米的许多生理过程中起着重要的作用。水分影响玉米籽粒品质的生化原因在于，降水可使根系活力降低，导致土壤中硝酸根离子位差下移，有碍玉米中蛋白质的合成。当土壤中的水分因子是限制因素时，仅降低玉米产量；而当硝态氮是限制因子时，对玉米中蛋白质的合成和产量均不利。干旱有利于土壤中氮的积累，从而有利于蛋白质的合成。

10.3.3 影响玉米品质的土壤环境与营养因素

（1）土壤环境因素对玉米品质的影响

土壤质地、土壤结构、土壤腐殖成分和养分在玉米的生长过程中起重要作用，玉米植株生长发育过程中所需要的水分及矿质营养主要来自土壤，因此土壤条件和玉米籽粒品质有密切关系。在不利的气候条件下，土壤状态和组成成分会影响作物的生化过程和籽粒的最终形成。

（2）营养因素对玉米品质的影响

玉米籽粒的营养品质主要是指籽粒中的蛋白质、氨基酸、脂肪、淀粉、维生素和矿质元素等的含量和质量。国内外大量研究结果表明，增施肥料可提高玉米籽粒中的粗蛋白、粗脂肪和氨基酸含量，对玉米籽粒的营养品质也有显著正向影响。增施氮肥和磷肥均能提高玉米籽粒含油量。增施氮肥能显著降低玉米籽粒中色氨酸、赖氨酸和苏氨酸的含量，同时提高苯丙氨酸、亮氨酸的含量。磷肥能明显改善玉米籽粒的品质。随着施磷量增加，玉米籽粒中蛋白质、淀粉和糖含量明显增加。适量增施钾肥能显著增加甜玉米籽粒中糖、赖氨酸、脂肪和蛋白质含量，减少淀粉含量，提高了玉米的营养价值，改善了其加工品质、商品品质和适口性。但过量施用钾肥对甜玉米籽粒中蛋白质、脂肪和赖氨酸的形成和积累有抑制作用。氮、磷、钾肥按适当比例配合施用比单独施用能更有效地改善玉米籽粒品质，并能避免单独施用氮肥对玉米中蛋白质品质产生的不利影响。

10.3.4 影响玉米品质的其他因素

种植密度、肥料、播期等栽培措施与玉米品质密切相关。据研究，在所有的栽培措施中，种植密度是对玉米产量和品质影响最大的主效应因子。在相同条件下，种植密度会直接影响玉米光照和光合面积的大小，并显著影响植株个体的水肥供应，造成了植株生长环境和气热供应状况的差异，从而影响玉米籽粒中蛋白质、脂肪和淀粉的合成与代谢、运转及储藏等过程，进而影响其品质。肥料中的氮、磷、钾和微量元素在提高玉米品质方面起到了重要作用。同时，不同播期直接决定了玉米鲜穗的上市时间，影响经济效益。因此，采取合理的栽培措施，对于确定玉米最适采收期和改善其营养品质具有重要的意义。

（1）种植密度对玉米品质的影响

种植密度通过影响玉米单株和群体的光合面积而影响其产量。叶片是玉米最重要的光合器官，绿色叶面积直接影响玉米的产量和品质，而种植密度是影响玉米绿色叶面积的重要因素之一。随着种植密度的增加，单株叶面积下降，但由于密度增加导致的叶面积指数增加大于单株叶面积减少导致的叶面积指数减少，因此高密度（18万株/公顷）种植具有最高的叶面积指数，低密度（6万株/公顷）种植具有最低的叶面积指数。无论是单株叶面积，还是叶面积指数，在玉米的吐丝期都会出现峰值后下降，但在吐丝期差异最大，后期逐渐变小。种植密度较小，籽粒脱水较快，收获时籽粒含水量相对较低。而蛋白质的百粒含量则在一定范围内（5~7万株/公顷）随着密度增加而减少，密度再增大则蛋白质的百粒含量有所增加。在灌浆的中期和中后期，籽粒的脂肪含量随种植密度增加而增加，而在灌浆后期至成熟期，脂肪含量随密度的增加先升高后降低。脂肪的百粒含量在灌浆后期至成熟时，随种植密度增加先降低后升高。在一定密度范围（6~8万株/公顷）内，随着种植密度的增加，玉米籽粒中淀粉的含量和百粒含量呈先降低后升高的趋势。

（2）栽培措施对玉米品质的影响

肥料的施用对于玉米的产量和籽粒营养成分均有一定影响。施用较高的氮和磷可以提高玉米产量，但高氮肥会显著降低籽粒中的可溶性糖含量。施钾肥并不影响籽粒干物重，但可提高果穗中的钾含量，并降低钙和镁的含量。有研究表明，适量施钾肥可以增加甜玉米中营养物质的含量，调节物质的分配，改善籽粒品质。但过量施用钾肥会抑制籽粒中蛋白质、氨基酸、脂肪和糖的合成，增加氮肥用量可提高籽粒中氨基酸的含量。施肥对籽粒中的赖氨酸含量影响最大，合理地施用氮、磷、钾肥可提高赖氨酸含量，但如果缺少任何一种肥料，均可导致赖氨酸含量的减少。氮和钾肥对谷氨酸的作用也较明显，但钾肥对丝氨酸、天门冬氨酸、甘氨酸等的作用较小。

播期是影响玉米产量的重要因素之一，适宜的播期可以使玉米植株充分利用生长期内的温度、雨水和光照，以及当地的自然和土壤条件，从而促进植株生长。播期对玉米的影响是生长发育期间光、热、水和土壤等生态因子综合作用的结果，然而因地域条件、品种类型、土壤类型等方面的差异，其影响结果不尽相同。不同播期对玉米籽粒中淀粉、蛋白质及脂肪含量有明显的影响。随着播期的推迟，玉米籽粒中淀粉含量表现为先升高后下降的趋势；单位面积内有效穗数逐渐增加，穗粒数降低而百粒重先增加后降低；籽粒中蛋白质含量逐渐增加，脂肪含量逐渐降低。播期过早会使玉米在营养生长阶段的物质积累量较大，易导致后期早衰；而播期过晚会使玉米前期营养生长严重不足，导致后期生殖生长受阻，灌浆不足，从而影响产量。

（3）采收期对玉米品质的影响

最适采收期受多种因素的影响和制约，为了更有效地指导实践，兼顾品种特性、种植地区、用途和当地气候等因素，结合授粉后的天数、籽粒含水率、籽粒含糖量、风味食味和吐丝后的有效积温，从理论上准确合理地确定玉米的采收期显得尤为重要。适时采收是确保玉米品质的关键，其收获必须在品质最佳期进行。就理想采收期而言，以甜玉米为例，不同类型甜玉米以在授粉后18~20 d采收为宜。过了理想采收期后，籽粒水分含量减少，干物质增加，糖分含量下降。

采收期不同，籽粒的含水量不同，而含水量又决定了籽粒的成熟度，成熟度最终又影响到籽粒中淀粉和蛋白质的含量。适时采收可保证籽粒水分含量较适宜，干物质积累适中，可溶性物质和水溶性物质比例恰当，水溶性糖分含量较高。在高温季节，籽粒成熟期间水分急剧下降，致使淀粉增多，糖分降低，品质下降。低温条件下籽粒水分散失缓慢，采收期推迟对品质影响不大。适宜的采收期可根据籽粒的含水量和授粉后籽粒发育期间的积温来确定，籽粒含水量一般应在70%左右，有效积温应达到300~400 ℃。用于鲜食的玉米采收后易变质，所以应在早、晚收获为好，用于制作保鲜产品的玉米在早晨采收更佳。

(4) 采后贮藏条件对玉米品质的影响

玉米果穗在采收后脱离植株，果穗的呼吸消耗了光合作用产物，只能通过分解糖分来供给，采收后放置时间越长，玉米籽粒通过呼吸作用消耗的可溶性糖含量越多，可溶性糖分解后迅速转化为淀粉，使玉米籽粒的营养成分随着采收后时间的延长不断发生变化，籽粒中干物质含量不断下降，导致籽粒品质和食味品质不断下降。即使在最佳采收期用较短的时间采收，也会因为收后的原料处理和管理条件不当而导致品质下降。采收后的贮藏温度和贮藏时间对玉米品质影响较大，低气温贮藏对于保持玉米的优良品质是十分重要的。在高温条件下，果穗中的糖分和水分含量迅速降低，温度过高时还会引起腐败。低温贮藏时，籽粒中含糖量的下降幅度较小，虽然糖分及赖氨酸和色氨酸等含量稍有下降，但基本上与鲜果穗相近，感官品质也符合要求，因此，玉米采收后贮藏温度一般应在10 ℃以下。无论是还原糖、蔗糖还是总糖含量，都随着贮藏时间的延长而下降，干物质含量相应增加，水分减少，玉米综合品质下降。这种变化在常温下尤为显著。因此，玉米在采收后应尽量缩短保存时间。

11　玉米的加工以及副产品

玉米除含有丰富的基本营养成分外，在身体保健、血压稳定、肝脏保护、消除疲劳等方面也具有良好的功效。用不同的生产方法对玉米进行深加工，可得到成千上万种产品，用途已遍布各个领域。随着科技的迅猛发展，玉米深加工后得到的产品种类越来越多，应用范围更为广泛。同时，通过加工获取最终产品的工艺过程也越来越复杂，已不再局限于一次、二次的加工转化，且产品的附加值也随转化的次数和深度的增加而大幅度提升。近年来，我国经济高速发展，对各类产品的需求不断提高，极大地推进了玉米深加工行业的发展，尤其是国外先进技术和设备的逐步引入，使我国玉米深加工行业取得了一些进步。

玉米深加工产品一般分为以下几大类：

（1）淀粉糖类

淀粉糖类包括饴糖、麦芽糖浆、果葡糖浆、结晶葡萄糖、全糖及各种低聚糖、糖醇等。淀粉糖的应用领域广泛、消费市场庞大，据统计，蔗糖与淀粉糖合计占据我国90%的甜味配料市场，现已成为我国食糖市场的重要补充。玉米是淀粉糖的主要原料，玉米深加工用量占玉米消费总量的40%，深加工后可获得淀粉糖、酒精、玉米淀粉、玉米毛油、糠醛等产品。其中，淀粉糖是我国玉米淀粉深加工产业的主要支柱产品，占玉米淀粉下游需求量的55%~60%。

（2）变性淀粉类

变性淀粉类包括糊精、α-淀粉、酸变性淀粉、氧化淀粉、交联淀粉、酯化淀粉、醚化淀粉、阳离子淀粉、抗性淀粉、淀粉基脂肪代用品、接枝淀粉及各种复合变性淀粉等。

（3）发酵制品类

发酵制品类包括酵母、酒精、甘油、丙酮、丁醇、柠檬酸、葡萄糖酸、味精、赖氨酸、苏氨酸、色氨酸、天冬氨酸、苯丙氨酸、黄原胶、茁霉多糖、环状糊精、酶制剂、单细胞蛋白、红曲色素、抗生素等。

（4）进一步深加工产品

进一步深加工产品包括 VC、淀粉降解塑料、乳酸钙、乳酸乙酯、酵母提取物或各种食品添加剂等。此外，饲料也是玉米加工的一个主要应用领域。

11.1　玉米深加工后副产物的利用

当前，玉米深加工主要是提取淀粉和发酵生产酒精，加工生产中的主产物主要是利用玉米胚乳部分。玉米淀粉的生产通常有湿法和干法两种，常见的是湿法加工工艺。湿法加工的最大优势是可以将玉米的各个组分进行有效分离，后续能够根据各组分的特性进一步开发利用，有利于提高玉米的综合利用价值，大幅度地提高玉米的综合加工水平。玉米淀粉生产的副产物主要有玉米浆（浸泡液）、玉米胚、玉米纤维、蛋白粉等。接下来以上述副产物为例，分别探讨其利用现状及开发前景。

11.1.1　玉米浆

玉米浆是玉米淀粉湿法加工中的副产物之一，富含糖类物质、可溶性蛋白质、多种氨基酸、多肽、脂肪酸、维生素、肌醇及其他有机化合物等。玉米浆中蛋白质含量为 44%~48%（干基），酸含量以乳酸量表示，约为 25%，灰分中主要含 K、Mg、Ca、Fe、P 等无机元素。由于玉米浆中有机物含量较高，营养丰富，常作为营养源被应用于微生物的发酵工业中。在实际生产中，为了储运便捷，通常将其浓缩至固形物 70% 左右。李桐徽以玉米黄浆水为培养基主要原料，以深黄被孢霉 YZ-124 为菌株，对发酵法生产花生四烯酸的条件进行了探索，结果表明，当发酵罐温度为 28 ℃、发酵 7 d 时，采用 50% 的分批补料方式得到的花生四烯酸的产量高达 3.22 g/L。李小雨等的研究表明，糖蜜中总糖量高达 49.38%，黄浆水中含有充足的矿物质元素，二者混合后可作为发酵原料生产单细胞蛋白，只需加入少量的氮源，将白地霉与热带假丝酵母菌种（1∶1）放入黄浆水与糖蜜（1∶1）的发酵液（100 mL）中发酵，总接种量为10%，所得的单细胞蛋白干物质质量为 5.87 g，其中蛋白质含量高达 1.78 g/100 mL。李晶等用玉米浆发酵液代替了传统培养基质中的氮源，研究其对杏鲍菇菌丝生长的影响，发现在该培养基条件下，杏鲍菇的菌丝生长速度、长势、生物量、生长指数均表现优良，且其生长周期缩短了 10~14 d，产量增加了6.46%，生物学效率高达 99.20%。

11.1.2　玉米胚

胚被誉为"生命之源"，同时也是很好的油料来源，国际上胚芽油被视为极有营养价值的保健类油脂之一。玉米胚相比小麦胚，就形态而言，外形尺寸比较大，便于后续的加工使用。玉米胚主要含有蛋白质和油脂，其中玉米胚蛋白中的清蛋白和球蛋白约占 60%，氨基酸组成合理，满足 WHO 对全价蛋白质的要求，生物学价值可与鸡蛋和牛奶媲美。玉米胚油中不饱和脂肪酸含量高达 80% 以上，其中 50% 以上属于人体必需的亚油酸；维生素 E 含量仅稍低于麦胚油，是一种良好的食用油料资源；另外玉米胚油中甾醇含量也较高。值得一提的是，玉米胚提取油脂后余下的玉米饼可作为副产物再利用。优质玉米胚也可用于饼干、面包、糕点等烘焙类食品及其他食品中。玉米胚来源广、量大、易获得，且价格便宜、营养丰富，同时可以开发成多种功能性食品。随着人们健康理念的不断拓展，以及对玉米胚营养价值认识的提高，以玉米胚为原料开发的产品前景广阔。

11.1.3　玉米麸皮

玉米麸皮是玉米淀粉湿法加工中的主要副产物之一，具有抗氧化性能、凝胶性能等。玉米麸皮主要来自玉米的皮层，属于木质纤维素的范畴，含有复杂的碳水化合物聚合物成分，例如纤维素（20%）、半纤维素（30%~50%）、淀粉（9%~23%）、蛋白质（3%~6%）、粗脂肪（2%~3%）、木质素（1%~3%）和酚酸（约 4%，主要为阿魏酸和二芥酸）；此外，还含有矿物质和黄烷-3-醇等。相关研究表明，玉米麸皮中还含有黄酮类物质，例如花青素等。当前，玉米麸皮主要用于饲料工业，另外，玉米麸皮膳食纤维在主食、烘焙食品、肉制品以及饮品中的应用研究较为广泛，但其在调味料以及酒类等其他食品领域中的应用较少。

（1）主食中的应用

玉米麸皮膳食纤维（以下简称"玉米纤维"）可应用于馒头、饺子皮和面条等面制品中，添加后面制品的质构、口感、色泽均有不同程度的改善，此外还可赋予面制品良好的营养性能和保健功能。张志远等利用响应面法优化了面条的加工工艺，结果表明，当玉米纤维添加量为 6% 时，通过两段挤出法制备出的玉米高膳食纤维面条口感和色泽最佳。

（2）烘焙类食品中的应用

相关研究表明，添加玉米纤维对烘焙类产品的组织结构和口感有一定程度的影响。赵欣在高膳食纤维酥性饼干的研究中，对玉米纤维进行高压蒸煮预处理，以获取高品质的玉米纤维，结果表明，高压预处理后的玉米纤维使用量为15%（粒度为0.154 mm）。当疏松剂为0.4%、乳化剂为0.3%时，制备的玉米膳食纤维酥性饼干口感酥松、风味正宗、品质良好。

（3）肉类食品中的应用

玉米纤维除应用于小麦粉类食品之外，还可当作辅料用于肉类食品中，可增强肉类食品的弹性、硬度、咀嚼度等性能。有研究者将玉米纤维添加到鱼糜中制备纤维鱼丸，结果表明，添加玉米纤维后，鱼丸的质构变得紧密，弹性明显提高，但添加量持续增加则会导致鱼丸的色泽和光泽逐步变差，对工艺进行优化后发现，当玉米纤维添加量为4%时，制取的鱼丸感官评定分数最高。

（4）饮品中的应用

玉米纤维除了应用于面制品和肉品中，在饮品中也有一定的应用。相关研究表明，玉米纤维的添加对饮品的黏稠度、沉淀、稳定性能及口感等有一定程度的影响。李侠等将2%的玉米纤维添加到30%的苹果汁中，当白糖添加量为8%，柠檬酸为0.3%时，口感和风味最佳。李晶探索了玉米麸皮水溶性膳食纤维（SDF）在饮料及果汁中的应用情况，结果表明，当SDF在调配型乳饮料中的添加量为1%~7%，在发酵型乳饮料中为1%~5%，在果汁中的适宜添加量为1%~8%时，三种饮品体系均呈现稳定性好、黏度低等特点，且产品具有清爽的口感和透明度。

11.1.4　玉米蛋白粉

玉米蛋白粉又称为"玉米麸质粉"，是玉米通过湿磨法获得的粗淀粉乳经分离后得到蛋白质溶液（麸质水），再通过离心或气浮选法浓缩、脱水干燥后的产物。玉米蛋白粉中蛋白质含量较高（60%~75%），可用作植物或动物蛋白的替代品。但玉米蛋白粉除含大量的蛋白质外，还含一定量的淀粉和纤维素，并且还含有类胡萝卜素，约为200~400 μg/g，主要有玉米黄色素、β-胡萝卜素、叶黄素、α-胡萝卜素、新黄质及金莲花黄素等成分。

（1）玉米黄色素

玉米黄色素属于脂溶性色素，由玉米黄质、隐黄素和叶黄素等类胡萝卜素组成，归于异戊二烯类物质，是人体必需的一类化合物之一，摄入后，在人体内可转化为VA。VA对保护视力、促进人体生长发育和提高免疫力有一定的作用。玉米黄色素的提取方法主要有溶剂萃取法、酶解辅助提取法、微波辅助提取法、超声辅助提取法、超临界CO_2萃取法、树脂纯化法及高速逆流色谱法等。例如 David 等采用超临界二氧化碳萃取技术，对玉米蛋白进行脱色的同时，可以把黄色素提取出来，效果极为显著。

（2）玉米醇溶蛋白

玉米醇溶蛋白是玉米籽粒中最主要的蛋白组分，具有良好的韧性、疏水性、可降解性和抗菌性等，被广泛应用于食品、医药、纺织和造纸等工业。醇溶蛋白可作为膜制剂，即以喷雾的方式在食品表面形成一个涂层，可防潮、防氧化，从而延长食品的货架期。此外，如果将其喷洒在水果上，还可增加水果的光泽。醇溶蛋白的提取方法主要有乙醇法、异丙醇法和超临界萃取法等。

（3）玉米蛋白发泡粉

蛋白发泡粉是食品加工中不可或缺的纯天然食品添加剂之一，除能够增加蛋白质营养成分外，还具有食品发泡、疏松、增白和乳化等功效，广泛应用于饮料、面包、糕点、冷饮等食品行业。制作蛋白发泡粉的传统工艺：玉米蛋白粉→液化→水解→脱色→干燥→蛋白发泡粉；改进后工艺：玉米蛋白粉→清洗→浸泡→研磨→加淀粉酶、氯化钙等液化→碘检→离心分离→加氢氧化钙水解→中和→脱色→脱臭→过滤→杀菌→干燥→蛋白发泡粉。

（4）玉米蛋白活性肽

玉米蛋白活性肽属于植物蛋白肽的范畴，易被人体吸收，尤其适合肠胃不适的人群；还可作为蛋白强化的营养剂，制备运动训练用饮料及早餐饮料等高蛋白含量的饮料。为了更好地发挥玉米蛋白的功能特性，开发玉米蛋白产品，扩大其在医药卫生和食品加工中的应用，需要进一步降解玉米蛋白大分子，将经定向酶切及特定小肽分离技术获得的小分子多肽物质制备成可溶性肽，增加其附加值。该方法的生产工艺：玉米蛋白粉→蛋白酶水解→灭酶→离心分离→脱苦、脱臭→酶解液→调味→罐装→杀菌→产品。

（5）谷氨酸

谷氨酸在玉米蛋白中的含量较高，因此玉米蛋白是生产谷氨酸或酱油的良好原料，也可用于生产味精。谷氨酸的提取工艺：玉米蛋白粉→酸解→离子交换树脂脱色→洗脱液→精制→谷氨酸样品。

11.2 存在的问题及展望

我国玉米淀粉加工行业起步较晚，但改革开放以来发展较快，由弱逐步变强。与国外在加工设备、生产技术及工程化水平等方面相比，我国经历了跟跑、并跑等阶段，目前部分设备及技术已达到了国际先进水平，以生物技术为代表的部分关键性技术甚至处于领跑地位，如今正向总体国际领先方向努力发展。在欣喜的同时，值得注意的是，在可预期的将来，因原料供给和价格的波动，下游需求趋于稳定，行业产能可能会出现阶段性过剩的局面，淀粉加工行业或将面临结构调整和优化等问题，进而对提升工艺和开发新产品等方面提出了更高的要求。

在工艺提升方面，应重视新技术、新设备和新工艺的开发，尤其是新型酶制剂、微生物制剂、新的高效和节能装置的应用，同时在"数字中国建设"和"中国制造2025"的国家战略推动下，伴随物联网、大数据、云计算等数字化和信息化技术的迅猛发展，以及在科技力量驱动下，自动化、智能化生产已变成一种可能，形成了"透明"玉米加工生产链，实现全过程可追溯的新情形。在新产品开发方面，应加强功能性、营养性及市场化的淀粉和淀粉糖产品的研发力度，例如开发具有一定功效、低热量、甜味与蔗糖接近的塔格糖、阿洛酮糖等产品。

总之，我国玉米加工业正面临革命性的技术改变，过去通常是化学的、机械的分离加工，如今借助现代分析技术，例如高通量筛选、微生物组学、基因编辑、基因改造等改造传统产业，可以解决玉米精深加工过程中分离效率低、能耗高、附加值低和污水治理水平低等瓶颈问题，最终目的是实现分离组分的高值化利用、低碳环保和可再生资源的绿色可持续发展。随着生物技术、系统工程优化、数字化及智能化等先进技术与手段的引入，玉米精深加工业将在绿色环保和精益生产方面取得进步。

参考文献

［1］焦善伟. 2022 年度国内玉米市场形势分析及展望［J］. 种业导刊，2022（5）：8-10.

［2］海南省国土环境资源厅 海南省统计局. 海南省第二次土地调查主要数据成果公报［N］. 海南日报，2014-09-29（A04）.

［3］赵辉. 东方市甜玉米栽培技术及病虫害防治［J］. 现代化农业，2020（9）：21-23.

［4］程湘虹，朱彩娥，钟莉. 甜玉米品种"先甜5号"种植表现及优质高产栽培技术［J］. 上海农业科技，2013（3）：61.

［5］潘玲玲，林金元. 超甜玉米新品种"夏王"特征特性及其栽培技术要点［J］. 上海农业科技，2014（2）：64.

［6］魏俊杰. 转基因技术在玉米育种中的应用［J］. 农业网络信息，2010（7）：41-43

［7］张水梅，杨帆，赵宁，等. 我国转基因玉米研发进展［J］. 农业科技管理，2022，4142（5）：74.

［8］ZHU J J, SONG N, SUN S L, et al. Efficiency and inheritance of targeted mutagenesis in maize using CRISPR-Cas9［J］. Journal of Genetics and Genomics, 2016, 43（1）：25-36.

［9］QI W W, ZHU T, TIAN Z R, et al. High-efficiency CRISPR/Cas9 multiplex gene editing using the glycine tRNA-processing system-based strategy in maize［J］. BMC Biotechnology, 2016, 16（1）：58.

［10］李晶，尹祥佳，王雅琳. 转基因玉米培育及其检测技术应用研究［J］. 中国种业，2022（8）：28.

［11］周恪驰，何长安，纪春学，等. 生物技术在玉米育种中的应用［J］. 黑龙江粮食，2022（5）：26-28.

［12］李杰. 浅谈海南南繁玉米种植技术［J］. 农业科技与信息，2008

（13）：15-16.

[13] 戴扬. 南繁育种玉米栽培技术要点及注意事项 [J]. 世界热带农业信息，2020（6）：1-2.

[14] 陈小敏，李伟光，等. 海南岛主要农业气象灾害特征及防御措施分析 [J]. 热带生物学报，2022，13（4）：416-421.

[15] 杨明生，褚丽敏. 光合作用促进剂对玉米光合作用和产量的影响 [J]. 现代化农业，2016（4）：36-37.

[16] 陈申宽. 大兴安岭东麓玉米产业与研究：富民强县玉米高产综合栽培技术 [M]. 北京：中国农业科学技术出版社，2017.

[17] 潘兴民. 热带、亚热带玉米种质的利用 [M]. 乌鲁木齐：新疆科技卫生出版社，2003.

[18] 牛晓亮. 简论玉米高效种植及田间管理技术 [J]. 农业开发与装备，2021，231（3）：155-156.

[19] 刘兆庆. 玉米栽培技术与田间管理技术分析 [J]. 种子科技，2022，40（7）：65-67.

[20] 郭江峰. 玉米高效高产栽培实用技术 [M]. 北京：中国农业科学技术出版社，2016.

[21] 张淑霞. 玉米种子处理技术研究 [J]. 种子科技，2021，39（1）：34-35.

[22] 刘红娟. 试析玉米种子处理技术与措施 [J]. 种子科技，2019，37（8）：44，48.

[23] 卫娜. 玉米种子处理技术 [J]. 世界热带农业信息，2020（4）：17.

[24] 王吉伟. 试析玉米种子处理技术与措施 [J]. 种子科技，2019，37（2）：63.

[25] 李立鑫. 新时期玉米栽培技术及病虫害防治措施 [J]. 现代农机，2021（2）：50-51.

[26] 石德权. 玉米高产新技术 [M]. 北京：金盾出版社，2008.

[27] 马林，李丽. 玉米育苗移栽的优势及技术要点分析 [J]. 生物技术世界，2014（2）：35.

[28] 田经平. 玉米高产栽培的田间管理技术措施分析 [J]. 农村科学实验，2019（12）：32-33.

[29] 刘立侠. 玉米田间管理技术措施 [J]. 现代化农业，2022（5）：39-40.

[30] 高旭忠. 浅谈玉米栽培管理技术的有效应用 [J]. 农业开发与装备，

2017 (5)：166.

［31］张志海. 玉米后期的田间管理措施［J］. 吉林农业，2010 (9)：144.

［32］禹竹音. 玉米种植技术的田间管理［J］. 中外企业家，2016 (33)：269.

［33］赵明. 浅谈玉米大垄双行栽培技术在海南的应用［J］. 现代农业，2017 (2)：50.

［34］林力，王敏芬，陈建晓，等. 膜下水肥一体化高效滴灌栽培技术在鲜食玉米生产上的应用［J］. 上海农业科技，2016 (4)：2.

［35］林乙明. 海南省西南部超甜玉米高产栽培技术［J］. 中国农业信息，2013 (9S)：1.

［36］郑植尹，郑向阳. 浅施肥，深覆土，"四省一高"海南玉米栽培技术［J］. 陕西农业科学，2020，66 (1)：2.

［37］高艳. 海南岛玉米繁殖育种的栽培技术要点［J］. 现代农业，2013 (2)：1.

［38］马永波. 玉米纹枯病的综合防治措施［J］. 新农业，2022 (13)：19.

［39］樊伟民. 玉米茎腐病的研究现状及防治策略［J］. 黑龙江农业科学，2022 (3)：76-80.

［40］李守信，许昌燕飞，冷大宾. 阜南玉米细菌性茎腐病的发生与防治对策［J］. 安徽农学通报，2021，17 (8)：111-140.

［41］李艳华. 浅谈玉米青枯病的发生规律及防治对策［J］. 种子科技，2018 (9)：91-92.

［42］姜媛媛，杜鹃，迟艳平，等. 玉米茎腐病的发生与有效防治［J］. 东北农业科学，2018，43 (1)：24-27.

［43］李想，王欢欢，郭秋翠，等. 玉米茎腐病病原禾谷镰孢拮抗菌筛选及分子鉴定［J］. 玉米科学，2020，28 (5)：169-175.

［44］魏旭明. 玉米常见病虫害的识别与防治［J］. 农业开发与装备，2019 (10)：188-190.

［45］符加松. 海南鲜食甜玉米栽培技术及病虫害防治要点［J］. 特种经济动植物，2022，25 (10)：131-133.

［46］段世玉. 玉米主要病虫害的防治措施［J］. 乡村科技，2021，12 (23)：57-59.

［47］郭丽娜，刘岩. 草地贪夜蛾的危害及其防控策略概述［J］. 生物学教学，2022，47 (7)：8-10.

[48] 林丹敏，黄德超，邵屯，等.不同生育期玉米上草地贪夜蛾的发生为害规律 [J].环境昆虫学报，2020，42（6）：1291-1297.

[49] 郭井菲，张永军，王振营.中国应对草地贪夜蛾入侵研究的主要进展 [J].植物保护，2022，48（4）：79-87.

[50] 吴孔明.中国草地贪夜蛾的防控策略 [J].植物保护，2020，46（2）：1-5.

[51] 张丹丹，吴孔明.国产 Bt-Cry1Ab 和 Bt-（Cry1Ab+Vip3Aa）玉米对草地贪夜蛾的抗性测定 [J].植物保护，2019，45（4）：54-60.

[52] 程丽丽.草地贪夜蛾生物习性及防控技术 [J].农业知识，2021（10）：58-59.

[53] 李颖.玉米主要病虫害综合防治技术探究 [J].农家参谋，2022（16）：60-622.

[54] 陶艳，张效花.玉米病虫害发生原因及防治新技术 [J].世界热带农业信息，2022（10）：42-43.

[55] 李钦存.豫北玉米大螟发生危害现状及防治措施 [J].基层农技推广，2018，6（12）：84-85.

[56] 马金芳.伊宁县玉米螟发生规律与防控措施 [J].农村科技，2022（4）：30-32.

[57] 王旭红.浅谈玉米病虫害防治技术 [J].农业与技术，2018，38（8）：53.

[58] 吕爱英，陈宪锋，孙玉强，等.嘉祥县玉米配方施肥氮磷钾肥料利用率试验 [J].基层农技推广，2020，8（6）：12-14.

[59] 王永生.浅谈玉米生理病害的发生与防治[J].新农村，2014（4）：122.

[60] 毛新温.玉米生理病害的发生与防治 [J].农业科学，2018（4）：50.

[61] 侯杰.玉米生理病害的发生与防治 [J].农业科学，2018，38（8）：49.

[62] 王战胜.现代玉米生产实用技术 [M].南昌：江西科学技术出版社，2014.

[63] 张旭.玉米高产栽培施肥技术分析 [J].南方农业，2021（9）：38-39.

[64] 英微.玉米高产施肥技术要点 [J].世界热带农业信息，2022（4）：75-76.

[65] 陈国玉，梁艳，姜雪.优质玉米种植高产施肥技术要点探究 [J].农家参谋，2021（15）：53-54.

[66] 陈颜，陈莉.玉米施肥技术要点浅析 [J].农业与技术，2018，38

(16)：41.

[67] 刘开昌，李爱芹，陈爱民. 玉米主推品种与技术 ［M］. 济南：山东科学技术出版社，2010.

[68] 段玉权，马秋娟. 鲜食玉米的营养 ［J］. 蔬菜，2003（10）：34.

[69] 宋吉英. 山东十产地玉米的氨基酸营养分析 ［J］. 饲料工业，2014，35（17）：19-23.

[70] 王绍萍，惠洋，桑春燕. 高效液相色谱法检测玉米浆中的氨基酸 ［J］. 中国地方病防治杂志，2003（1）：25-26.

[71] 张康逸，路凤银，宋范范，等. 鲜食甜玉米粒多糖含量检测方法研究 ［J］. 河南农业科学，2015，44（1）：146-148，153.

[72] 鲁秀恒，鲁金昌，朱梅梦. 室温下 5 分钟快速测定玉米中的蛋白质 ［J］. 食品科学，2006（7）：218-221.

[73] 刘跃芹，赵雪松，吴杰，等. 高效液相色谱法测定玉米浆干粉中维生素 B6 的含量 ［J］. 食品工业科技，2013，34（24）：61-63.

[74] 孟俊文，田翔. HPLC 测定紫玉米中花青素的含量 ［J］. 现代农业科技，2020（17）：210-211.

[75] 雷淑芳，程杰，张雪苍. 玉米脂肪酸值检测方法的几点探讨 ［J］. 粮食加工，2005（1）：64-65.

[76] 高倩倩，王莹，高超，等. 玉米须中微量元素不同处理方法检测 ［J］. 中国公共卫生，2011，27（9）：1215.

[77] 刘晓涛. 甜玉米的营养价值及其加工现状的研究 ［J］. 农业工程技术（农产品加工业），2009（3）：47-48.

[78] 刘淑云，董树亭，胡昌浩. 生态环境因素对玉米子粒品质影响的研究进展 ［J］. 玉米科学，2002（1）：41-45.

[79] 肖金宝，杨丽，梁宇鹏，等. 收获后贮藏时间对鲜食玉米品质的影响 ［J］. 玉米科学，2020，28（6）：71-80.

[80] 张明丹. 不同储藏温湿度对玉米品质特性的影响 ［D］. 郑州：河南工业大学，2021.

附　录

主要病虫草害的防治药剂及其施用方法见二维码。

附表　主要病虫草害的防治药剂及其施用方法